高职高专计算机类课程改革规划教材
国家社会科学基金“十一五”规划（教育学科）国家级课题成果

JSP 动态网页开发案例教程

主　编　包乌格德勒　吴宏波
副主编　邢海峰　王　鑫
参　编　李　娟　王丽霞
主　审　包海山

机 械 工 业 出 版 社

本书内容紧扣国家对高职高专培养高级应用型、复合型人才的技能水平和知识结构要求，以“JSP论坛”项目案例的完整开发思路为主线，采用模块分解、任务驱动、子任务实现、代码设计四层结构，通过对模块中每个任务相应知识点的详解，引导读者学习需求分析、分层设计、开发环境配置、功能实现以及整合测试等动态网页项目开发的基本技能和JSP相关知识。同时，本书采用学材小结等方式对每个模块的理论知识和开发技能进行强化练习，从而达到深化理解、熟练设计的目的。

本书内容分为9个模块：JSP应用实例“JSP论坛”总体概述、JSP开发运行环境的安装与配置、JSP语法、JSP的内置对象、JSP与JDBC、JSP中JavaBean的应用、会话跟踪技术、Servlet技术、案例整合，涵盖了全国信息化应用能力考试JSP设计考试大纲要求的技能水平和知识范围，具有鲜明的职业特色，适合于高职高专、成人本专科和中职中专计算机相关专业动态网页设计类课程的教学，也可以作为计算机等级考试、高新技术考试的培训教材和网页设计人员、编程爱好者学习JSP网页开发技术的参考书。

为方便教学，本书配备电子课件等教学资源。凡选用本书作为教材的教师均可登录机械工业出版社教材服务网 www.cmpedu.com 免费下载。如有问题请致信 cmpgaozhi@sina.com 或致电 010-88379375 咨询。

图书在版编目（CIP）数据

JSP动态网页开发案例教程/包乌格德勒，吴宏波主编.
—北京：机械工业出版社，2011.12
高职高专计算机类课程改革规划教材.
国家社会科学基金“十一五”规划（教育学科）国家级课题成果
ISBN 978-7-111-36512-9

Ⅰ.①J… Ⅱ.①包… ②吴… Ⅲ.①JAVA语言—网页制作工具—程序设计—高等职业教育—教材Ⅳ.①TP312②TP393.092

中国版本图书馆CIP数据核字（2011）第238485号

机械工业出版社（北京市百万庄大街22号 邮政编码100037）
策划编辑：王玉鑫 责任编辑：张 芳
封面设计：饶 薇 责任印制：杨 曦
北京鑫海金澳胶印有限公司印刷
2012年1月第1版第1次印刷
184mm×260mm · 14.5印张 · 356千字
0001—3000册
标准书号：ISBN 978-7-111-36512-9
定价：28.00元

凡购本书，如有缺页、倒页、脱页、由本社发行部调换

电话服务
社服务中心 ：(010)88361066
销 售 一 部 ：(010)68326294
销 售 二 部 ：(010)88379649
读者购书热线：(010)88379203

网络服务
门户网：http://www.cmpbook.com
教材网：http://www.cmpedu.com

封面无防伪标均为盗版

高职高专计算机类课程改革规划教材

序

随着信息技术的发展，信息能力和传统的“读、写、算”能力一起正在成为现代社会中每一个人的基本生存能力。作为高等学校的学生，不仅要具备一般的信息能力，更应该具备较高的信息素养。因此，计算机类课程的改革一直是高等学校关注和研究的重点。

由包海山、陈梅策划并组织多所高等院校及高职高专院校编写的《高职高专计算机类课程改革规划教材》，是根据面向 21 世纪培养高技能人才的需求，结合高职高专学生的学习特点，依据职业教育培养目标的要求，严格按照教育部提出的高职高专教育“以应用为目的，以必需、够用为度”的原则而设计、开发的系列教材。这套教材包括了信息技术公共基础课程、计算机专业基础课程和专业主干课程三部分内容，从高职高专的实际需求出发，重新整合了相关理论，突出了应用性和操作性，加强了能力的培养。

教材采用的“模块化设计、任务驱动学习”编写方式，对高等学校教材是一种新的尝试。实现任务驱动学习的关键是“任务”的设计，它必须是社会实际生产、生活中的一个真实问题，而不是为了验证理论而假设的虚拟事件。为了解决这个真实的问题，需要把它分解成一系列的“子任务”；每一个子任务的解决过程就是一个模块的学习过程。每个模块学习一组概念、锻炼一种技能；全部模块加起来，即完成一种知识的学习，形成一种相应的能力。任务驱动学习有利于学生从整体意义上理解每一个工作任务，掌握相关的知识和技能，形成解决实际问题的能力，提高学生的学习兴趣，是信息技术类课程有效的教学方式。

教材中每个模块安排的导读和要点提示了要解决的问题；知识导读和知识点详解部分体现了本模块需要学习的理论知识；子任务的划分安排了完成本模块总任务的各个步骤。利用模块最后的学材小结，学生可以自我检测对“理论知识”和“实训任务”掌握的程度；拓展练习可以为学有余力的学生提供个性化发展的方向。

参加本系列教材编撰工作的人员都是长期从事高职高专计算机教育和教学研究的专家和骨干教师，对高职高专的培养目标、学生的学习特点、计算机类课程的教学规律有着深刻的了解。我相信，本套教材的出版会对高职高专的计算机类课程的教学改革起到促进作用，对高职高专教学质量的提高将会产生显著的影响。

中国教育技术协会学术委员会委员
内蒙古师范大学现代教育技术研究所所长
2008 年 12 月

前　　言

JSP（Java Server Page）是 Java Web 应用程序开发的基础技术，它继承了 Java 语言的安全性高、易移植的特点，具有“一次开发，到处使用”的跨平台特点，既能在 Linux 下运行，也能在其他操作系统上运行。为适应社会的需求，很多高职高专院校开设了 JSP 动态网页开发课程，以便学生掌握较为专业的 JSP 技术和必要的软件开发知识。如何开发适应社会需求的 JSP 开发案例教材，已成为信息时代高职高专计算机类课程教学改革的当务之急。

为了更好地促进高职高专院校计算机类课程的教学改革，高职高专计算机类课程改革规划教材编委会组织多所高等院校及高职高专院校从事计算机教研、教学第一线的专家和骨干教师，在认真分析和探讨教育部对高职高专各专业学生的培养目标、国家计算机等级考试和职业技能鉴定要求的基础上策划了《高职高专计算机类课程改革规划教材》。同时，编委会向中国教育技术协会申报了国家社会科学基金“十一五”规划（教育学科）国家级课题“信息技术环境下多元学与教方式有效融入日常教学的研究”的子课题“高职高专计算机类课程改革的研究”，目前课题研究正在进行中。本课题立项研究面向信息技术职业领域不同岗位层次如何有效融合高职高专计算机信息类专业设置、课程体系构建、教学模式改革和教材课件开发等多层次的教学设计基本理论和实现方法。通过系统研究，总结和提炼课题组成员以及有关专家学者已经取得的相关成果，探索高职高专计算机类专业课程标准建设的新思路，提出系统地进行高职高专计算机类课程改革的新方法，开发建设具有鲜明高职高专特色的系列教材和课件，旨在为我国高职高专计算机信息类专业设置、课程和教学改革、教材课件建设探索出一条坦途。

根据“课程间的耦合度”和“职业相关度”，我们将计算机信息类专业课程群体系划分为职业基础能力层面、职业岗位能力层面和职业拓展能力层面等三个层次。“JSP 动态网页开发”课程在高职高专计算机信息类专业的课程体系中属于职业基础能力层面，是学生继续学习 JSTL、Struts、Spring、EJB 等其他 Java EE 应用程序开发课程的基础。在高职高专计算机信息类各专业课程体系中，“JSP 动态网页开发”课程作为多门职业岗位能力层面课程或职业拓展能力层面课程（课程群）的前导课程而起着非常重要的作用。但在高职高专教育层次，JSP 动态网页开发课程一直没有一个大家都能够接受的标准，主要原因是 JSP 技术发展非常迅速，内容不断变化。通过立项研究，我们认为以一个完整的软件开发案例为主线，将 JSP 基础知识学习和软件开发基本技能实训并举作为课程标准的依据，在制定课程标准、开发教材课件以及课堂教学设计中应充分体现本课程的“基础性”和“职业性”特色。因此，本书将围绕一个完整案例的需求分析、设计、开发环境的安装配置、编程实现以及发布、部署、运行测试、整合应用等核心组织编写。

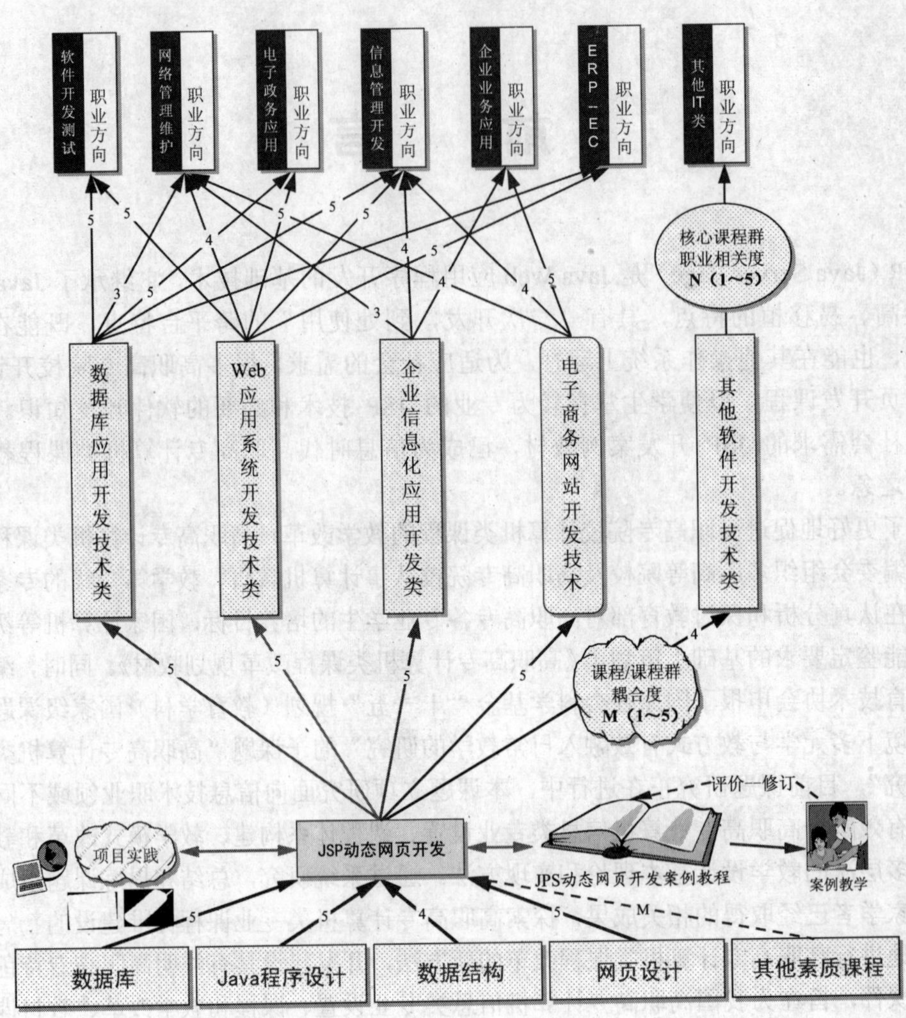

课程体系中的本课程、教材定位

作为以学习应用技术为目标的职业基础能力课程教材，“JSP 动态网页开发案例教程”主要根据课题组提出并实现的高职高专计算机信息类专业课程“三段式课程体系、案例的模块化分解、目标任务驱动式教学法”的整体教学设计思想，针对利用 JSP 开发环境实现“JSP 论坛”的完整开发操作技能和相关知识进行问题分解式介绍。在编写模式上采用目标任务驱动式教学法，让学生带着问题主动学习和实训：用一个完整的开发案例作为一门课程教学内容的引线，并将从需求分析到编程实现、运行测试的完整开发过程分解到介绍 JSP 技术基础知识和基本技能的各个模块之中，然后根据教学目标将每个模块分解为若干个相对独立的学习/实训任务以及细化的多个子任务，最后对每个子任务中的每个开发步骤进行逐步介绍。对于各个任务中涉及的知识点进行适时适量讲解，将抽象的理论知识融入到实践活动中加以演绎和关联，力求达到高职高专教学目标。为强化教学内容，在每个模块后面采用学材小结、拓展练习等学习内容，让学生在课堂内外对教学内容进行强化训练、深化理解。

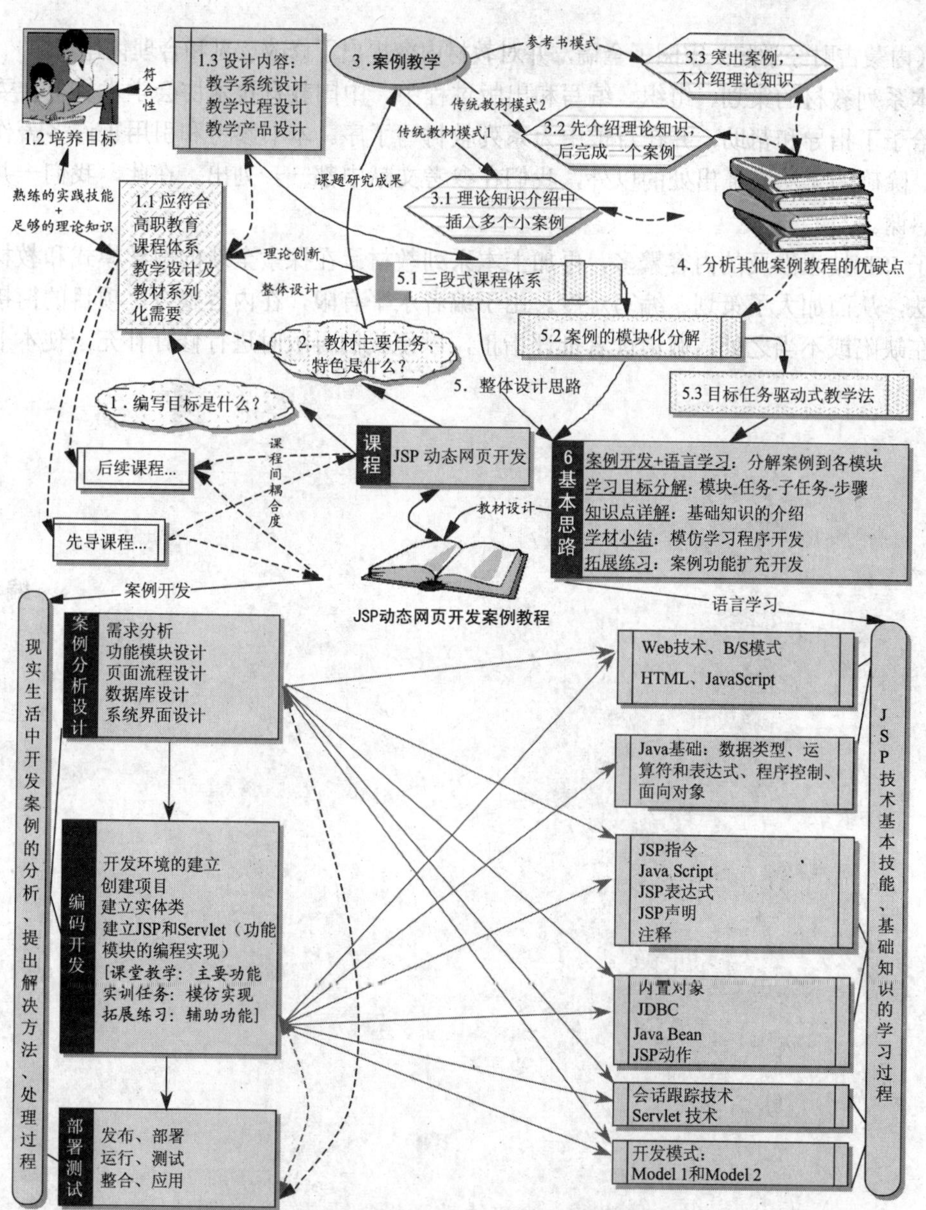

案例的模块化分解与目标任务驱动式教学法

鉴于目前信息化应用对 IT 行业应用型人才“技能+知识”结构的需求，基于 JSP 技术技能对于软件开发与测试、信息管理以及电子政务、企业应用、电子商务系统开发等计算机信息类各相关职业岗位方向的高职高专学生来说都是不可或缺的职业技能和理论知识，但各类职业方向所需的技能和知识侧重面有所不同。因此，在制定 JSP 动态网页开发课程的教学目标、内容和课时数时应充分考虑其基础性、应用性、职业性和工程性特点。

本书由包乌格德勒、吴宏波任主编，邢海峰、王鑫任副主编。参加编写的教师及分工如下：吴宏波（内蒙古财经学院）编写模块一和模块三，李娟（呼和浩特民族学院）编写模块二和模块九，王丽霞（内蒙古农业大学）编写模块四，邢海峰（内蒙古财经学院）编写模块五和模块六，王鑫（内蒙古财经学院）编写模块七，包乌格德勒（呼和浩特民族学院）编写模块八。

包海山（内蒙古财经学院）审阅了全稿，并对教材内容提出了修改意见和合理化建议。

在本系列教材的策划、组织、编写和出版过程中，中国教育技术协会学术委员会委员李龙教授给予了指导和帮助，并在百忙中为系列教材写了序。本书参考和引用了许多著作和网站内容，除确因无法查证出处的以外，我们在参考文献中都一一列出。在此，我们一并表示衷心的感谢。

由于JSP技术涉及的内容繁多，再加上本系列教材旨在探索全新的教学模式和教材内容组织方法，从而加大了策划、编写难度。由于编者水平有限，在内容整合、项目的衔接方面难免存在缺陷或不当之处，敬请读者批评指正，以便我们再版时进行修订补充，使本书日臻完善。

编者

目　录

模块一

JSP应用实例“JSP论坛”总体概述

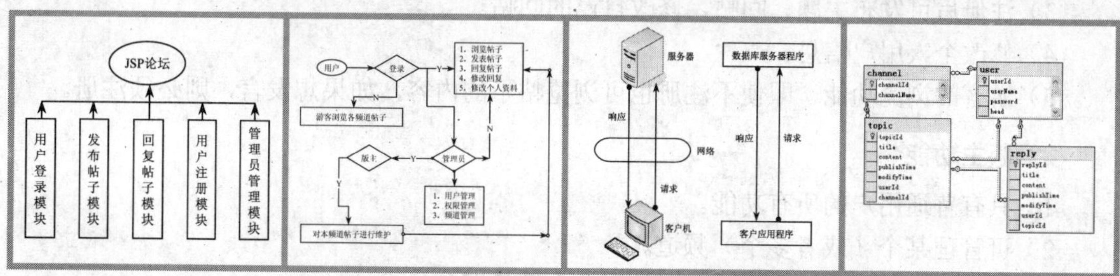

本模块导读

JSP已成为当今最流行的网络编程语言，正在被广泛地运用于电子商务、电子政务及各行业的软件中。JSP是一种动态网页技术，具有跨平台性、运行效率高、上手容易等优点。只要具备程序设计的基本知识，学习JSP将会变得非常容易，所以许多程序员纷纷学习或转向学习JSP程序设计。

本模块对本书实例“JSP论坛”的需求分析、软件总体设计、系统界面设计等进行介绍，并简单介绍了Web相关技术。

论坛是在网上进行交流的手段。它可以用于公告、群组讨论、社区内通信、联系、在线聊天等，利用网络实时、便捷的特点来方便人们的交流、联系、娱乐。通过本模块的学习和实训，学生应对本实例总体功能、业务流程有所了解，掌握Web技术的基本知识。

本模块要点

- 网络计算模式的分类
- HTML的结构
- JavaScript基本技巧

任务一 需求分析

论坛用于在 Internra/Intranet 为会员提供一个信息发布与交流的场所，通常具有不同的频道和主题。本论坛主要用于 JSP 相关知识的学习交流，应具备以下功能。

1．用户功能

1）实现个人信息注册，注册用户均属于普通用户，管理员可将其权限修改为版主。
2）查看所有频道，查看频道内的所有主题和回帖。
3）注册后可发布主题、回帖，修改自己的回帖。
4）修改个人用户信息。
5）游客的浏览功能，即使不注册也可浏览帖子的内容，如果想发言，则必须注册。

2．版主功能

1）具有普通用户的所有功能。
2）可管理某个（或者多个）频道。
3）能管理某个（或者多个）频道的所有主题及回复。

3．管理员功能

1）用户管理：删除普通用户；用户角色管理。
2）频道管理：添加/删除频道；实现某频道下主题和回帖的管理。
3）权限管理：实现本系统内所有与权限相关的操作。

4．统计功能

1）在线人数统计。
2）主题回复次数统计。
3）频道的罗列。
4）用户的罗列。

5．帖子功能

1）显示主题的发表时间、修改时间。
2）显示回复帖子数。

任务二 软件总体设计

子任务 1 功能模块设计

论坛功能模块划分如图 1-1 所示。

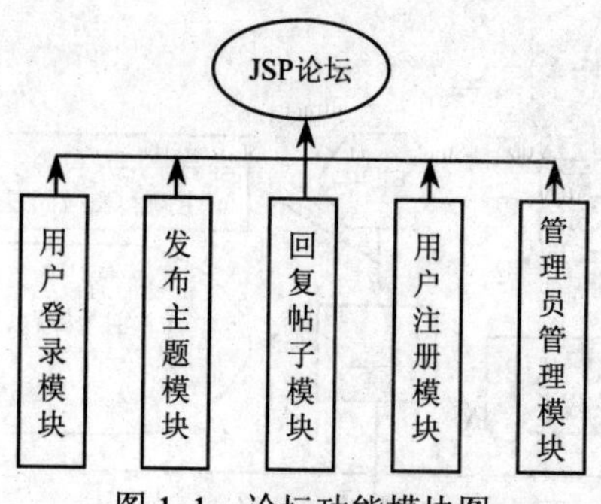

图 1-1 论坛功能模块图

子任务 2 页面流程设计

1．**基本流程**（见图 1-2）

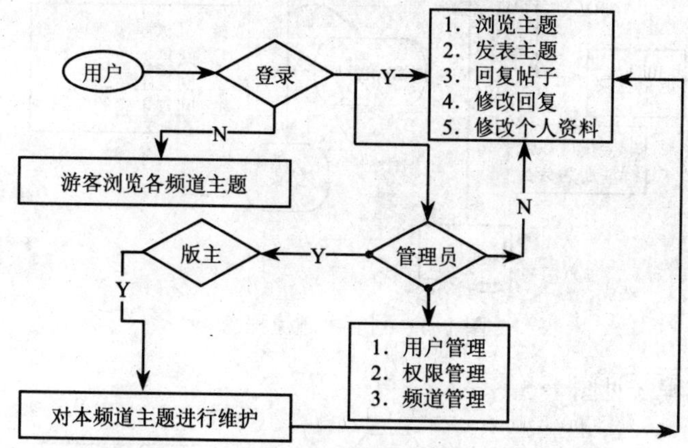

图 1-2 基本流程图

2．**发布主题流程**（见图 1-3）

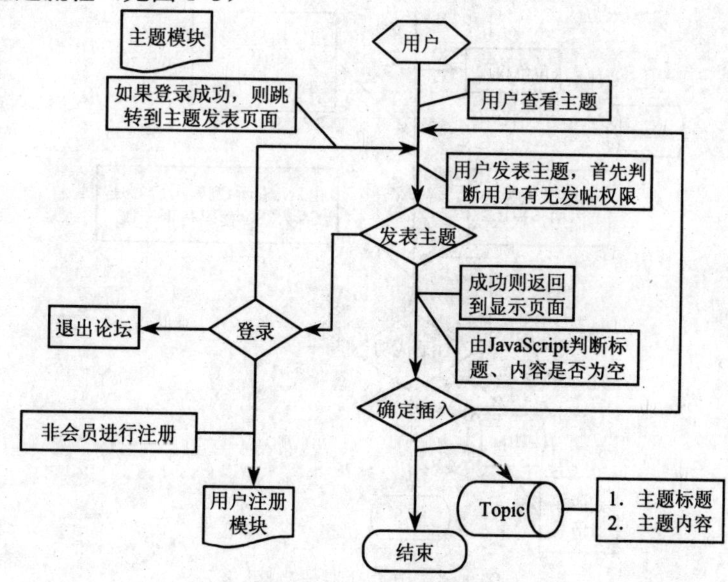

图 1-3 发布主题流程图

3. 回复主题流程（见图 1-4）

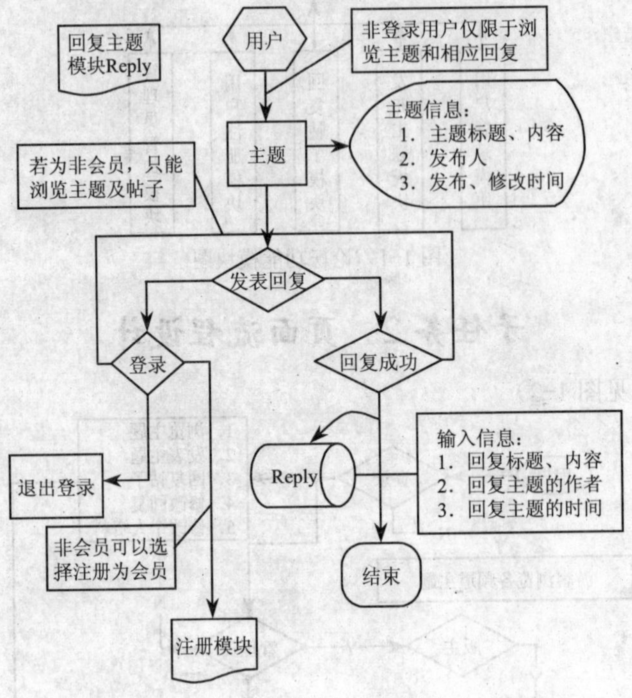

图 1-4　回复主题流程图

4. 用户注册流程（见图 1-5）

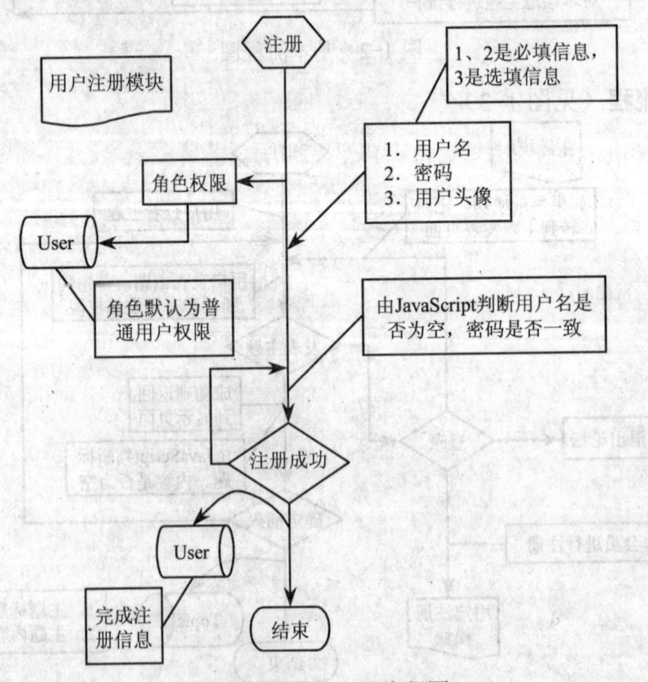

图 1-5　用户注册流程图

5. 后台管理流程（见图 1-6）

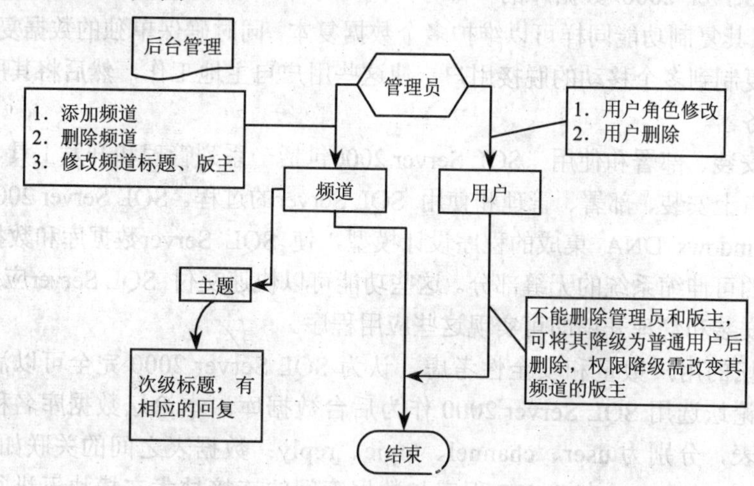

图 1-6　后台管理流程图

子任务 3　数据库设计

SQL Server 是一个关系数据库管理系统，最初是由 Microsoft、Sybase 和 Ashton-Tate 三家公司共同开发的，于 1988 年推出了第一个 OS/2 版本。在 Windows NT 推出后，Microsoft 与 Sybase 在 SQL Server 的开发上就分道扬镳了。Microsoft 将 SQL Server 移植到 Windows NT 系统上，专注于开发推广 SQL Server 的 Windows NT 版本；Sybase 则较专注于 SQL Server 在 UNIX 操作系统上的应用。在本书中介绍的是 Microsoft SQL Server，以后简称为 SQL Server 或 MS SQL Server。

SQL Server 2000 是 Microsoft 公司推出的 SQL Server 数据库管理系统的最新版本。该版本继承了 SQL Server 7.0 版本的优点，同时又比它增加了许多更先进的功能，具有使用方便、可伸缩性好、与相关软件集成程度高等优点，可跨越从运行 Microsoft Windows 98 的笔记本计算机到运行 Microsoft Windows 7 的大型多处理器的服务器等多种平台。

Microsoft SQL Server™ 2000 的特性包括：

（1）Internet集成　SQL Server 2000数据库引擎提供完整的XML支持。它还具有构成最大的Web 站点的数据存储组件所需的可伸缩性、可用性和安全功能。SQL Server 2000程序设计模型与Windows DNA构架集成，用以开发 Web应用程序，并且支持English Query和Microsoft搜索服务等功能，在Web应用程序中包含了友好的用户查询和强大的搜索功能。

（2）可伸缩性和可用性　同一个数据库引擎可以在不同的平台上使用，从运行 Microsoft Windows 98的个人计算机，到运行 Microsoft Windows 2000数据中心版的大型多处理器服务器。SQL Server 2000 企业版支持联合服务器、索引视图和大型内存支持等功能，使其得以升级到最大 Web 站点所需的性能级别。

（3）企业级数据库功能　SQL Server 2000 关系数据库引擎支持当今苛刻的数据处理环境所需的功能。数据库引擎充分保护数据完整性，同时将管理上千个并发修改数据库的用户的开销减到最小。SQL Server 2000 分布式查询可以引用来自不同数据源的数据，就好像这些数据是SQL Server 2000 数据库的一部分，同时分布式事务支持充分保护任何分布式数据更新的完整性。其复制功能同样可以维护多个数据复本，同时确保单独的数据复本保持同步。可将一组数据复制到多个移动的脱接用户，使这些用户自主地工作，然后将其所做的修改合并返回发布服务器。

（4）易于安装、部署和使用 SQL Server 2000包括一系列管理和开发工具，这些工具可改进在多个站点上安装、部署、管理和使用 SQL Server的过程。SQL Server 2000还支持基于标准的、与 Windows DNA 集成的程序设计模型，使 SQL Server数据库和数据仓库的使用成为生成强大的可伸缩系统的无缝部分。这些功能可以快速交付 SQL Server应用程序，使客户只需最少的安装和管理开销即可实现这些应用程序。

基于本论坛的用户数量和安全性考虑，认为 SQL Server 2000 完全可以满足本论坛的需求，因此本论坛选用 SQL Server 2000 作为后台数据库。本论坛数据库名称为 bbs.mdf；包含 4 个数据表，分别为 user、channel、topic、reply；数据表之间的关联如图 1-7 所示，表结构见表 1-1～表 1-4。有关 JSP 程序与数据库间的连接技术在模块五进行详细介绍，本模块不做讲述。

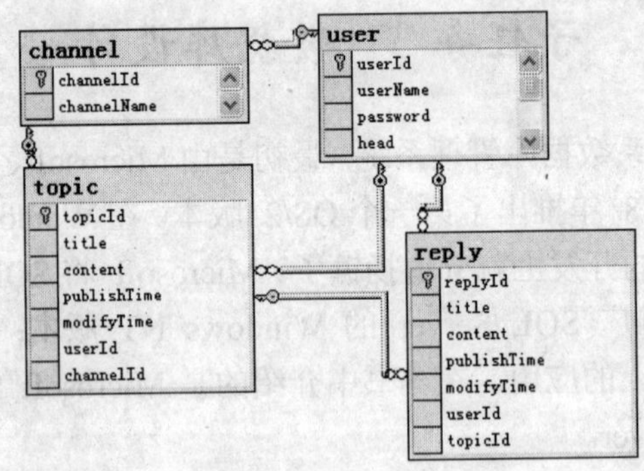

图 1-7 数据表关联图

表 1-1 reply 表表结构

设计表“reply”，位置是“bbs”中、“(local)”上

列名	数据类型	长度	允许空
replyId	int	4	
title	varchar	60	
content	varchar	500	
publishTime	datetime	8	
modifyTime	datetime	8	
userId	int	4	
topicId	int	4	

表 1-2 channel 表表结构

设计表“channel”，位置是“bbs”中、“(local)”上

列名	数据类型	长度	允许空
channelId	int	4	
channelName	varchar	30	
userId	int	4	

表 1-3 topic 表表结构

设计表"topic"，位置是"bbs"中、"(local)"上

列名	数据类型	长度	允许空
topicId	int	4	
title	varchar	60	
content	varchar	500	
publishTime	datetime	8	
modifyTime	datetime	8	
userId	int	4	
channelId	int	4	

表 1-4 user 表表结构

设计表"user"，位置是"bbs"中、"(local)"上

列名	数据类型	长度	允许空
userId	int	4	
userName	varchar	30	
password	varchar	30	
head	varchar	100	
registerTime	datetime	8	
role	int	4	

子任务 4 系统界面设计

本论坛共设计了 31 个页面，涉及用户登录、用户注册、用户个人信息修改、发帖、回帖、频道管理、用户管理等相关功能。本任务内只列出其中几个页面以及登录页面的代码，其他代码在后续模块中详细介绍。

1. 系统主页（见图 1-8）

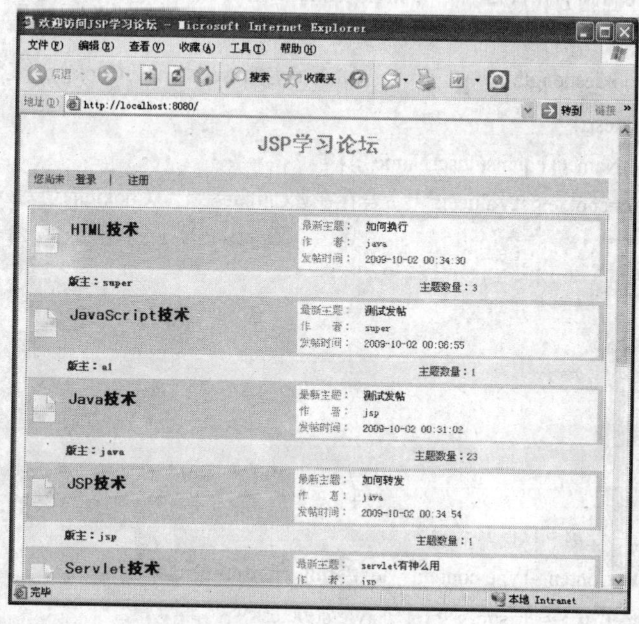

图 1-8 系统主页

2．登录页面（见图 1-9）

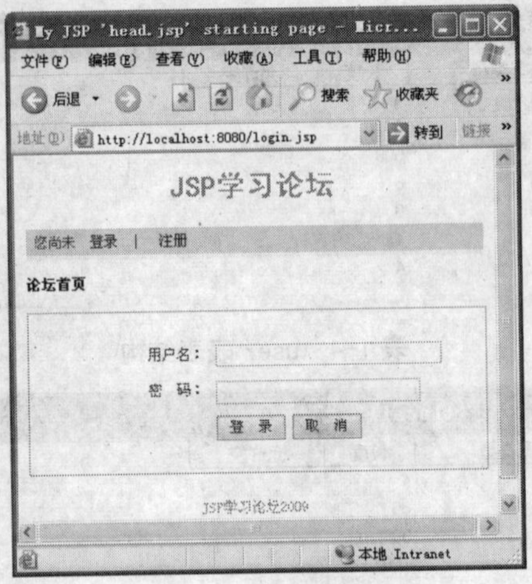

图 1-9 登录页面

登录页面代码 login.jsp 如下：

```
<%@ page language="java" pageEncoding="GBK"
        import="java.util.*,com.bbs.entity.*,com.bbs.dao.*"%>
<%
request.setCharacterEncoding("GBK");
//读取Cookie
String userName="";
Cookie cookie=null;
Cookie[] cookies=request.getCookies();       //获取Cookie数组
if(cookies!=null){
    for(int i=0;i<cookies.length;i++){               //查找名为userName的Cookie
        cookie=cookies[i];
        if(cookie.getName().equals("userName")){
            userName=cookie.getValue();       //若存在该Cookie，把该Cookie的值写入到用户名文本框中
            break;
        }
    }
}
%>
<HTML>
<HEAD>
<TITLE>学习论坛--登录</TITLE>
<META http-equiv=Content-Type content="text/html; charset=gbk">
<Link rel="stylesheet" type="text/css" href="style/style.css"/>
<script language="javascript">
```

```
function check() {
        if(document.form1.userName.value==""){
        alert("用户名不能为空");
        return false;
  }
  if(document.form1.password.value==""){
    alert("密码不能为空");
    return false;
  }
}
</script>
</HEAD>

<BODY>
<%--包含头文件 --%>
<%request.getRequestDispatcher("head.jsp").include(request,response); %>
<%--          导航             --%>
<DIV>
        <B><a href="index.jsp">论坛首页</a></B>
</DIV>
<!--          用户登录表单             -->
<DIV class="t" style="MARGIN-TOP: 15px" align="center">
        <FORM name="form1" onSubmit="return check()" action="doLogin.jsp" method="post">
        <table width="80%" cellpadding="3px" align="center" cellspacing="3px">
            <tr class="tr4">
            <td width="40%" align="right" class="tr3">用户名：</td>
            <td align="left" class="tr3">
            <INPUT class="input" tabIndex="1" type="text" maxLength="20" size="30" name="userName"
value=<%=userName%>>
      </td>
    </tr>
    <tr class="tr4">
      <td align="right" class="tr3">密  码：</td>
    <td align="left" class="tr3">
        <INPUT  class="input"  tabIndex="2"  type="password"  maxLength="20"  size="30"
name="password">
            </td>
            </tr>
        <tr class="tr4">
```

```
            <td> 

            </td>
            <td align="left">
              <INPUT class="btn" tabIndex="3" type="submit" value="登  录">
              <INPUT class="btn"    tabIndex="4"    type="reset" value="取  消">
            </td>
          </tr>
        </table>
      </FORM>
      </DIV>
      <!--          声明            -->
      <BR/>
      <CENTER class="gray">JSP学习论坛2009</CENTER>
      </BODY>
      </HTML>
```

3．发表主题界面（见图 1-10）

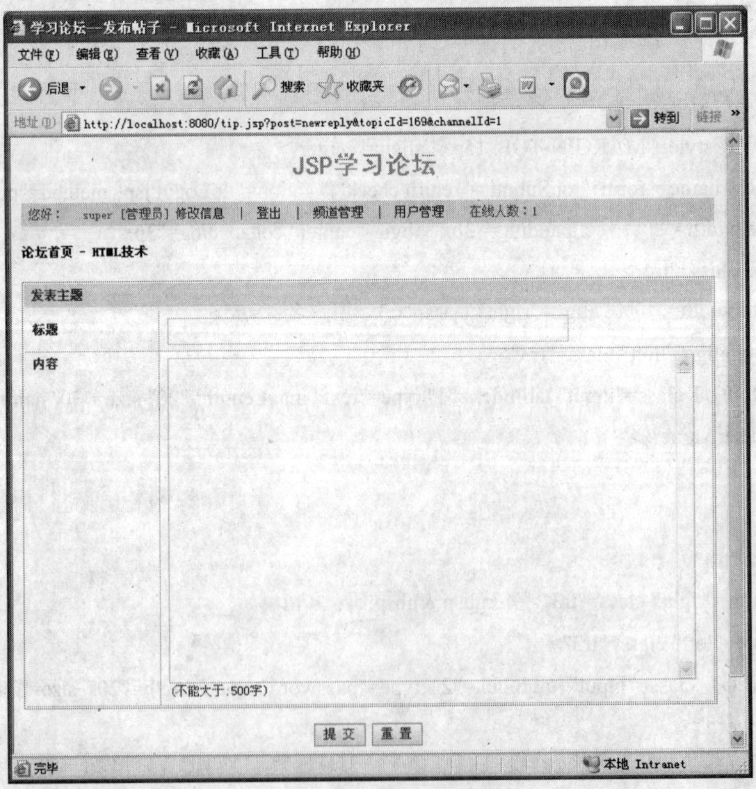

图 1-10　发表主题界面

4．频道管理界面（见图 1-11）

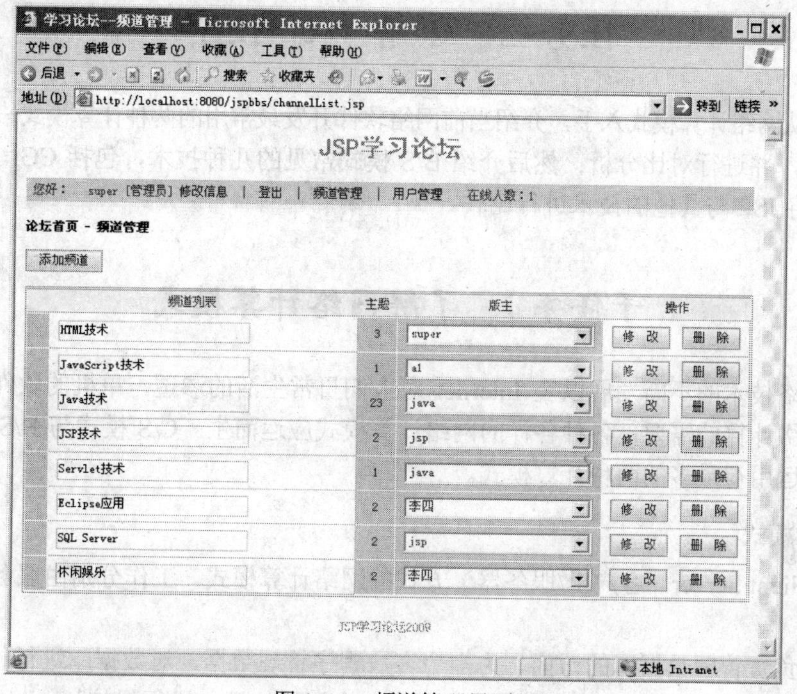

图 1-11 频道管理界面

5．用户管理界面（见图 1-12）

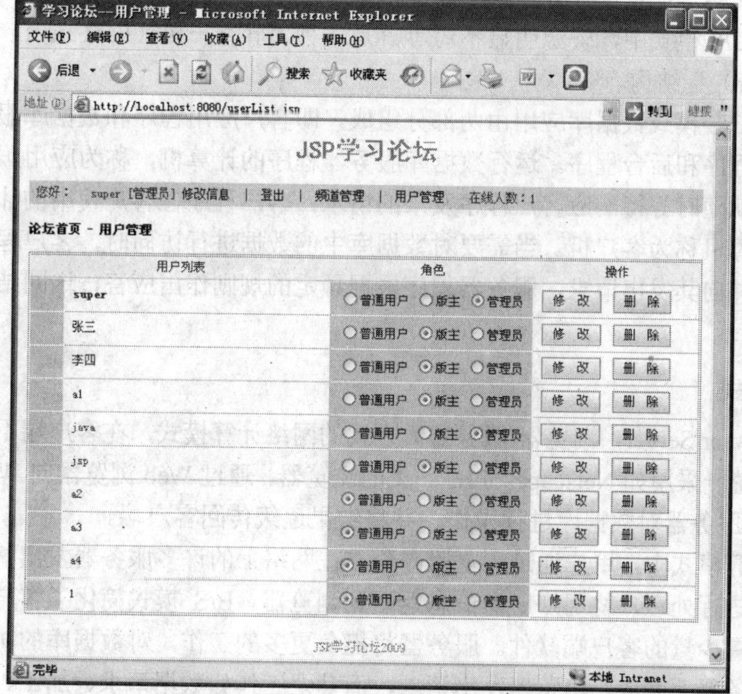

图 1-12 用户管理界面

任务三 了解Web技术

本任务从网络计算模式入手，介绍当前网络软件开发最常用的两种计算模式——C/S 模式和 B/S 模式，并进行对比分析；然后介绍 B/S 模式常见的几种技术，包括 CGI、ASP、PHP 和 JSP，并将 JSP 与其他的技术进行比较。

子任务 1 了解网络计算模式

随着网络技术的不断发展以及 Internet 对人们日常生活的渗透，单机的软件程序已难以满足人们网络计算的需要，各种各样的网络计算模式应运而生。C/S 模式与 B/S 模式是网络计算模式中运用得最多的两种计算模式。

1. C/S 模式

C/S（Client/Server，客户机/服务器）方式的网络计算模式，工作分别由服务器和客户机完成。

服务器负责管理数据库的访问，为多个客户程序管理数据，对数据库进行检索和排序，此外还要对客户机/服务器网络结构中的数据库安全层层加锁，进行保护。

客户机负责与用户的交互，收集用户信息，通过网络请求服务器对诸如数据库、电子表格或文字处理文档等信息进行处理。

可见，在 C/S 模式中，资源明显不对等，是一种"胖客户机（Fat Client）"或"瘦服务器（Thin Server）"结构。

最简单的 C/S 模式数据库应用由两部分组成，即客户应用程序和数据库服务器程序，可分别称为前台程序和后台程序。运行数据库服务器程序的计算机，称为应用服务器，服务器程序启动后，就随时等待响应客户程序发来的请求；客户程序在客户使用的计算机上运行，客户使用的计算机称为客户机。当需要对数据库中的数据进行访问时，客户程序就自动寻找服务器程序，并向其发出请求，服务器程序根据预定的规则作出应答，送回结果。应用的形式如图 1-13 所示。

2. B/S 模式

B/S（Browser/Server，浏览器/服务器）方式的网络计算模式，在客户端不需要开发任何用户界面，而统一采用如 Netscape 和 IE 一类的浏览器，通过 Web 浏览器向 Web 服务器提出请求，由 Web 服务器对数据库进行操作，并将结果逐级传回客户端。

在 B/S 计算模式中，用户通过浏览器向分布在网络上的许多服务器发出请求，服务器对浏览器的请求进行处理，将用户所需信息返回到浏览器。B/S 模式简化了客户机的工作，客户机上只需配置少量的客户端软件。服务器将担负更多的工作，对数据库的访问和应用程序的执行将在服务器上完成。浏览器发出请求，而其余工作如数据请求、加工、结果返回以及动态网页生成等全部由 Web 服务器完成。

这种三层体系结构如图1-14所示。

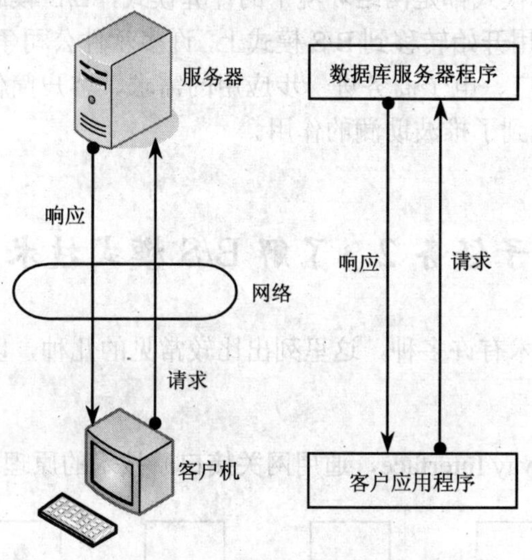

图1-13 简单的C/S模式

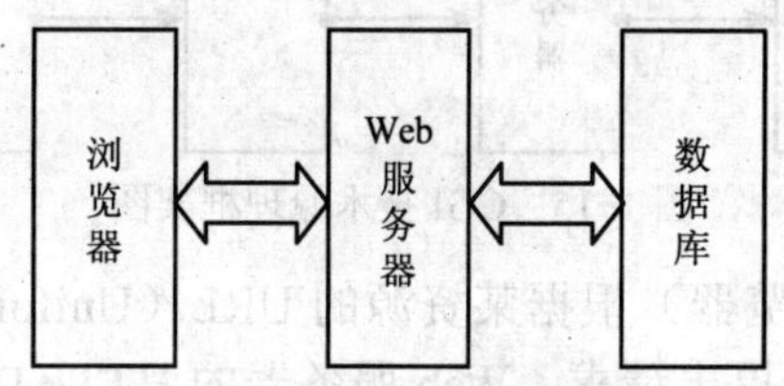

图1-14 B/S模式的三层应用

3．两种模式的比较分析

（1）开发和维护成本 C/S模式开发和维护成本较高，对不同客户端要开发不同的程序，且应用程序的安装、修改和升级均需要在所有的客户机上进行。而B/S模式，客户端只需有通用的浏览器，所有的维护与升级工作都是在服务器上执行，无需对客户端进行任何改变，因而大大降低了开发和维护的成本。

（2）客户端负载 C/S模式的客户端具有显示与处理数据的功能，负载重，且随着应用系统的功能越来越复杂，客户端的应用程序也变得越来越庞大。B/S模式的客户端把事务处理逻辑部分给了功能服务器，客户端只需进行显示即可。

（3）可移植性 C/S模式移植困难，不同开发工具开发的应用程序，一般来说互不兼容，难以移植到其他平台上运行。对于B/S模式，由于在客户端安装的是通用浏览器，所以不存在移植性问题。

（4）用户界面 C/S模式的用户界面是由客户端所装软件决定的，因此用户界面各不相同，培训的时间与费用较高。而B/S模式通过通用的浏览器访问应用程序，浏览器的界面统一、友好，使用时类似于浏览网页，从而可大大降低培训的时间与费用。

（5）安全性 C/S模式适用于专人使用的系统，可以通过严格的管理派发软件，适用于安全性要求较高的专用应用软件。B/S模式适用于交互性要求较多，使用人数较多，安全性要求不太高的应用环境。

综上所述，两种计算模式都是网络环境下的计算模式，B/S 模式相对于 C/S 模式具有更多的优势，现今大量的应用开始转移到 B/S 模式上，许多软件公司争相开发 B/S 版本的软件。同时，Internet 的逐步推广、电子商务进一步应用的需求、客户简便化的使用要求等对 B/S 模式的加速推广使用都起到了推波助澜的作用。

子任务 2 了解 B/S 模式技术

B/S 模式下的编程技术有许多种，这里列出比较常见的几种，以供对比分析。

1. CGI

CGI（Common Gateway Interface，通用网关接口）技术的原理如图 1-15 所示。

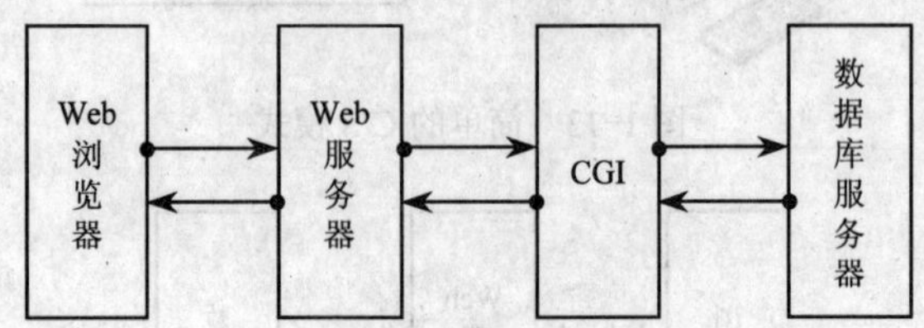

图 1-15 CGI 技术原理框架图

首先，客户端（Web 浏览器）根据某资源的 URL（Uniform Resource Locator，统一资源定位器）向 Web 服务器提出请求，Web 服务器的 HTTP Daemon（守护进程）将此请求的参数通过标准输入 stdin 和环境变量传递给指定的 CGI 程序，并启动此应用程序进行处理，如要存取数据库服务器上的数据，则向数据库服务器发出处理请求，数据库服务器将执行结果返回给 CGI 程序；CGI 程序把处理结果通过标准输出 stdout 返回给 HTTP Daemon 进程，再由 HTTP Daemon 进程返回给客户端，由浏览器解释执行，将最终结果在用户面前显示。

CGI 允许 Web 服务器运行外部应用程序，以通过外部程序来访问数据库等一些外部资源，并产生 HTML 文档给浏览器。但每次请求 CGI 程序都要重新启动程序，影响了响应的速度，且 CGI 程序不能被多个客户请求共享，影响了各种资源的使用效率。为了克服 CGI 的这些缺点，一些 Web 服务器厂商开发出了专用的 API（Applications Program Interface，应用程序接口），这样就允许程序员编写程序来扩展服务器的功能。相对于 CGI，API 与 Web 服务器的结合更加紧密，占用的资源较少，运行的效率大大提高，安全性与保护性更好。但是，开发 API 应用程序比开发 CGI 应用程序复杂得多，要求程序员掌握更多的计算机软件知识，且各种 API 之间的兼容性较差，业界没有统一的标准，使得 API 程序只能工作在专用的 Web 服务器和操作系统上。

编写 CGI 的程序设计语言有许多种，常用的有 C、PERL、Visual C++等。由于 CGI 对程序员的要求较高，且编写与调试比其他的编程技术困难，因此近年来在基于 B/S 模式的信息系统工程实践中已很少被采用。

2．ASP

ASP（Active Server Pages）是基于微软 Windows 平台的动态页面开发技术，可以用 VBScript 或 JavaScript 语言来编写，支持 COM/DCOM 构件模型，其技术易学，开发效率高。

IIS（Internet Information Serve，互联网信息服务）用于建立 NT 系统的 Web 服务器，它是在 NT 的各个版本中都进行捆绑销售的组件，提供了 WWW（World Wide Web，万维网）、FTP（File Transfer Protocol，文件传输协议）、SMTP（Simple Mail Transfer Protocol，简单邮件传输协议）等各种服务。

Microsoft 的 ASP 技术目前已发展到.NET 版本。对很多人来说，用 ASP 来创建 Windows 服务器平台上的动态 Web 网页、整个站点和基于 Web 的应用程序已经成为极其自然的方法。在浏览器地址栏中，文件扩展名.asp 同表示动态创建的网页的文件扩展名.pl 或.cgi 一样，已被浏览者所接受。

开发 ASP 程序，常常先设计静态网页的栏目格式和排版形成 HTML 语言，接着在 HTML 的基础上添加脚本程序，形成 ASP 程序后再实现动态的 Web 网页。在 ASP 的程序开发中，它所使用的脚本语言是 JavaScript 和 VBScript，在默认情况下使用的是 VBScript，这是 VB 程序设计语言的一个子集，语法与 VB 基本相同。

ASP 中的 ADO 对象用来执行与数据库相关的操作，ADO 再以 OLEDB 或 ODBC 的方式访问数据库，在.NET 版本中这一对象称为 ADO.NET。

3．PHP

PHP（Personal Home Pages）是一种服务器端的脚本语言，嵌入在 HTML 中书写，可以在多种平台上运行。

PHP 的语法与 C 语言、Java 语言的语法极为相似，但也有自己独特之处。它具有庞大的函数库，这主要是因为它是开源式的，源代码完全公开，每个使用 PHP 的程序员都可以加入自己的东西，从而实现更多的功能。PHP 支持几乎所有的数据库。

但是 PHP 对组件的支持不够，扩展性较差，常用它与免费的数据库系统 MySQL 一起构建中小型网 B/S 模式的网站或信息系统。

4．JSP

JSP（Java Server Pages）是由 Sun 公司倡导，于 1999 年推出的，正日益成为开发 Web 动态网站的重要而快速有效的开发技术。

JSP 充分利用了 Java 技术的优势，具有极强的扩展能力和良好的收缩性，与开发平台无关，这源于 Java 的“一次编写，到处运行”的特点，同时它也是一项安全的技术。它具有良好的动态页面与静态页面分离的能力，编译后运行，因而正逐渐成为 Internet 开发的主流技术。

5．JSP 与其他 B/S 模式技术的比较

JSP 相对于其他 B/S 模式下的动态网页技术有诸多的优势，因此它被许多人认为是未来最有发展前途的技术。

（1）跨平台性　ASP只能运行在Windows平台下，而JSP基于强大的Java语言，几乎可以在所有的操作系统平台运行。NT下的IIS通过一个插件JRUN或者ServletExec也能支持JSP，著名的Web服务器Apache现在已经能够支持JSP。它被广泛地运用在NT、UNIX、Linux中。

由于历史的原因，UNIX 的优势依然存在，越来越多的编程爱好者喜欢使用 Linux，所以生产 Linux 操作系统的商家不断地发行 Linux 的新版本，界面愈加人性化，功能正日益强大，Internet 上的很多服务都使用 Linux 平台。因此，JSP 在这方面占有很大的优势。

从一个平台移植到另一个平台，JSP 和 JavaBean 甚至不必重新编译，因为 Java 字节码都是标准的字节码，与平台无关。一些软件公司采取了在 Windows 下开发、在 Linux 下安装与调试的开发方式，或直接在 Linux 下进行开发，从而使 JSP 技术进一步深入人心。

（2）一次编写，到处运行　JSP拥有Java语言“一次编写，到处运行”的特点，所有JSP页面都将被JSP引擎编译成JavaServlet，也就具有了Java技术的所有优点，其他的B/S模式技术则没有这个优点。

（3）编写容易，快速上手　学习JSP与学习ASP一样，可以快速上手，当然如果具有HTML及Java语言的基础更好。Web程序员在网页制作人员设计的HTML页面的基础上找到需要插入JSP程序的地方编写JSP程序，相应的页面就成为JSP页面。

（4）可重用性　JSP程序可以逻辑封装在JavaBeans或EJB（Enterprise JavaBeans）组件中，由它们来执行一些复杂的处理，再通过JSP调用将处理的结果显示出来。一方面使得开发组件的开发人员可以专注于组件开发；另一方面编写JSP的开发人员可以在多处使用组件，而不必关心其实现细节，而且修改组件只需改动组件内部的设计而不必更改JSP代码。这样，大大提高了系统的可重用性，在某个项目中设计的组件在今后的项目中还可以继续使用。

PHP、CGI 技术在可重用性上与 JSP 是无法比拟的，ASP 支持的组件技术也比较有限，不如 JSP 丰富。

（5）数据库连接技术　Java程序通过JDBC（Java DataBase Connectivity）驱动程序与数据库连接，相当多的数据库带有JDBC驱动程序，JDBC-ODBC的方式提供了JDBC与ODBC驱动连接的桥梁。

大多数的数据库系统带有 ODBC 驱动，这使得 Java 程序可以访问大多数的数据库系统，包括 Oracle、Sybase、Informix、MySQL、Microsoft SQL Server、MS Access 等。

子任务 3　了解 HTML

JSP 文件是在 HTML 中插入 Java 语句，因此，要使用 JSP 进行 Web 开发，就要求程序员掌握基本的 HTML 知识。B/S 模式下的 Web 程序与客户交互的常用手段是通过客户端表单提交信息，客户提交的信息是否合法，采用 JavaScript 可对数据进行验证，还可响应客户事件。这些使得原来静态的 HTML 页面显得富有生机。

本任务首先介绍 HTML 的基础知识，这些是每个从事 Web 开发的程序员所必须掌握的，然后介绍基本的 JavaScript 内容。掌握 Web 信息交互的方法是最为重要的，对初学 Web 的编程者而言也是难点所在。

1. 什么是 HTML

HTML（Hyper Text Markup Language，超文本标记语言）是一种描述网页的标记语言，用来描述如何将文本格式化。HTML 可以定义网页中文本和图形的格式，以及指向其他网页的链接。整个 Internet 就像一张巨大的网，一个 HTML 就像网中的一个点，HTML 还指引浏览者从一个页面上通过超链接跳转到另一个页面。

2．URL

URL（Uniform Resource Locator，统一资源定位器）是 Internet 中用来唯一标志和定位 Internet 中资源的一种简单的命名机制。如下所示的 URL 由三部分构成：协议、主机 DNS 名和文件名。

http://www.sina.com.cn/sports/ball.htm

在上面的 URL 中，协议为 http，存放信息的主机为 www.sina.com.cn，文件名为/ball.htm，sports/是映射到用户网络服务器上的目录。

3．HTML 结构

HTML 标记一般用尖括号“<” 和“>”括起来，中间为标记名称，有开始标志和结束标志，少数 HTML 标记只有一个标记。如果要定义标记的属性，则在标记名称后加上空格，再加上属性定义内容。

注意

HTML 对大小写并不敏感。

一个 HTML 文档包括文档头和文档体两部分。文档头信息包含在标记<head>与</head>之间，包含了一些有关此网页的信息，如网页标题、导入样式表信息等。<body>与</body>中间是网页的文档体部分。其中<html>、<body>是必须有的，浏览器据此进行初始化的工作。

如下面的 HTML 代码：

```
<HTML>
  <head>
    <title>HTML 静态网页</title>
  </head>
  <body>
    此部分为网页内容
  </body>
</HTML>
```

4．HTML 标记

（1）基本标记 <html></html>标记，向浏览器表明此文档为超文本文档，文件以“.htm”或“.html”作为扩展名。

<head></head>标记，表示文档头，包含一些初始化信息，包括标题 title、JavaScript 及 meta 信息等。

<body></body>标记，表示文档体，包含一些初始化信息。

<title></title>标记，其中的信息将会显示在浏览器窗口的标题上，而不会显示在浏览器中。

<P>，标记一个段落的头尾。

<hr>，为水平线标记，用于插入一条水平线。

<img>，为图形标记，主要用来将插入图片于网页中，格式如下：

```
<img src="图片来源"width=宽度 height=高度 hspace=图片左右边沿空白 vspace=图片上下边沿空白 border=图片边框厚度 align="旁边文字的位置"alt="图片文字"lowsrc="低解像图片">
```

src="图片来源"，表示图片来源，可接受.gif、.jpg 及.png 格式。若图片文件与该 HTML 文件同处一个目录，则只需写上文件名称，否则必须加上正确的途径，相对及绝对路径皆可。width=宽度 height=高度，设定图片大小，此宽度及高度一般采用像素作为单位。hspace=图片左右边沿空白 vspace=图片上下边沿空白，设定图片边沿空白，以免文字或其他图片过于贴近，高度采用 Pixels（像素）作为单位。border=图片边框厚度，设置图片边框厚度。align="旁边文字的位置"，用于调整图片旁边文字的位置，可选值有 top、middle、bottom、left、right，默认为 bottom。alt="图片文字"，用以描述该图形的文字，若用者使用文字浏览器，由于不支持图片，这些文字便会代替图片而被显示。对于支持图片显示的浏览器，当鼠标移至图片上时这些文字也会显示。lowsrc="低解像图片"，设定先显示低解像图片，若所加入的是一张很大的图片，下载时间会很长，这张低解像图片会先被显示。

<a></a>，为超链接标记，格式如下：

href="目标 URL"，这个参数是链接至的目标 URL，当作为一个外部链接时，href 设定的是该链接所要链接到的文件名称，若本文档与目标 URL 不是同在一个目录下则需要加上适当的路径，相对、绝对路径皆可。target="结果窗口"，设定链接后为结果所要显示的视窗，可选值为_blank、_parent、_self、_top、窗口名称。_blank 表示将链接的页面内容打开在新的浏览视窗中；_parent 表示将链接的页面内容当成文件的上一个页面；_self 表示将链接的页面内容显示在目前的视窗中；_top 表示将框架中链接的页面内容显示在没有框架的视窗中。

（2）表格标记 <table></table>标记定义一个表格，其他表格标记只能在它的范围内才适用。<tr></tr>标记定义一个表格列（row）。<td></td>标记定义一个单元格（cell）。

在 Web 开发中，常用表格进行网页元素定位，但又不要显示出表格的单元格边框，因此，网页实际上是由一张张互相嵌套的边框宽度为 0 的表格构成的。

5．表单

<form></form>为表单标记，其他表单标记需要在它的包围中才有效。例如：

```
<form action="checklogin.jsp"method="POST">
```

表单通常和网页动态程序配合使用，以提交表单中的数据。参数 action 用以指明处理该表单数据的程序所在的位置；参数 method 用于表明传送资料的方式，可选值为 POST、GET。POST 允许传送大量资料，提交的信息不会显示在地址栏中，但 GET 只接受低于 1KB 的资料，提交的信息会显示在浏览器的地址栏中。

<input></input>为输入标记。例如：

```
<input type="Text" name="num" value="20" align="middle" size ="2" maxlength="255">
```

参数 type 表示输入方式。输入方式为 Text，能产生一个单行文本框，上限为 255KB；name

为名称，value 为默认值，align 为对齐方式，size 为显示的长度，maxlength 为输入字节数的上限。

```
<input type="Radio" name="Sex" value="female" align="middle" checked>
```

参数 type 为 Radio，表示单选框，checked 在默认情况下该单选框被选中。

<input type="Checkbox" name="Wu" value="Leon" align="right" checked>

参数 type 为 Checkbox，表示复选框，checked 在默认情况下该复选框被选中。

```
<input type="password" name="password1" value="999" align="middle" size="5" maxlength="9">
```

参数 type 为 password，表示密码输入框，所输入的字全部以*号显示。

```
<input type="Submit" name="tj" value="确定" align="middle" >
```

参数 type 为 Submit，表示表单提交按钮，当此参数值为 reset 时，表示清除表单数据按钮。

<select></select>标记，用于选择下拉框。

<option></option>标记，选择下拉框中的选项。

子任务 4 了解 JavaScript

1. 什么是 JavaScript

JavaScript 是一种脚本语言，结构简单，使用方便，其代码可以直接放入 HTML 文档中，可以直接在支持 JavaScript 的浏览器中运行。JavaScript 使得网页的交互性更强、更加生动灵活。当在浏览网页中做了某种操作时，就产生一个事件，JavaScript 所编写的程序可对相应的事件作出反应。

2. 如何在 HTML 中加入 JavaScript

可以直接将 JavaScript 脚本加入 HTML 文档：

```
<Script>
//JavaScript 语言代码
……
</Script>
```

标记<Script></Script>指明 JavaScript 脚本源代码将放入其间，通过属性 Language="JavaScript"说明标志中使用的是 JavaScript 语言。

3. JavaScript 对象

JavaScript 中已预先定义了一些对象，以方便程序员使用。大多数预定义对象是 Navigator 对象的一部分，图 1-16 所示是其对象层次结构图。

Window：处于对象层次的最顶端，它提供了处理 Navigator 窗口的方法和属性。

Location：提供与当前打开的 URL 一起工作的方法和属性。

History：提供与历史清单有关的信息。

Document：包含与文档元素（Elements）一起工作的对象，它将这些元素封装起来供编程人员使用。

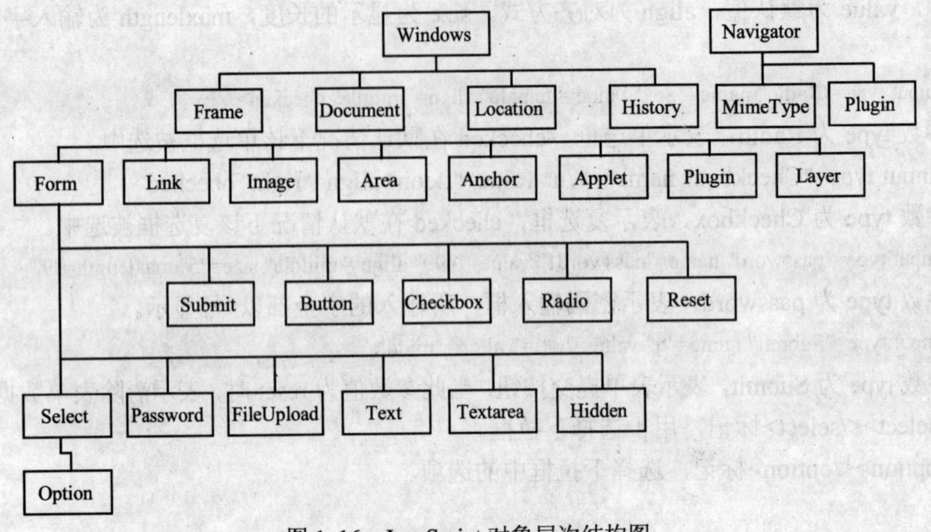

图 1-16 JavaScript 对象层次结构图

JavaScript 中的事件有单击事件、改变事件和选中事件等，见表 1-5。

表 1-5 JavaScript 中的事件

方法名	说明
单击事件 onClick	当用户单击鼠标按钮时，产生 onClick 事件
改变事件 onChange	在 text 或 textarea 中输入值改变时引发该事件，当在 select 中选项状态改变后也会引发该事件
获得焦点事件 onFocus	用户单击 text 或 textarea 以及 select 对象时，产生该事件
选中事件 onSelect	当 text 或 textarea 对象中的文字被加亮后，引发该事件
失去焦点 onBlur	当 text 对象、textarea 对象、select 对象失去焦点时引发该事件
载入文件 onLoad	当文档载入时，产生该事件
卸载文件 onUnload	页面退出时引发 onUnload 事件

子任务 5 了解 Web 信息交互

HTML 主要通过窗体对象（Form）与 JavaScript 进行信息交互。

窗体对象（Form）构成了 Web 页面的基本元素。通常一个 Web 页面有一个窗体或几个窗体，使用 Forms[]数组来实现不同窗体的访问。窗体对象最主要的功能就是能够直接访问 HTML 文档中的窗体。

1. Form 元素方法、属性、事件

窗体对象（Form）中的基本元素由按钮、单选按钮、复选按钮、提交按钮、重置按钮、文本框等组成，Form 元素的方法、事件与属性见表 1-6。在 JavaScript 中要访问这些基本元素，必须通过对应特定窗体元素的数组下标或窗体元素名来实现。每一个元素都要通过该元素的属性或方法才能引用。

表 1-6 Form 元素的方法、事件与属性

元素	类别	名称	说明
text	属性	name	设定提交信息时的信息名称
		value	出现在窗口中对应 HTML 文档中 value 的信息
		defaultvalue	text 元素的默认值
	方法	blur()	失去焦点
		select()	加亮文字
	事件	onFocus	获得焦点时产生
		onBlur	失去焦点时产生
		onselect	文字被加亮显示后产生
		onchange	值改变时产生
textarea			属性、方法、事件同 text
select	属性	name	提交信息时的信息名称
		length	长度
		options	组成多个选项的数组
		selectindex	该下标指明一个选项
		text	某一选项的属性，选项对应的文字
		selected	某一选项的属性，当前选项是否被选中
		index	某一选项的属性，当前选项的位置
		defaultselected	某一选项的属性，默认选项
	事件	onFocus	获得焦点时产生
		onBlur	失去焦点时产生
		onchange	值改变时产生
button	属性	name	提交信息时的信息名称
		value	出现在窗口中对应 HTML 文档的 value 的信息
	方法	click()	按下按钮元素（button）
	事件	onclick	单击按钮元素（button）按钮时产生
checkbox	属性	name	提交信息时的信息名称
		value	出现在窗口中对应 HTML 文档的 value 的信息
		checked	checkbox 的状态 true/false
		defaultchecked	默认状态
	方法	click()	checkbox 的某一个选项被选中
	事件	onclick	checkbox 的选项被选中时产生
radio	属性	name	提交信息时的信息名称
		value	出现在窗口中对应 HTML 文档中的 value 的信息
		length	单选按钮中的按钮数目
		defaultchecked	默认按钮
		checked	是否选中
		index	选中的按钮的位置
	方法	click()	checkbox 的某一个选项被选中
	事件	onclick	checkbox 的选项被选中时产生
hidden	属性	name	设定提交信息时的信息名称
		value	出现在窗口中对应 HTML 文档中的 value 的信息
		defaultvalue	text 元素的默认值

（续）

password	属性	name	设定提交信息时的信息名称
		value	出现在窗口中对应 HTML 文档中的 value 的信息
		defaultvalue	text 元素的默认值
	方法	select()	加亮输入口令域
		blur()	丢失 password 输入焦点
		focus()	获得 password 输入焦点
submit	属性	name	提交信息时的信息名称
		value	出现在窗口中对应 HTML 文档中的 value 的信息
	方法	click()	相当于单击 submit 按钮
	事件	onclick	单击该按钮时产生

2．HTML 与 JavaScript 交互实例

用户注册是许多网站经常要设计的，本书以本论坛的注册表单为例，本例中 JavaScript 主要用做数据合法性的验证，表单的效果如图 1-17 所示。

【案例】HTML与JavaScript交互示例（register.jsp）。

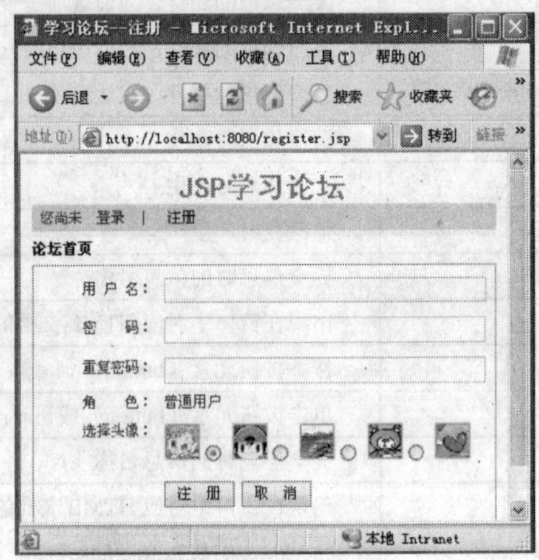

图 1-17　用户注册表单

注意

JSP 中的 Java 与 JavaScript 不同，JSP 中的 Java 是在服务器端运行的程序，编译后再执行，而 JavaScript 是在客户端运行的程序代码，由客户端浏览器解释执行。

```
<%@ page language="java" pageEncoding="GBK"
 import="java.util.*,com.bbs.entity.*,com.bbs.dao.*"%>
<HTML>
<HEAD>
<TITLE>学习论坛--注册</TITLE>
<META http-equiv=Content-Type content="text/html; charset=gbk">
```

```
<Link rel="stylesheet" type="text/css" href="style/style.css"/>
<script language="javascript">
function check() {
 if(document.form1.userName.value==""){                                   【1】
     alert("用户名不能为空");
     return false;
 }
 if(document.form1.password1.value==""){
     alert("密码不能为空");
     return false;
 }
 if(document.form1.password1.value != document.form1.password2.value){   【2】
     alert("两次密码不一样");
     return false;
 }
 if(document.form1.password1.value.length<6){
     alert("密码不能小于6位");
     return false;
 }
}
</script>
</HEAD>
<BODY>
……
 <FORM name="form1" onSubmit="return check()" action="doRegister.jsp" method="post">
  <table width="80%" cellpadding="3px" align="center" cellspacing="3px">
   ……
 </FORM>
……
</BODY>
</HTML>
```

代码详解

在 HTML 中定义了一个表单名称为 Form1，当表单提交时就调用了 JavaScript 的函数 checked()判断用户输入的数据是否合法，并根据此函数返回的值决定是否提交表单数据。返回 True 表示数据合法，通过验证，可以提交表单；返回 False 表示数据非法，不提交数据，请用户修改相关数据后再提交。

【1】此处if语句判断用户名不能为空。

【2】此处if语句判断两次输入的密码是否一致。

学 材 小 结

理论知识

1. 对比分析 C/S 模式和 B/S 模式的优缺点。
2. 对比分析 B/S 模式的动态网页技术。

实训任务

实训　使用 JavaScript 实现表单验证。

【实训目的】掌握在HTML内嵌入JavaScript语句。

【实训内容】参照register.jsp内的JavaScript语句，在图1-17所示表单中加入一个注册E-mail的功能，填写内容不准为空。

【实训步骤】

步骤 1　在 register.jsp 内的 JavaScript 语句 function check()内填写代码。

```
<script language="javascript">
function check() {
 if(document.form1.userName.value==""){
     alert("用户名不能为空");
     return false;
 }
……
 if(document.form1.password1.value.length<6){
     alert("密码不能小于6位");
     return false;
 }
}
________________________
________________________
________________________
________________________
</script>
```

拓展练习

用 JavaScript 实现：表单验证中的 E-mail 输入项必须包含字符“@”。

模块二

JSP 开发运行环境的安装与配置

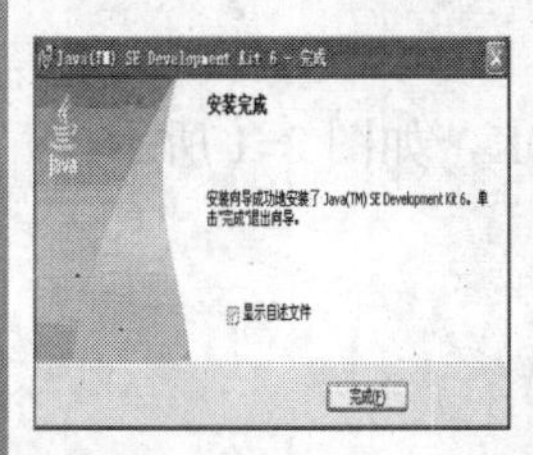

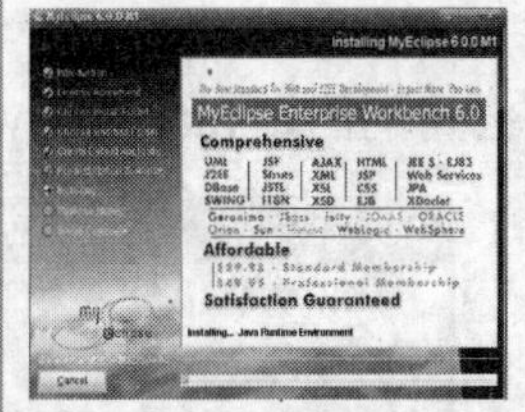

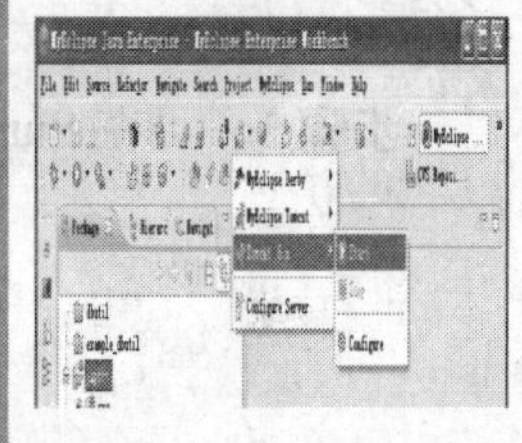

本模块导读

编写 JSP 程序的第一步就是要搭建环境，本模块将引导读者一步一步搭建一个 JSP 运行的基础环境，这是后续模块运行的基础。本模块将分步介绍 JDK 1.6 和 Tomcat 6.0 的安装配置及 MyEclipse 6.0 的使用方法。

本模块要点

- JDK 1.6 的安装配置
- Tomcat 6.0 的安装配置
- 如何使用 MyEclipse 6.0

任务一　如何安装与配置 JDK 1.6

【任务及解决方法简述】本任务将通过JDK 1.6的下载、安装和配置过程的分步讲解来介绍JDK 1.6的使用方法。

子任务 1　安装 JDK 1.6

步骤

步骤 1　可在 Sun 公司的网站 http://www.sun.com 上免费下载 JDK，如图 2-1 所示。

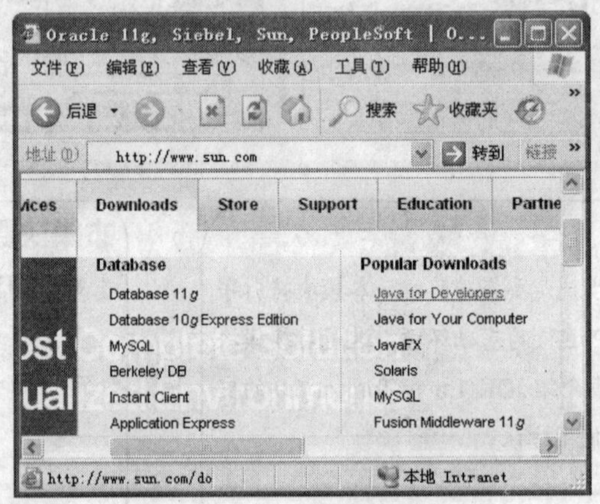

图 2-1　http://www.sun.com 网站

单击“Downloads”下的“Java for Developers”的链接即可打开下载页面。

步骤 2　双击 JDK 的安装程序 jdk-6-rc-windows-i586.exe，进入安装界面，如图 2-2～图 2-5 所示。

图 2-2　JDK 安装过程截图 1

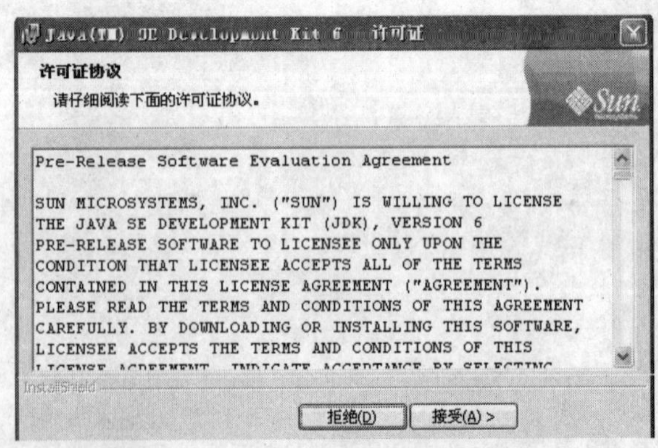

图 2-3　JDK 安装过程截图 2

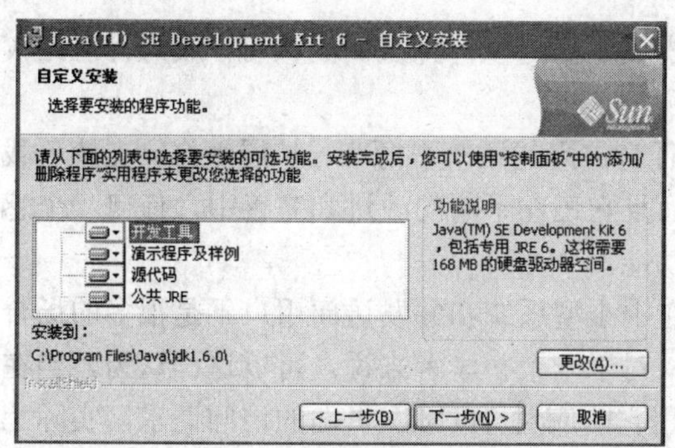

图 2-4　JDK 安装过程截图 3

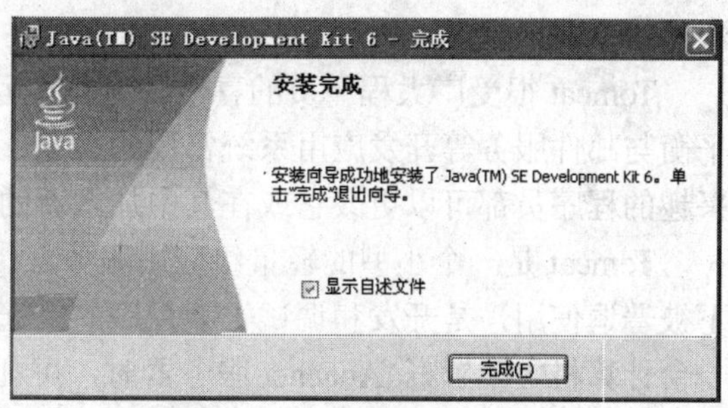

图 2-5　JDK 安装过程截图 4

子任务 2　配置 JDK 1.6

步骤

步骤 1　在 Windows XP 中，用鼠标右键单击桌面上的“我的电脑”图标，在弹出的快捷菜单中选择“属性”命令，弹出“系统属性”对话框，单击“高级”选项卡，再单击“环境变量”按钮，弹出“环境变量”对话框，如图 2-6 所示。

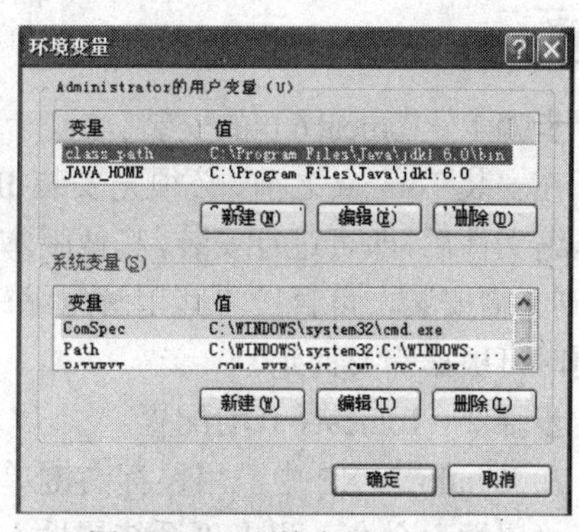

图 2-6　“环境变量”对话框

步骤 2　单击“系统变量”中的“新建”按钮，分别添加如下系统变量。

变量名：JAVA_HOME；变量值：安装目录完整路径（如 c:\j2sdk）。

变量名：PATH；变量值：安装目录完整路径（如 c:\j2sdk\bin）。

变量名：CLASS_PATH；变量值：安装目录完整路径（如 c:\j2sdk\jre\lib\rt.jar）。

任务二　如何安装与配置 Tomcat 6.0

【任务及解决方法简述】本任务对Tomcat应用服务器进行简单介绍，并逐步讲解如何安装、配置Tomcat 6.0；如何运行Tomcat 6.0；如何完成第一个JSP页面的测试；如何完成虚拟目录的配置。

子任务 1　Tomcat 简介

Tomcat 是 Apache 软件基金会（Apache Software Foundation）Jakarta 项目中的一个核心项目，由 Apache、Sun 和其他一些公司及个人共同开发而成。由于有了 Sun 公司的参与和支持，最新的 Servlet 和 JSP 规范总是能在 Tomcat 中得到体现。因为 Tomcat 技术先进、性能稳定，而且免费，因而深受 Java 爱好者的喜爱并得到了部分软件开发商的认可，成为目前比较流行的 Web 应用服务器。

Tomcat 很受广大程序员的喜欢，因为它运行时占用的系统资源小，扩展性好，支持负载平衡与邮件服务等开发应用系统常用的功能；而且它还在不断的改进和完善中，任何一个感兴趣的程序员都可以更改它或在其中加入新的功能。

Tomcat 是一个小型的轻量级应用服务器，在中小型系统和并发访问用户不是很多的场合下被普遍使用，是开发和调试 JSP 程序的首选。对于一个初学者来说，可以这样认为，当在一台计算机上配置好 Apache 服务器时，可利用它响应对 HTML 页面的访问请求。实际上 Tomcat 部分是 Apache 服务器的扩展，但它是独立运行的，所以当运行 Tomcat 时，它实际上是作为一个与 Apache 独立的进程单独运行的。

子任务 2　如何安装、配置 Tomcat 6.0

步骤

步骤 1　Tomcat 6.0 的安装。

在安装 Tomcat 之前，必须先安装 JDK。网络上有许多地方可以下载 Tomcat，得到 Tomcat 的压缩文件后，即可进行安装。其他版本的 Tomcat 的安装可以根据向导提示进行安装；Tomcat 6.0 则无需安装，可直接将其用解压缩软件解压至指定的目录。这里解压至 c:\tomcat6，实际应用时可根据需要而定。

步骤 2　Tomcat 6.0 的配置。

在 Windows XP 中，用鼠标右键单击桌面上的“我的电脑”图标，在弹出的快捷菜单中选择“属性”命令，弹出“系统属性”对话框，单击“高级”选项卡，再单击“环境变量”按钮，弹出“环境变量”对话框，如图 2-6 所示。

单击“系统变量”中的“新建”按钮，分别添加如下系统变量。

变量名：TOMCAT_HOME；变量值：安装目录完整路径（如 C:\tomcat6）

注意

1）变量值与前面安装的 JDK 及 Tomcat 的目录要对应起来。

2）如果已经设置了上述这些变量，可直接进行编辑操作，更改对应的变量值即可。

子任务 3　如何运行 Tomcat 6.0

步骤

步骤 1　Tomcat 6.0 的启动。

执行 Tomcat 安装目录 bin 子目录下的 Startup.bat 程序，会出现如图 2-7 所示的窗口，表明服务器启动成功了。

```
Tomcat
S\system32;C:\WINDOWS;C:\WINDOWS\System32\Wbem;C:\Program Files\Common Files\TTK
N\Bin;C:\Program Files\Oracle\ORAWIN95\bin;C:\Program Files\Oracle\ORAWIN95\bin
; c:\windows\system32\command.exe; C:\Program Files\Java\jdk1.6.0\bin
2010-4-29 8:12:49 org.apache.coyote.http11.Http11BaseProtocol init
信息: Initializing Coyote HTTP/1.1 on http-8080
2010-4-29 8:12:49 org.apache.catalina.startup.Catalina load
信息: Initialization processed in 437 ms
2010-4-29 8:12:49 org.apache.catalina.core.StandardService start
信息: Starting service Catalina
2010-4-29 8:12:49 org.apache.catalina.core.StandardEngine start
信息: Starting Servlet Engine: Apache Tomcat/5.5.15
2010-4-29 8:12:49 org.apache.catalina.core.StandardHost start
信息: XML validation disabled
2010-4-29 8:12:50 org.apache.coyote.http11.Http11BaseProtocol start
信息: Starting Coyote HTTP/1.1 on http-8080
2010-4-29 8:12:50 org.apache.jk.common.ChannelSocket init
信息: JK: ajp13 listening on /0.0.0.0:8009
2010-4-29 8:12:50 org.apache.jk.server.JkMain start
信息: Jk running ID=0 time=0/15  config=null
2010-4-29 8:12:50 org.apache.catalina.storeconfig.StoreLoader load
信息: Find registry server-registry.xml at classpath resource
2010-4-29 8:12:50 org.apache.catalina.startup.Catalina start
信息: Server startup in 953 ms
```

图 2-7 启动 Tomcat

步骤 2 Tomcat 6.0 的测试。

Tomcat 启动后，打开浏览器，在地址栏内输入 http://localhost:8080 或 http://127.0.0.1:8080，127.0.0.1 和/localhost 均代表本机，会出现如图 2-8 所示的页面。

Tomcat 已经内置了 Web 服务器，也可以与 Apache 结合使用，由 Apache 解释静态页面，Tomcat 执行动态页面，可以提高服务器的反应速度。

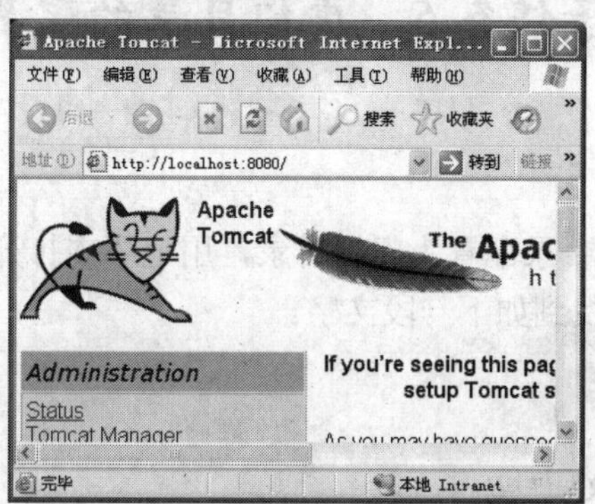

图 2-8 测试 Tomcat

步骤 3 Tomcat 6.0 的关闭。

执行 Tomcat 安装目录 bin 子目录下的 Shutdown.bat 程序，图 2-7 所示的窗口就会自动关闭，表明服务器正常关闭了。

子任务 4 第一个 JSP 页面的测试

步骤

步骤 1 编写 JSP 文件 firstjsp.jsp。

```
<%@ page contentType="text/html;charset=gb2312"%>
```

```
<html>
<head>
<title>第一个 JSP 页面</title>
</head>
<body>
<br>
<%out.println("这是一个简单的 JSP 页面");
%>
</body>
</html>
```

执行 Tomcat 安装目录 bin。

步骤 2 将文件 firstjsp.jsp 放到 Tomcat 服务器上进行测试。Tomcat 默认服务器的根目录是 Webapps\root，把 firstjsp.jsp 复制到 Webapps\root 根目录下，打开浏览器，在地址栏内输入 http://localhost:8080/firstjsp.jsp 即可看到运行结果，如图 2-9 所示。

图 2-9 第一个 JSP 页面

子任务 5 虚拟目录的配置

步骤

步骤 假设拟将 C:\jsp 目录配置为虚拟目录，用记事本打开 Tomcat 服务器上的 conf 子目录中的 server.xml 文件，找到如下一段文字。

```
<!—Tomcat root context-->
<!—
<context path=" " docBase="Root" debug="0"/>
 -- >
<!—Tomcat manager context-->
<context path=" /manager" docBase="manager" debug="0" privileged="true"/>
……
</context>
</host>
在</context>和</host>之间插入如下的文字:
 <context path="/jsp" docBase="c:\jsp" debug="0" reloadable="true" crossContext="true">
 </context>
```

其中，path="/jsp"表示配置的虚拟目录的名称；docBase="c:\jsp"是虚拟目录指向的事实目录。

保存 server.xml 后，重启 Tomcat，设置就成功了，就可以把所编写的程序文件放在 c:\jsp 目录下。例如，若把 firstjsp.jsp 文件放在 c:\jsp 下，则访问地址为 http://localhost:8080/jsp/firstjsp.jsp。

任务三 如何使用 MyEclipse 6.0

【任务及解决方法简述】本案例主要使用的集成开发平台是MyEclipse，本任务主要介绍MyEclipse 6.0的安装使用，并在MyEclipse 6.0中配置Tomcat，进行Web项目的部署运行。

子任务 1 安装 MyEclipse 6.0

步骤

步骤 1 双击“MyEclipse 6.0.exe”文件，即可进行解包，这一步所花时间较长，如图 2-10 所示。

步骤 2 确认安装 MyEclipse 6.0，如图 2-11 所示。

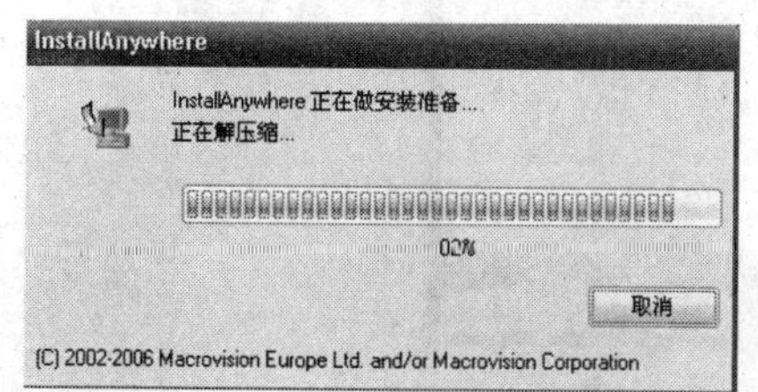

图 2-10 MyEclipse 6.0 解压缩过程

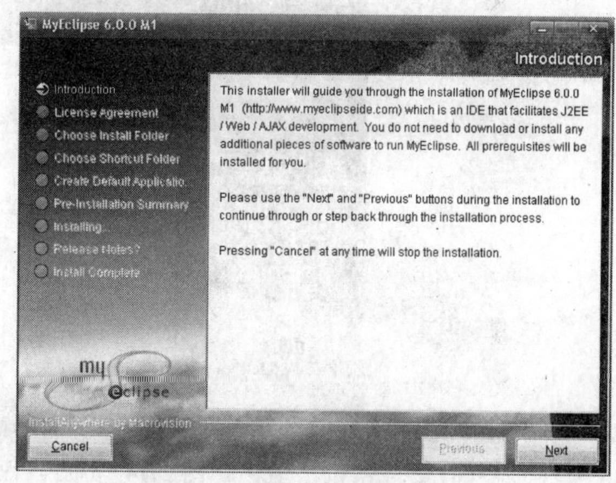

图 2-11 确认安装 MyEclipse 6.0

步骤 3 确认同意使用协议，如图 2-12 所示。

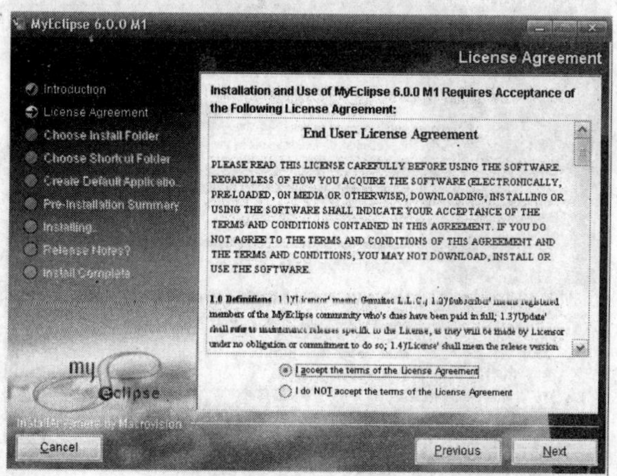

图 2-12 接受协议

步骤 4　选择安装 MyEclipse 6.0 的目录，如图 2-13 所示。

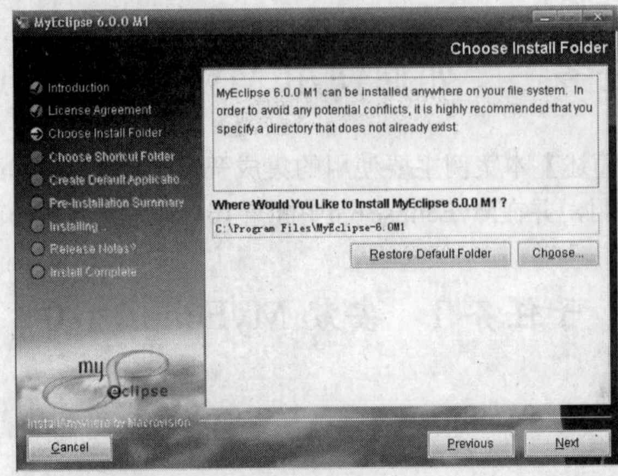

图 2-13　选择安装目录

步骤 5　选择“开始”菜单中的“程序”组，按如图 2-14 所示选择即可。

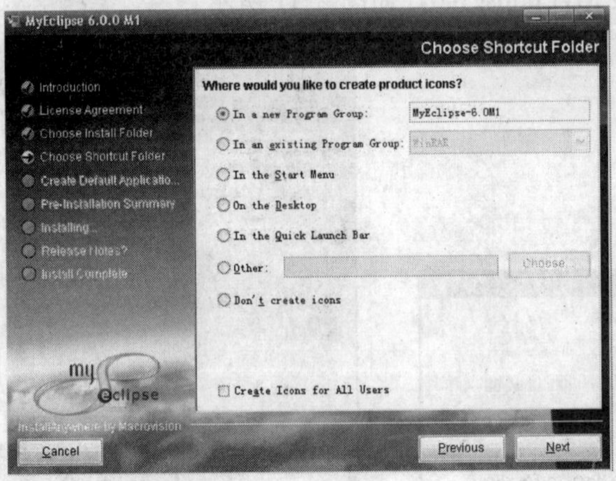

图 2-14　选择“程序”组

步骤 6　选择 MyEclipse 6.0 和相关的文件关联，如图 2-15 所示。

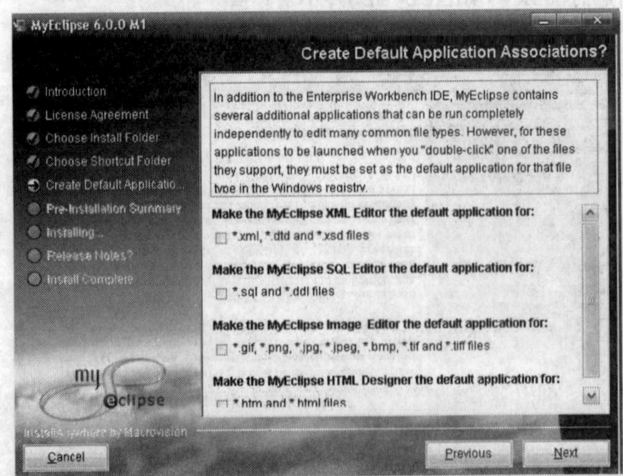

图 2-15　选择文件关联

步骤 7　预览安装选项，如图 2-16 所示。

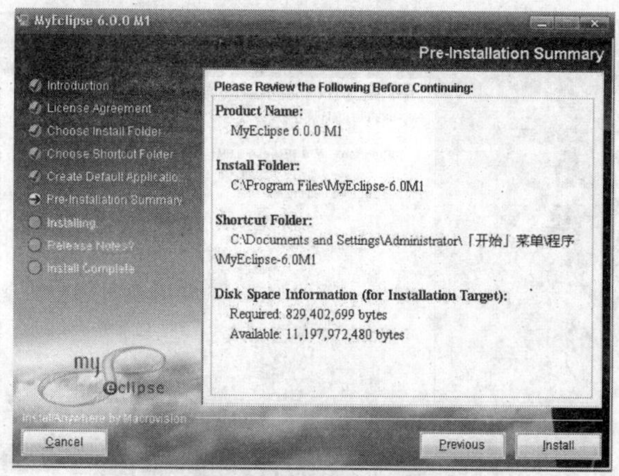

图 2-16　预览安装选项

步骤 8　开始安装 MyEclipse 6.0，如图 2-17 所示。

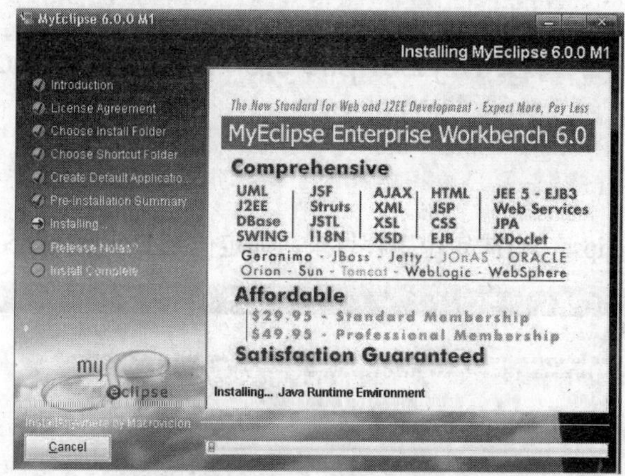

图 2-17　开始安装

步骤 9　选择不看 MyEclipse 6.0 的释放文件，如图 2-18 所示。

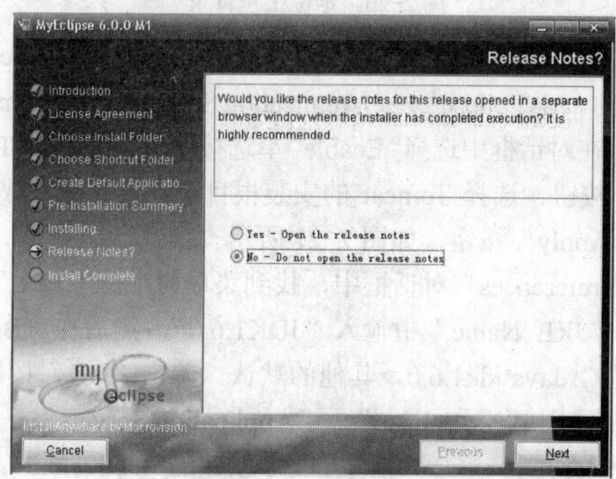

图 2-18　选择不看释放文件

步骤 10 确认安装完成，如图 2-19 所示。

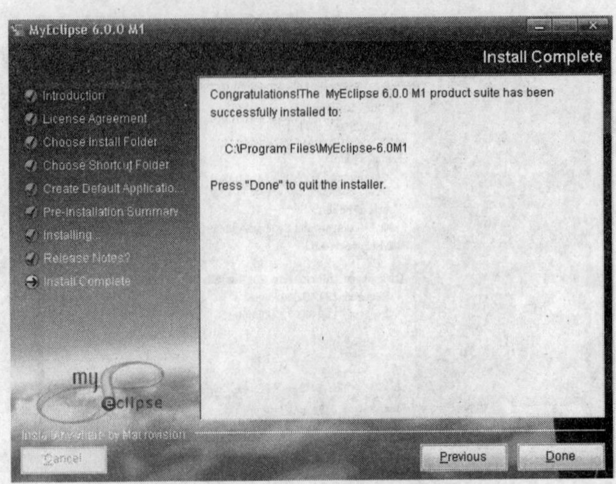

图 2-19 确认安装完成

子任务 2 在 MyEclipse 6.0 中配置 Tomcat 6.0

步骤

步骤 1 打开 MyEclipse，首先定位工程目录，如定位到 D:\workspace 下，如图 2-20 所示。

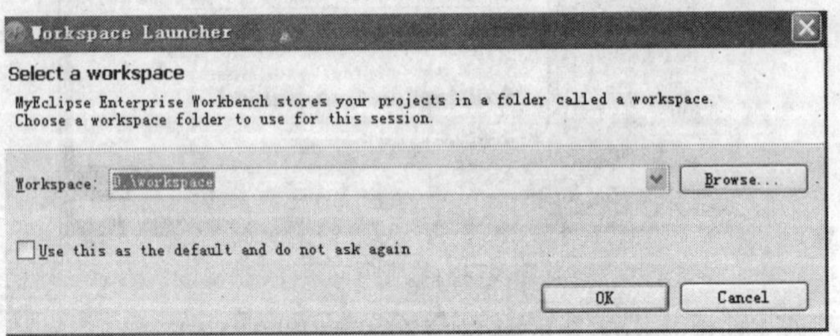

图 2-20 定位工程目录

步骤 2 打开 MyEclipse 开发界面，选择菜单“Windows”→“Preferences”，打开“Preferences”对话框，找到菜单树中的“MyEclipse”→“Application Servers”→“Tomcat”→“Tomcat 6.x”。选中“Tomcat 6.x”选项，在对话框中选择“Enable”单选按钮，然后单击“Tomcat home directory”输入框后的“Browse”按钮，选择 Tomcat 的安装根目录，这里是 D:\Tomcat6，其他的输入框会自动填充。单击“Apply”按钮，如图 2-21 所示。

步骤 3 继续在“Preferences”对话框中，找到菜单树中的“Java”→“Installed JREs”。单击“Add”按钮，在“JRE Name”中输入“JDK1.6.0”，然后在“Browse”选择框中选择 JDK 的根目录，这里是 C:\Java\jdk1.6.0，其他的默认，单击“OK”按钮，如图 2-22 所示。

步骤 4 再回到菜单树中“MyEclipse”→“Application Servers”→“Tomcat”→“Tomcat 6”→“JDK”，在“Tomcat JDK name”中选择刚才创建的“JDK1.6.0”。单击“Apply”按钮，最后单击“Preferences”对话框中的“OK”按钮，完成 Tomcat 的配置，如图 2-23 所示。

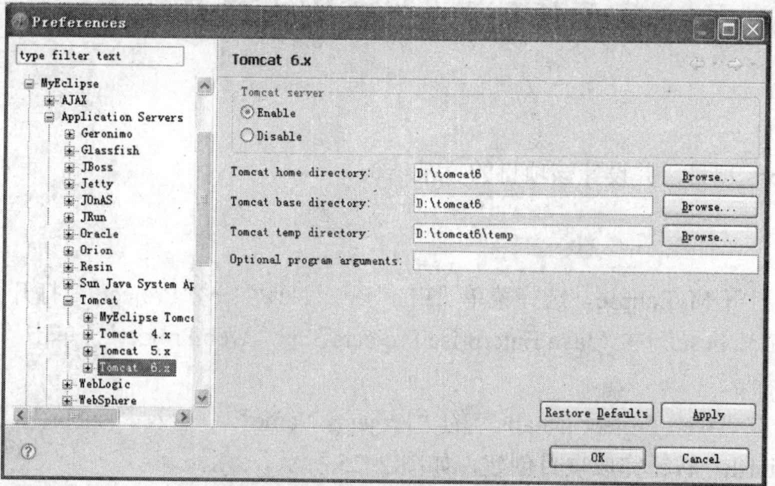

图 2-21　配置过程图 1

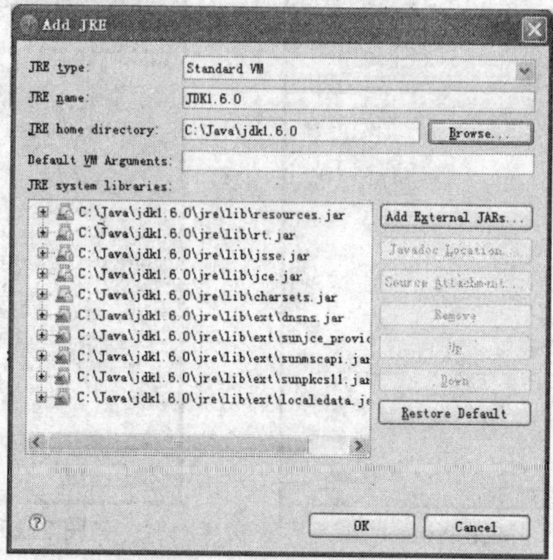

图 2-22　配置过程图 2

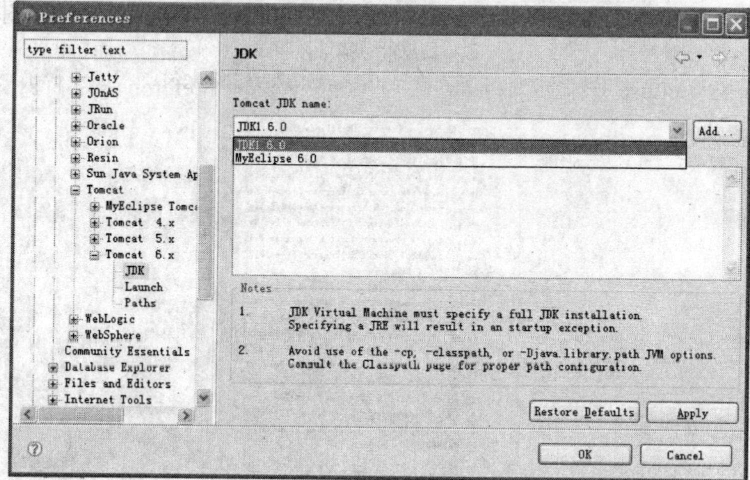

图 2-23　配置过程图 3

子任务 3 创建 Web 项目

案例

建立 jspbbs 项目，并设计该项目的目录结构。

步骤

步骤 1 打开 MyEclipse，选择菜单“File”→“New”→“Project”，打开新建项目对话框，选中“MyEclipse”→“Java Enterprise Projects”→“Web Project”，单击“Next”按钮，如图 2-24 所示。

步骤 2 在“Web Project Details”的“Projects Name”中输入“jspbbs”，其他采用默认值，单击“Finish”按钮完成项目创建，如图 2-25 所示。

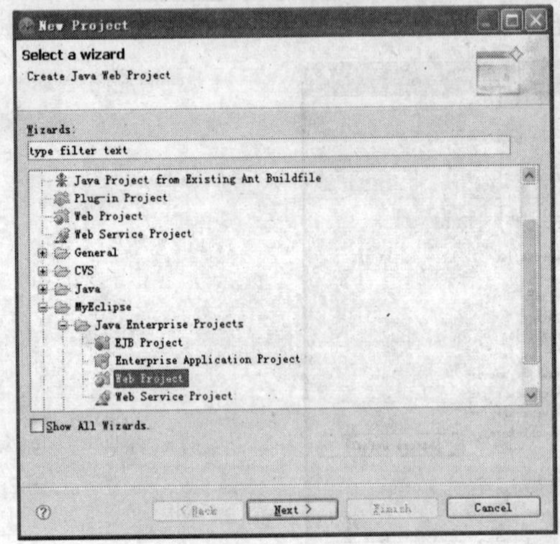

图 2-24 选择“Web Project”

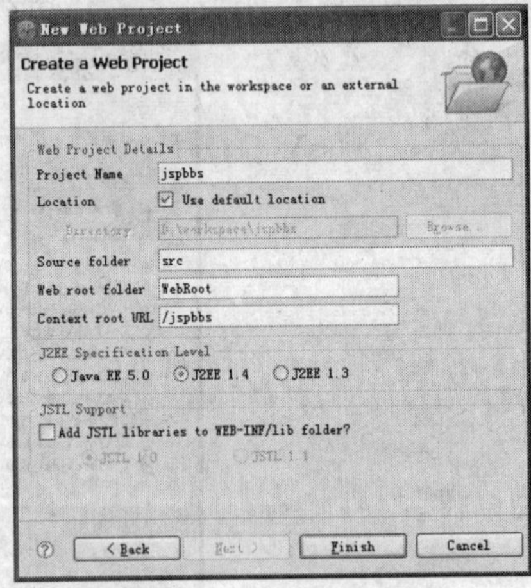

图 2-25 创建 jspbbs 项目

步骤 3 在“Package Explorer”下找到新建的“jspbbs”项目，需要的类都已经自动加载进来，其中还有一个 J2EE 的类环境变量，这就是使用 MyEclipse 的方便之处，如图 2-26 所示。

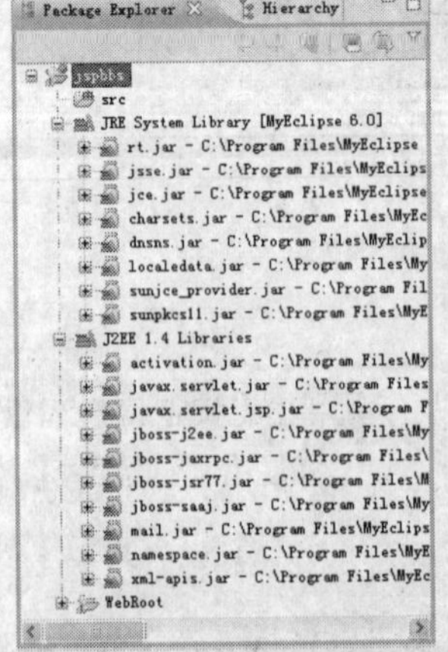

图 2-26 查看加载类

子任务 4 了解 Web 项目目录结构

案例

设计 jspbbs 项目的目录结构。

步骤

步骤 1 为“src”目录增加一个 Package，方法为在“jspbbs”项目的“src”目录上单击鼠标右键，在快捷菜单中选择“New”→“Package”，如图 2-27 所示。

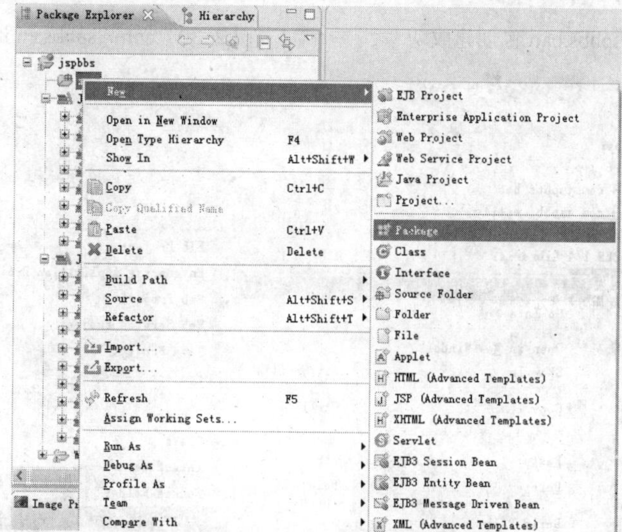

图 2-27 选择新建 Package

步骤 2 打开“New Java Package”对话框，命名包名称为“com. jspbbs.bao”，用来存放一些数据库操作类，如图 2-28 所示。

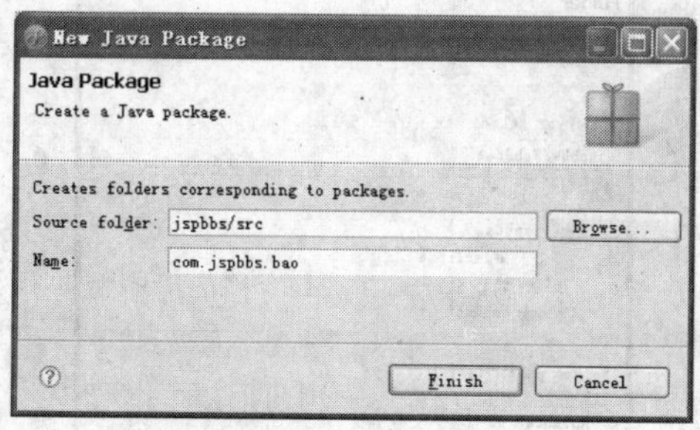

图 2-28 创建 com. jspbbs.bao 包

步骤 3 单击“Finish”按钮，包添加成功，项目目录结构如图 2-29 所示。

步骤 4 用同样的方法再添加一个 Package，命名为“com.jspbbs.entity”，用来存放 Entity Beans。添加成功后目录结构如图 2-30 所示。

步骤 5 在“WebRoot”目录下添加一个文件夹，方法为在“WebRoot”目录上单击鼠标右键，在快捷菜单中选择“New”→“Folder”，如图 2-31 所示。

步骤 6 打开“New Folder”对话框，为文件夹命名为“images”，用来存放 Web 页面的图片资源，如图 2-32 所示。

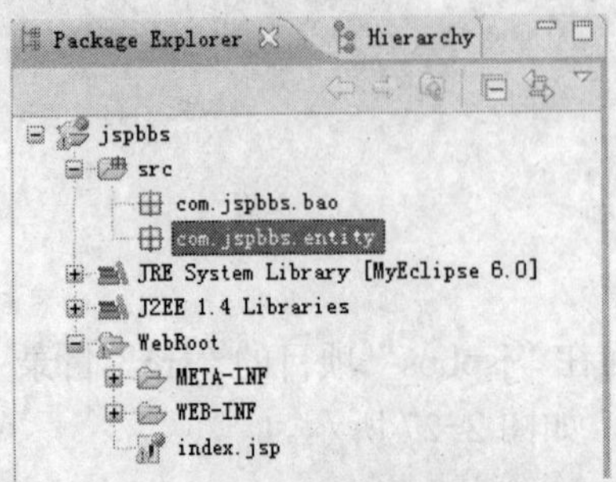

图 2-29 com.jspbbs.bao 包创建成功

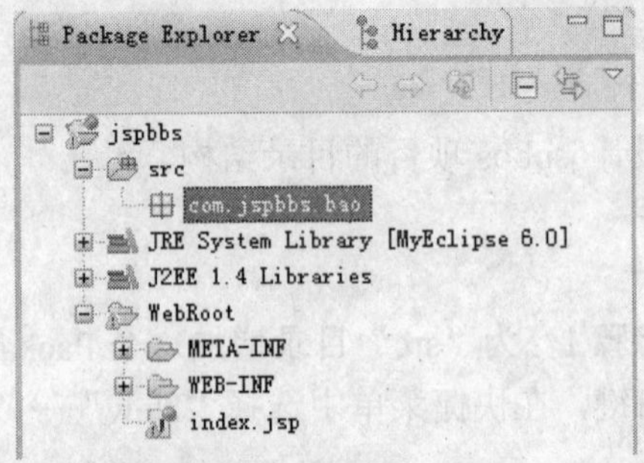

图 2-30 com.jspbbs.entity 包创建成功

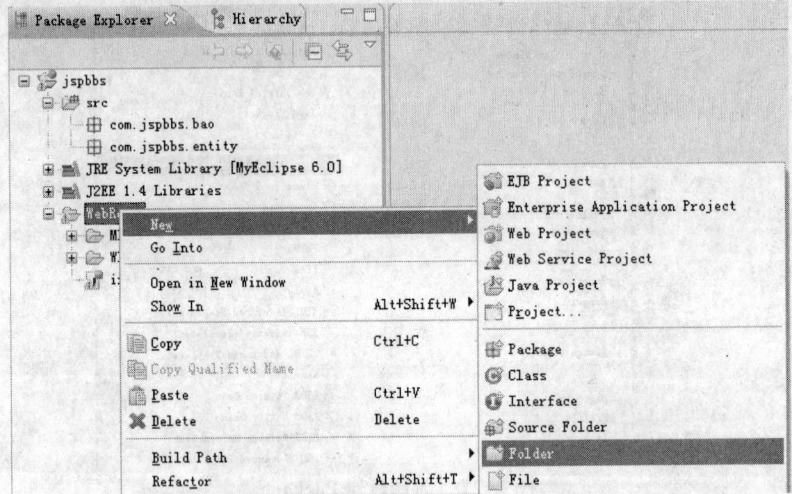

图 2-31 选择新建文件夹 Folder

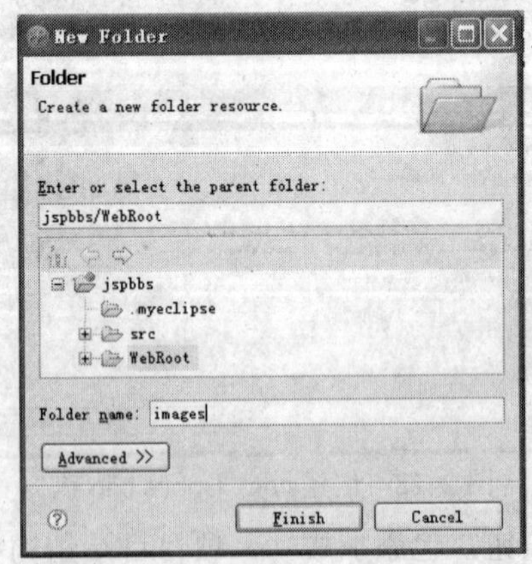

图 2-32 创建 images 文件夹目录

步骤 7 单击“Finish”按钮，文件夹添加成功，项目目录结构如图 2-33 所示。

步骤 8 用同样的方法再添加一个文件夹，命名为“style”，用来存放样式表文件。添加成功后的目录结构如图 2-34 所示。

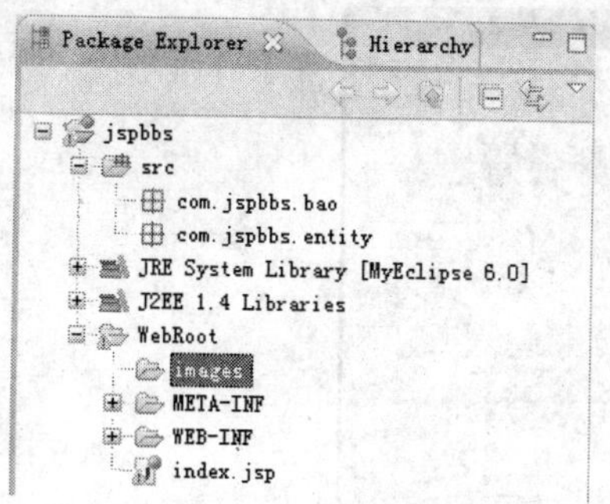

图 2-33　images 文件夹创建成功

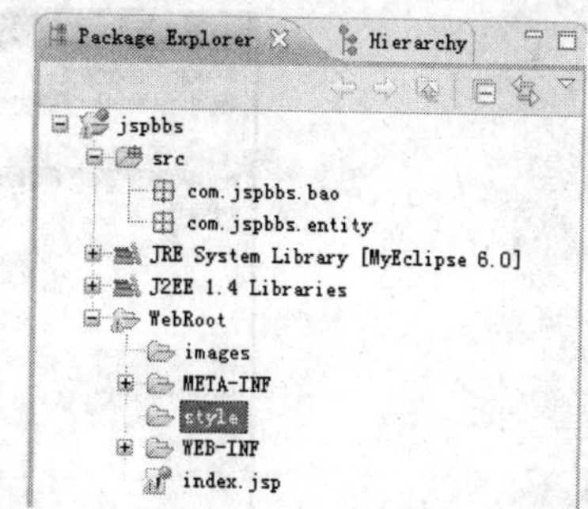

图 2-34　style 文件夹目录创建成功

知识点详解

一个典型的 Web 应用程序有 4 个部分：

1）公开目录。

2）WEB-INF/web.xml 文件，发布描述符（必选）。

3）WEB-INF/classes 目录，编译后的 Java 类文件（可选）。

4）WEB-INF/lib 目录，Java 类库文件（*.jar）（可选）。

公开目录存放所有可以被用户访问的资源，包括.html、.jsp、.gif、.jpg、.css、.js、.swf 等。WEB-INF 目录是一个专用区域，容器不能把此目录中的内容提供给用户。这个目录下的文件只供容器使用，里面包含不应该由客户直接下载的资源。例如 Servlet（这些组件包括应用程序逻辑以及对其他资源如数据库的可能访问），在 Web 应用程序中 Servlet 可以直接访问其他任何文件，如在服务器方运行或者使用的资源（如 Java 类文件和供 Servlet 使用的 JAR 文件）、由用户的应用程序生成的临时文件、发布描述符以及其他任何配置文件。这些资源是专用的，因此只能由它们自己的 Web 应用程序及容器访问。

MyEclipse Web Project 完全支持 Web 应用的目录结构，如图 2-35 所示。

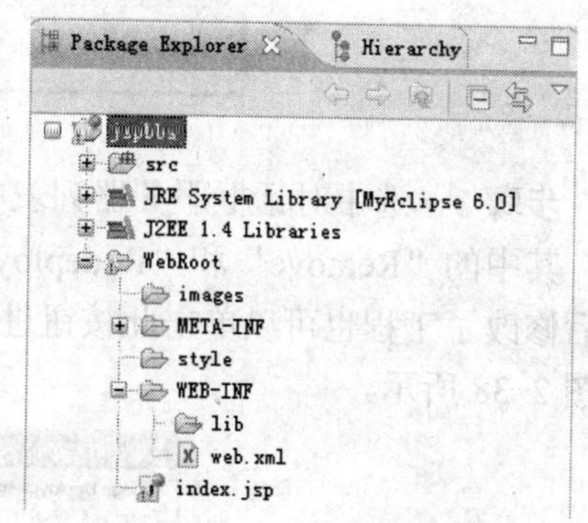

图 2-35　Web 项目目录结构图

Scr 目录用来存放包和资源文件，该目录下面的 Java 源代码编译后的类文件将会输出到 WebRoot/WEB-INF/ classes 下面。WebRoot 即 Web 项目的公开目录，包含了发布后的 Web 项目的所有目录结构。

子任务 5　部署 Web 项目

步骤

步骤 1　选中 jspbbs 工程的根目录，单击鼠标右键，在快捷菜单中选择“MyEclipse”→“Add and Remove Projects Deployments”，在打开的对话框中确保“Project”为“jspbbs”，如图 2-36 所示。

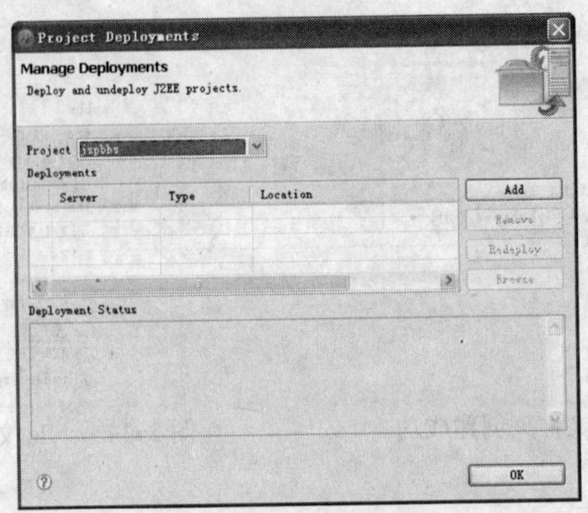

图 2-36 打开项目图

步骤 2 单击“Add”按钮，在弹出的对话框中选择“Server”→“Tomcat 6.x”，下面的两个单选项“Exploded Archive”和“Packaged Archive”分别是目录方式部属和包方式部属，这些都是由 MyEclipse 来做的，使用目录部署方式，不用打成 war 包。单击“Finished”按钮回到上一个页面，如图 2-37 所示。

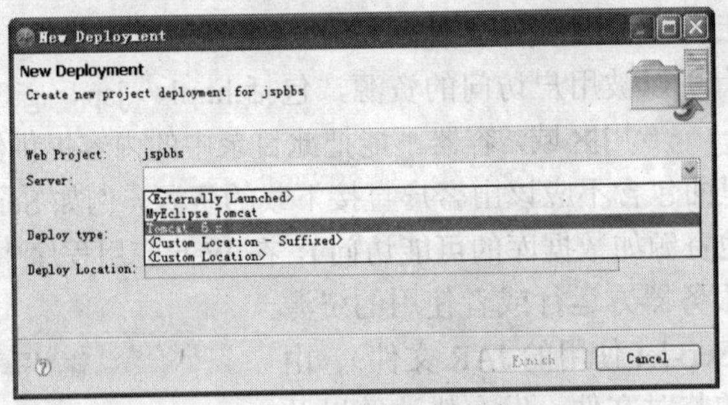

图 2-37 部署过程图

步骤 3 选中对话框服务器列表中的“Tomcat 6.x”选项，此时，灰色显示的按钮变为可用，其中的“Remove”和“Redeploy”就是移除部署和重新部署。单击“Redeploy”按钮，以后修改了工程也可以单击此按钮进行重新部署。单击“OK”按钮，程序已经完成部署了，如图 2-38 所示。

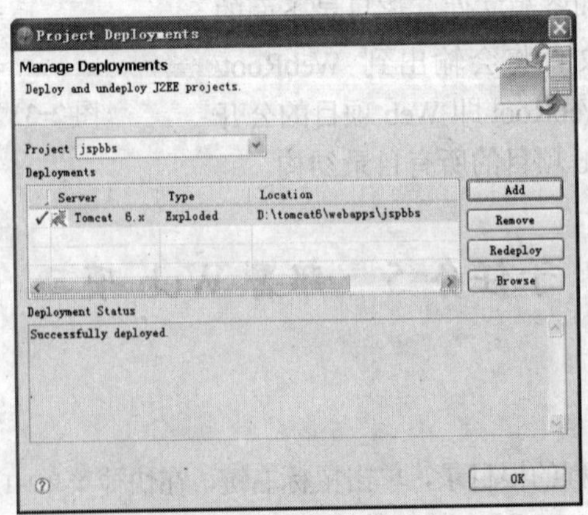

图 2-38 重新部署图

子任务 6　运行 Web 项目

步骤

步骤 1　在 Eclipse 的图形菜单栏找到 ，单击下拉按钮，选择“Tomcat 6.x”，然后单击“Start”菜单，启动 Tomcat，如图 2-39 所示。

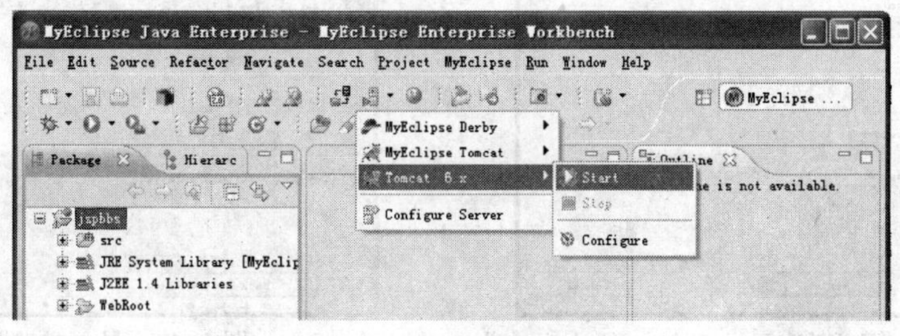

图 2-39　启动 Tomcat

步骤 2　等待 Console 窗口中提示 Tomcat 启动成功，如图 2-40 所示。

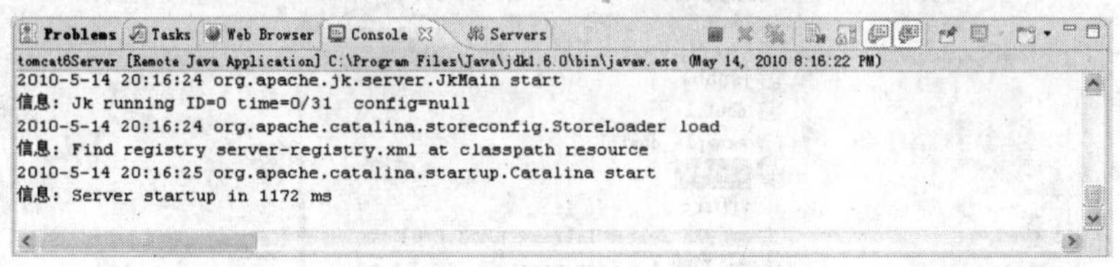

图 2-40　Tomcat 启动成功图

步骤 3　打开一个 IE 浏览器窗口，输入“http://localhost:8080/jspbbs/”，可以看到如下信息：This is my JSP page.说明运行成功，如图 2-41 所示。

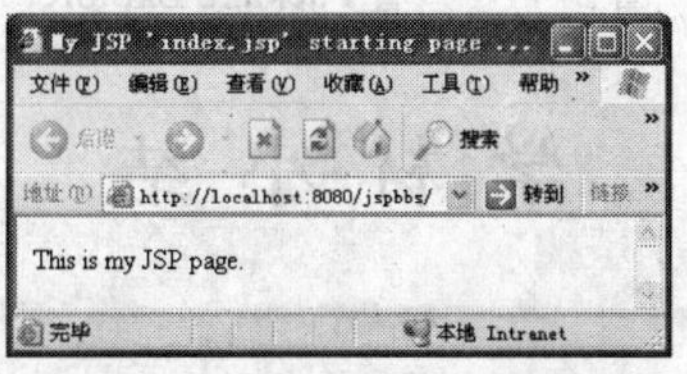

图 2-41　测试成功图

子任务 7　导入项目

步骤

步骤 1　选择“File”→“Import”，打开“Import”对话框，选择树形菜单“General”→“Existing Project into Workspace”，如图 2-42 所示。

步骤 2　单击“Select root directory”文本框的“Browser”按钮，选择想要导入的项目。

选择“Copy projects into workspace”复选框，项目可同时复制到 worksapce 中。这样就可以把已经存在的 jspbbs 导入到 myEclipse 里，如图 2-43 所示。

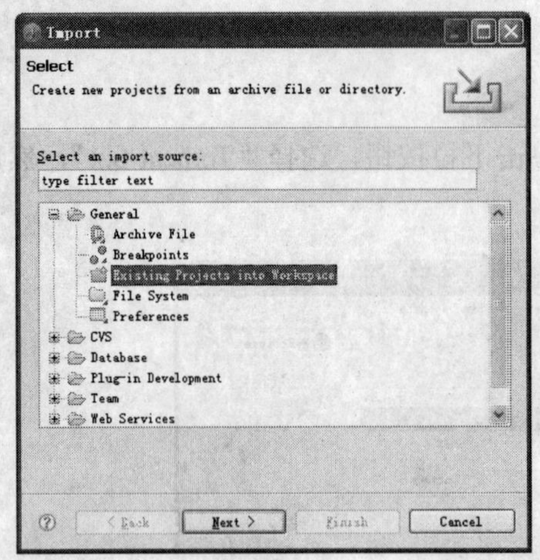

图 2-42 设置“Existing Project into Workspace”

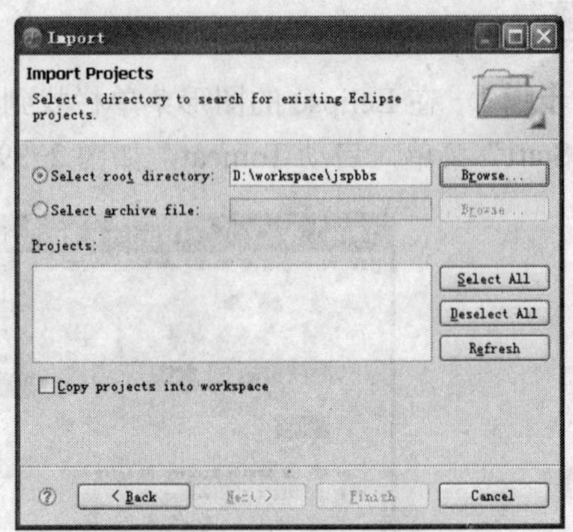

图 2-43 导入成功图

步骤 3 查看 Package Explorer 是否成功导入了“jspbbs”的项目，如图 2-44 所示。

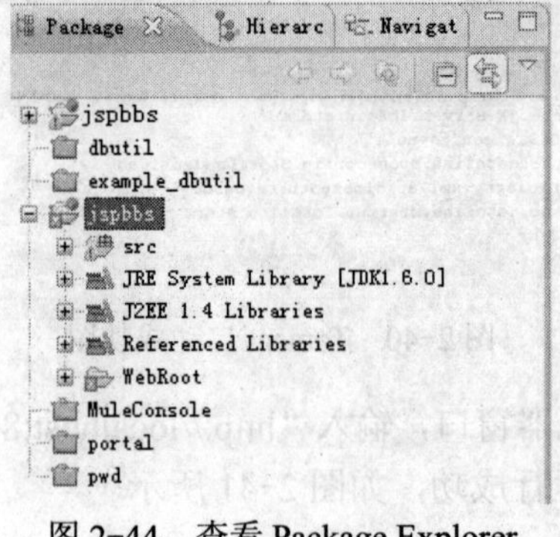

图 2-44 查看 Package Explorer

学 材 小 结

理论知识

1. JDK 目前的最高版本是什么？
2. Tomcat 目前的最高版本是什么？

拓展练习

1. 安装 Eclipse，熟悉其使用方法。
2. 将本项目导入到 Eclipse 开发环境。

模块三

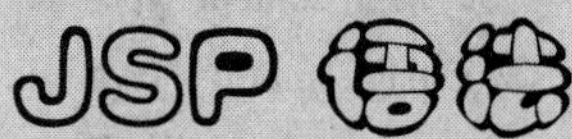

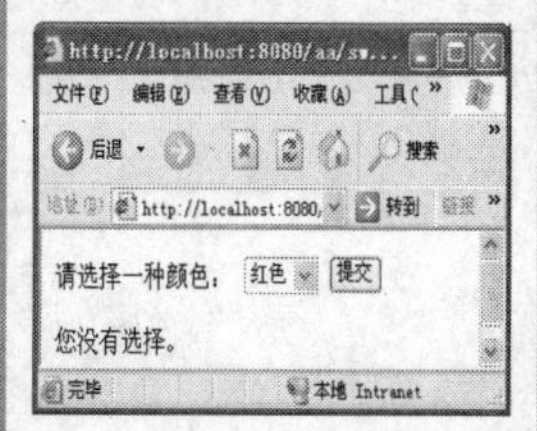

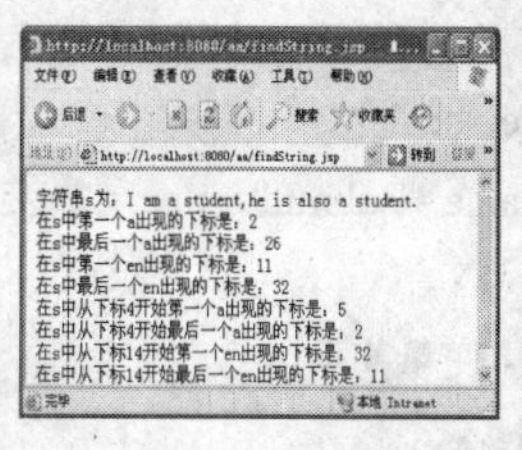

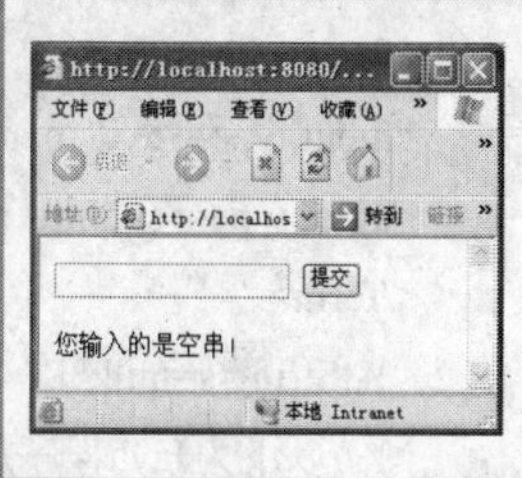

本模块导读

Java 语言的语法与 C 语言类似，学习过 C 语言有助于更快上手开发 Java 程序。学习一种语言的语法是程序员利用这种语言进行开发的基础， JSP 语法是建立在 Java 语言基础上的，但由于它是一种 Web 程序设计语言，因此有自己一些特有的用法和指令。

本模块的内容是后续模块的基石，一定要融会贯通地掌握它。本模块主要介绍 JSP 网页程序的基本结构、Java 基础知识、JSP 指令的使用等内容。

通过本模块的学习和实训，学生应当对 JSP 的语法有较为深刻的认识，并能够灵活运用它们编写简单的 JSP 程序。

本模块要点

- JSP 基本结构
- Java 基础知识
- JSP 指令的使用

任务一　了解 JSP 的基本结构

案例

建立 jspjbjg.jsp 文件并运行。

实例代码如下：

```
<%@ page contentType="text/html;charset=gb2312"%><!--JSP指令标签-->    【1】
<%@ page import="java.util.*"%>                    <!--JSP指令标签-->    【2】
<html><!--HTML标记符-->                                                 【3】
<body>                                                                  【4】
<form name="form1" action="jspjbjg.jsp" method="post">                  【5】
<input type="text" name="jcs":                                          【6】
<input type="submit" name="submit" value="提交">                        【7】
</form>                                                                 【8】
<%!String s=null;%><!--变量声明-->                                       【9】
<%//以下为Java程序片                                                     【10】
  s=request.getParameter("jcs");                                        【11】
  if(s==null)                                                           【12】
  {                                                                     【13】
out.println("您输入的是空串！");                                          【14】
}                                                                       【15】
  Else                                                                  【16】
  {                                                                     【17】
 out.println("您输入的是："+s);                                           【18】
}                                                                       【19】
%>                                                                      【20】
</body><!--HTML标记符-->                                                 【21】
</html>                                                                 【22】
```

代码详解

【1】和【2】为JSP指令标签。

【3】～【8】HTML标记符，在这几行中声明了一个表单用来提交数据，表单名为Form1，提交方法为post提交给jspjbjg.jsp页面即本身，表单中声明了一个文本框，名称为jcs，声明了一个提交按钮。

【9】声明了一个字符串变量s，初始值为null。

【10】～【20】为Java程序片段，当提交给文本框内容为空时向浏览器报告输入的是空字符串，当不为空时，向浏览器报告文本框中所提交的字符串。

本实例运行结果如图 3-1 所示。

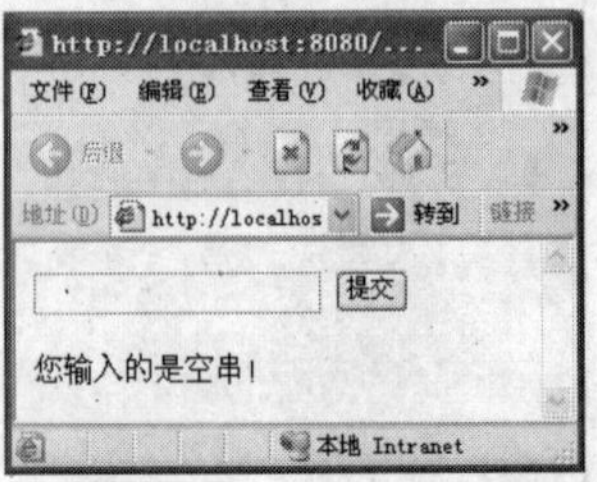

图 3-1　实例运行结果图

知识点详解

JSP 中包括了两种主要的内容，一是 HTML 语言，是静态内容；二是 Java 程序及相关元素，是动态内容。Java 程序及其相关元素包括 Java 程序片、表达式、JSP 指令与动作标签以及 Java 变量、方法和类的声明。动态内容将由服务器负责执行，结果转换为字符串，然后把结果和静态内容一起交给客户端浏览器显示出来。动态内容有时只有一两句 EJB、JavaBean、RMI 的语句，这是因为它把程序逻辑与页面逻辑尽量分开来，以增强程序的可读性和可复用性。

本任务将通过一个程序实例介绍在 HTML 页面中插入 Java 程序就成了 JSP 程序。在记事本、Frontpage、Dreamweaver 等编辑器内输入以上代码并保存为 jspjbjg.jsp。

任务二　Java 语言基础

要学习好 JSP 程序开发，还要学好 Java 语言的数据类型、运算符与表达式、程序控制逻辑等 Java 语言的基本语法知识等。

子任务 1　了解 Java 语言的数据类型

案例

简单数据类型应用实例（allsjlx.jsp）。

实例代码如下：

```
<%@ page contentType="text/html;charset=gb2312"%><!--JSP指令标签-->
<%@ page import="java.util.*"%>                    <!--JSP指令标签-->
<html><!--HTML标记符-->
<body>
<%//以下为Java程序片段                                        【1】
  boolean booleanTemp=true;
  byte byteTemp=80;
  char charTemp='c';
  int intTemp=234;
  short shortTemp=235;
  long longTemp=1234567;
  float floatTemp=1.234F;
  double doubleTemp=1.23E-8;
  out.println("布尔变量booleanTemp值为："+booleanTemp+"<br>");
  out.println("字符型变量charTemp值为："+charTemp+"<br>");
  out.println("整型变量intTemp值为："+intTemp+"<br>");
  out.println("短整型变量shortTemp值为："+shortTemp+"<br>");
  out.println("字节型变量byteTemp值为："+byteTemp+"<br>");
```

```
    out.println("长整型变量longTemp值为："+longTemp+"<br>");
    out.println("单精度型变量floatTemp值为："+floatTemp+"<br>");
    out.println("双精度型变量doubleTemp值为："+doubleTemp+"<br>");
%>                                                          【2】
</body><!--HTML标记符-->
</html>
```

代码详解

【1】和【2】之间为Java程序片段，声明了几种简单的数据类型，然后在浏览器中输出这些数据类型变量中的值。

实例程序运行结果如图 3-2 所示。

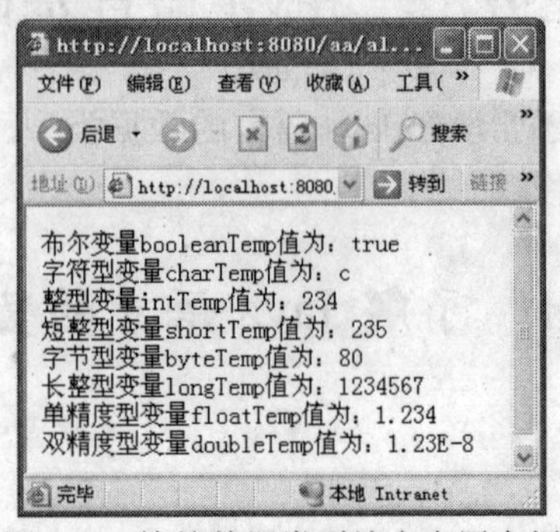

图 3-2　简单数据类型综合应用实例

知识点详解

Java 语言中的数据类型可以分为两种：简单数据类型和复合数据类型。简单数据类型包括整数、实数、字符等，是不能再简化的、系统内已经内置的数据类型。复合数据类型由简单数据类型组合而成，如类、接口等。

在 Java 语言中，不支持指针类型数据、结构体数据、枚举型数据以及联合型数据，字符串也不是作为数组来处理的；它是一种对象，用 String 或 StringBuffer 可以定义一个字符串对象。

Java 语言的数据类型见表 3-1。

表 3-1　Java 语言的数据类型

数 据 类 型	数据细分类型	占 用 空 间
简单数据类型	布尔型 boolean	1 位
	字符型 char	2 字节
	字节型 byte	1 字节
	短整型 short	2 字节
	整型 int	4 字节
	长整型 long	8 字节
	单精度型 float	4 字节
	双精度型 double	8 字节
复合数据类型	类 class	
	接口 Interface	
	数组	

在表 3-1 中，Short 类型很少使用，这种类型的数据在存储时必须先高字节、后低字节，致使在有的计算机内会出错。由表 3-1 可知，Java 语言中的所有数据类型长度都是固定的，与平台无关。

子任务 2 运算符和表达式

案例

算术表达式综合应用实例（mathapp.jsp）。

实例代码如下：

```
<%@ page contentType="text/html;charset=gb2312"%>
<html>
<body>
<%// 算术表达式综合运用实例Java程序片
  int a=10,b=3,c;                                          【1】
  out.println("a="+a+",b="+b+"<br>");                      【2】
  out.println("a/b="+(a/b)+"<br>");
  out.println("a%b="+(a%b)+"<br>");
  a++;
  out.prinTln("a++后a="+a+"<br>");
  c=b++;
  out.println("c=b++后c="+c+"<br>");
  b--; //恢复b的值
  c=++b;
  out.println("c=++b后c="+c+"<br>");                       【3】
%>
</body>
</html>
```

实例程序运行结果如图 3-3 所示。

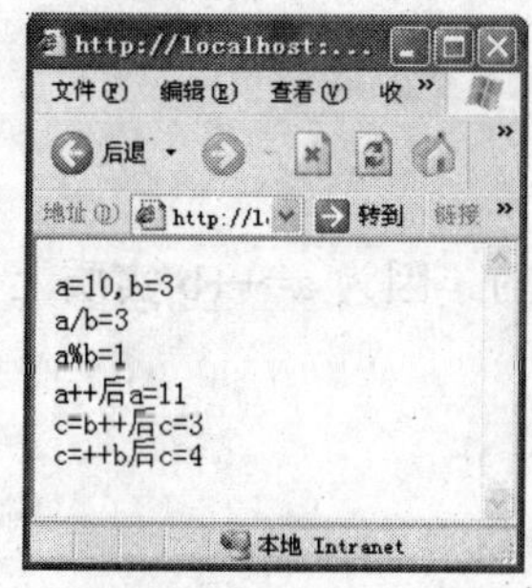

图 3-3 算术表达式综合应用运行结果图

代码详解

【1】程序中首先声明了3个整型变量a、b、c，并给a和b赋予初值。

【2】和【3】之间的程序段进行了除法运算、取模运算、增1运算，特别演示了c=b++与c=++b表达式的区别。

知识点详解

Java 语言中的运算符与 C/C++语言中的运算符基本相同，但有一些小的差异，使用的时候要特别注意。Java 语言中的运算符特别丰富，分为 4 类：算术运算符、关系运算符、布尔运算符和移位运算符。

一、算术运算与表达式

在数学表达式中使用算术运算符。Java 语言中的算术运算符包括：+（加法）、-（减法或一元负号）、*（乘法）、/（除法）、%（取模运算）、++（递增运算）、--（递减运算）、+=（加后赋值运算）、-=（减后赋值运算）、*=（乘后赋值运算）、/=（除后赋值运算）、%=（取模后赋值运算）。

算术运算专用于数学运算，不能用于布尔运算，但 char 类型也可用于算术运算，对此我们并不提倡。

取模运算（%）的结果是进行整数除法后的余数，也能用于浮点型（这一点与 C/C++语言不同）。

++、--、+=、-=、*=、/=、%=这些运算实际上是运算了之后再进行一个赋值操作，如：

a++或++a，这个表达式等价于 a=a+1；

a--或--a，这个表达式等价于 a=a-1；

a+=b，这个表达式等价于 a=a+b；

a-=b，这个表达式等价于 a=a-b；

a*=b，这个表达式等价于 a=a*b；

a/=b，这个表达式等价于 a=a/b；

a%=b，这个表达式等价于 a=a%b。

在 Java 语言的程序中可以经常看到使用了这些符号的程序代码。使用++、--运算符时要特别注意以下的情况：

a=++b；

a=b++；

这两个表达式的结果是不一样的。因为 a=++b 实质上等价于如下两句：

b=b+1；

a=b；

而 a=b++实质上等价于：

a=b；

b=b+1；

两个语句执行的顺序不一样，结果也会不一样。如果在这两个语句之前，a=10，b=10，则 a=++b 表达式运算完毕后，得到 a=11，b=11；但 a=b++表达式运算完毕后，会得到 a=10，b=11。

二、关系运算与表达式

关系运算主要是值与值之间比较后得到的关系，结果为布尔值，在程序中进行条件判断时比较常见。

关系运算符包括：==（等于）、!=（不等于）、>（大于）、<（小于）、>=（大于或等于）、<=（小于或等于）。简单数据类型都可以做关系运算。

注意

在 C/C++语言的判断中，把非 0 值作为 true，把 0 值作为 false，而在 Java 语言中则不同，判断只接受 true 或 false 这两种布尔值。

三、布尔运算与表达式

参与布尔运算的运算数只能是布尔型数据，结果也是布尔型数据。

布尔运算符有：&（逻辑与）、|（逻辑或）、∧（异或）、||（短路或）、&&（短路与）、!（逻辑反）、&=（逻辑与后赋值）、|=（逻辑或后赋值）、∧=（逻辑异或后赋值）、==（等于）、!=（不等于）、?：（三元运算符）。

四、位运算与表达式

Java 语言的位运算主要针对整型数据。位运算符包括：~（按位非）、&（按位与）、|（按位或）、∧（按位异或）、>>（右移）、>>>（右移，左边空出的位以 0 补充）、<<（左移）、&=（按位与后再赋值）、|=（按位或后再赋值）、∧=（按位异或再赋值）、>>=（右移后再赋值）、>>>=（右移后再赋值，左边空出的位以 0 补充）、<<=（左移后再赋值）。

注意

Java 语言使用补码来表示二进制数。~运算符是一元运算符。

子任务 3　程序控制逻辑

控制逻辑用来控制程序执行的顺序与流程。在 Java 语言中控制逻辑分为选择分支、循环和跳转三种。Java 语言的控制语句与 C/C++语言几近相同，只是在 break 语句与 continue 语句上稍有差异。

案例

switch 语句示例（SwitchApp.jsp）。

实现的代码如下：

```
<%@ page contentType="text/html;charset=gb2312"%>
<html>
<body>
<form name="form1" action="switchApp1.jsp" method="post">
请选择一种颜色：
<select name="ys">
  <option value="red">红色</option>
  <option value="green">绿色</option>
  <option value="blue">蓝色</option>
</select>
<input type="submit" name="submit" value="提交">
</form>
<%// switch语句应用示例Java程序片
  String s=null;
  s=request.getParameter("ys");
  if(s!=null){
    switch(s.charAt(0)){
      case 'r':
          out.println("您选择的是红色。");
          break;
      case 'g':
          out.println("您选择的是绿色。");
          break;
      case 'b':
          out.println("您选择的是蓝色。");
          break;
      default:
          out.println("您没有选择。");
    }
  }
  else
    out.println("您没有选择。");
%>
</body>
</html>
```

代码详解

程序用一个包含下拉条的表单提交选择的颜色，再根据提交的颜色用 switch 语句分别输出报告选择的是什么颜色，颜色的判断是根据颜色的首字母来进行的，这里只有三种颜色。程序运行结果如图 3-4 所示。

图 3-4 switch 语句示例程序运行结果

知识点详解

1. **选择分支**

（1）if语句 程序执行的路径一分为二，判断表达式为真是一条路径，为假是另一条路径，它的语句语法格式如下：

```
if（condition）
  Statement1；
else
  Statement2；
```

其中，statement1 和 statement2 可以是单个语句也可以是语句块，两者永远不可能同时被执行。如果是语句块则要用花括号{}括起来。

if 语句可以嵌套使用，嵌套使用时要注意花括号的匹配问题，它们总是配对使用的。将程序语句缩格编写，是一种良好的编程习惯，这样将提高程序的可读性。当分支较多时，建议使用 switch 语句，这样将使程序更具可读性。

（2）switch语句 如果分支较多，就可以采用switch语句，它的一般语法格式如下：

```
switch(expression){
   case value1:
      Statement1;
      break;
   case value2:
      Statement2;
      break;
   ……
   case valuen:
      Statementn;
      break;
   default:
      default_Statement;
}
```

这里，表达式必须为 byte、short、int 或 char 数据类型，每个 case 语句后的 value 必须是一个与表达式类型兼容的特定的常量。语句的执行过程如下：用表达式的值与 case 后的 value 值进行比较，如果找到一个与之匹配的，则执行相应的语句后退出 switch 语句；如果没有找到，则执行 default 后的语句再退出 switch 语句。

注意

break 语句是可选的，如果没有 break 语句，则执行完 case 对应的 Statement 语句后继续执行后面的 Statement 语句。

2．循环

循环语句有 while、do-while 和 for 循环三种，这三种循环形式都比较常用。

（1）while语句　while语句的语法如下：

```
while(condition){
    ……  //body of loop
}
```

注意

condition 必须是一个布尔表达式。

只要条件表达式 condition 为真，则继续执行循环体；如果为否，则退出循环。在 while 语句中，如果循环体只有一个语句，则花括号是不必要的，可以去掉。

条件表达式 condition 中的某些变量常常是循环体中的更改值，以利于程序找到循环的出口。对于没有出口的循环称为无限循环，程序设计时一定要避免这种情况。

（2）do-while语句　do-while语句的语法如下：

```
do{
    ……  //body of loop
}while(condition);
```

注意

condition 必须是一个布尔表达式。

这样，不论 condition 表达式的值是真还是假，循环体至少会执行一次，先执行循环体再判断表达式，这一点正是与 while 语句的最大区别。

（3）for语句　for语句是一种功能强大而使用非常灵活的循环控制语句。使用for语句的通用格式如下：

```
for(initialization;condition;iteration){
    ……  //body of loop
}
```

如果循环体只有一个语句，花括号可以略去。循环执行的过程如下：第一次执行时，先进行初始化，即执行 initialization，一般用来初始化 condition 中变量的值，检查 condition 表达式。如果结果为真，则执行循环体；如果为假，则退出循环。每次执行完循环体都要执行 iteration 语句，一般用来对 condition 中变量的值进行变更处理，如增量或减量。

在初始化语句 initialization 中，如果要给多个变量赋值，赋值表达式之间用逗号隔开。

实例 3-1 循环应用综合示例（xh.jsp）。

```
<%@ page contentType="text/html;charset=gb2312"%>
<html>
<body>
<%//循环应用综合实例Java程序片
  out.println("求1至100的和。<br>");
  int i=1;
  int s=0;
  //用while循环语句求和
  while(i<=100){
    s=s+i;
    i++;
  }
  out.println("用wihle循环求得和为："+s+"<br>");
  //数据重新初始化
  i=1;
  s=0;
  //用do-while循环语句求和
  do{
    s=s+i;
    i++;
  }while(i<=100);
  out.println("用do-while循环求得和为："+s+"<br>");
  //数据重新初始化
  i=1;
  s=0;
  //用for循环语句求和
  for(;i<=100;i++)   s+=i;
  out.println("用for循环求得和为："+s+"<br>");
%>
</body>
</html>
```

代码详解

程序分别用三个循环实现从 1～100 的自然数的求和。从上述代码中可以看出，while 和 do-while 循环在条件判断上并无太大差异，只是 do-while 循环的循环体至少会执行一次，while 循环就不一定了。for 循环的形式程序代码特别简单，使用灵活。程序的运行结果如图 3-5 所示。

图 3-5 循环综合应用实例运行结果

子任务 4 面向对象编程（类）

类是一种复杂的数据类型。Java 语言是一种面向对象的程序设计语言，该语言的核心是支持类技术。在使用 Java 语言进行程序设计时，一是要注意系统提供了许多标准的类，这存在于系统的类库中；二是经常需要程序员定义满足应用所需的类。

1．类的基础知识

案例

类声明及对象声明语句示例。

```
Class Box{
    double length;
    double width;
    double height;
}
Box thisBox=new Box();//声明一个类的实例
```

代码详解

本段代码首先定义了一个类 Box，它有三个数据：length、width、height，定义后它并不会生成实际的对象实例，接下来声明了这个类的一个实例，即对象，对象名称为 thisBox，在这个对象中会对类中的每个数据进行复制。

知识点详解

可以把类理解为一种新的数据类型，一旦声明后，就可以用它来创建对象了。类就是对象的模板，对象就是类的实例，所以要使用对象，先要定义类。

类包括了数据和代码两部分。数据是类中的实例变量，代码是类中的方法，两者都称为类的成员。

注意

在 Java 语言中所有的对象都是动态分配的，所以声明对象时要使用 new 运算。

声明了对象后，要使用类中的数据或方法用“.”运算符，左边是对象名，右边是数据或方法名。如果要把 thisBox 中的 length 设为 100，则使用下面的语句：

```
thisBox.length=100;
```

2．变量赋值

案例

变量赋值语句示例。

```
Box    box1=new Box;                    【1】
Box    box2= box1;                      【2】
```

代码详解

【1】声明了一个对象实例box1。

【2】在两个对象之间有"="运算符，如果是简单的数据类型，则它们之间是数据的复制，但如果是对象，则两者之间是一种引用关系，即box1中的数据变了，那么box2中的数据也会改变，它们使用的其实是同一个数据。

3．类的方法

案例

在类中加入一个方法语句示例。

实现的程序代码如下：

```
Class Box{
    double length;
    double width;
    double height;
    double BoxVolume(){                                    【1】
     double VoluemTemp;
        VoluemTemp=length*height*width;
        return VoluemTemp;
    }
}
```

代码详解

【1】使用BoxVolume()方法来求盒子的容积，并返回。

如果声明了Box类的一个对象box1，要得到box1的容积，使用一个变量接收这个方法返回的值即可得到。例如，

```
double box1volume=box1.BoxVolume();
```

知识点详解

类的方法用来实现类所需的一些功能。定义方法的格式如下：

```
Type method_name (parameter_list){
    ……   //body of method
}
```

注意

在方法参数的传递中，如果传递的是简单数据类型，则传递的是对数据的复制；如果传递的是一个对象，则传递的是对这个对象的引用。

Type 指明了方法返回数据的数据类型，如果不返回任何数据，则类型为 void；如果返回值，则使用 return 语句，这与 C/C++语言相同。method_name 是方法的名称，parameter_list 是传递给方法的参数列表，花括号中间为方法体，即实现方法的程序代码。

4．类的构造函数

案例

在类中加入构造函数语句示例。

实现的程序代码如下：

```
Class Box{
    double length;
    double width;
    double height;
    Box(){                                                    【1】
        length=10;
        width=10;
        height=10;
    }
    double BoxVolume(){
        double VoluemTemp;
        VoluemTemp=length*height*width;
        return VoluemTemp;
    }
}
```

代码详解

【1】定义一个构造函数，如果使用new Box()创建一个新的Box类实例，则会自动把这个对象的length、width、height三个参数均赋初值为10。

知识点详解

构造函数一般用来在对象初始化时对对象中的数据赋初始化值，这些代码均需要写在构造函数中，且构造函数与类名相同。

5．方法重载

案例

方法重载语句示例。

实现的程序代码如下：

```
Class Box{
```

```
        double length;
        double width;
        double height;
        Box(){                                           【1】
              length=10;
              width=10;
              height=10;
     }
        Box (double l;double w;double h){                【2】
              length=l;
              Width=w;
              Height=h;
        }
        Double BoxVolume(){
              double VoluemTemp;
              VoluemTemp=length*height*width;
              return VoluemTemp;
        }
}
   Box box1=new box();                                   【3】
   Box box2=new box(20,20,20);                           【4】
```

代码详解

【1】定义一个构造函数Box。

【2】定义一个带参数的构造函数Box。

虽然两个构造函数的名称相同，但参数不同。

【3】声明了Box类的对象实例box1，通过构造函数进行初始化，box1的length、width、hetght三个数据初始赋值均为10。

【4】声明了Box类的对象实例box2，通过构造函数进行初始化，box2的length、width、hetght三个数据初始赋值均为20。

知识点详解

在 Java 语言中，方法的参数不同，即便方法名相同，也代表不同的方法。类中的方法，包括构造函数和其他方法，都可以重载。

6．this

案例

this 语句示例。

实现的程序代码如下：

```
Box(double l ;double w; double h){                                    【1】
        this .length=l;
        this.width=w;
        this .height=h;
}
```

代码详解

【1】如果一个方法需要调用它的对象时，就可以使用this关键字。

7．类的继承

案例

类继承语句示例。

实现的程序代码如下：

```
Class superclass_A{    //超类                                          【1】
      int i;
      int j;
      int add_i_j(){
            return i+j;
      }
}
Class subclass_A extends superclass_A{    //子类                       【2】
      int k;
      int add_i_j_k(){
            return i+j+k;
      }
}
```

代码详解

【1】声明一个超类superclass_A，其中有两个数据和一个把两个数据相加的方法add_i_j()。

【2】subclass_A类继承自类superclass_A，所在类subclass_A中拥有superclass_A声明的所有数据和方法，程序subclass_A调用了i、j，这些数据是在超类中声明的。

知识点详解

类的继承是面向对象技术的重要特点，它可以大大提高程序代码的可复用程度。在Java语言中，被继承的类叫做超类（superclass），继承超类的类叫做子类（subclass）。子类继承了超类所有的数据和方法，并可以在其中加入自己特有的数据和方法。

子任务 5　使用 String 类

案例

字符截取程序语句示例（StringgetChars.jsp）。

实现的程序代码如下：

```
<%@ page contentType="text/html;charset=gb2312"%>
<%@ page import="java.util.*"%>
<html>
  <body>
    <%
      String s="this is a student.";
      int startpoistion=1;
      int endpoistion= 7;
      char pointchars[]=new char[endpoistion- startpoistion];
      s.getChars(startpoistion , endpoistion,pointchars,0);
      out.println(pointchars);
    %>
  </body>
</html>
```

程序在浏览器内输出的结果是“his is”。

知识点详解

Java 语言的字符串常量用" "括起来，是一串字符串，这一点与 C/C++语言类似。但 Java 语言中的字符是作为一个 String 对象来处理的，而非数组。

在 JSP 程序设计中，大量的信息通过字符串来进行交互，所以一定要掌握好 String 类的使用。Java 语言为 String 类提供了丰富的功能特性。

1．构造函数

String 类支持几种构造函数，主要用来初始化 String 对象的值。可以用空的构造函数，表示创建一个新的 String 实例，它是一个空字符串，如下所示：

```
String s=new string();
```

也可以用一个字符型数组来构造一个字符串，如下所示的一个程序代码例子，就是用字符数组 charstemp 作为字符串 s 的初始值：

```
char charstemp[]={'a', 'b', 'c', 'd'};
String s=new String(charstemp);
```

也可以用下面的构造函数把一个字符数组的一部分作为初始值，格式如下：

```
String(char chars[],int startindex,int numChars);
```

第一个参数为字符数，第二个参数为指定部分开始处的数组下标，第三个参数为从第二个参数开始处开始所取的个数。

注意

数组下标从 0 开始。

2．求字符串长度

求字符串长度用 String 类的方法 length()，如下的语句可求出字符串 s 的长度：

```
int slength=s.length();
```

length()方法返回的是整型数值。

3．字符串连接

字符串连接使用“+”号即可，返回连接后的字符串。当和其他数据类型连接时，返回的数据类型也为字符串。如下所示的代码：

```
out.println("输出一个布尔值："+true);
```

此句在浏览器中输出一个字符串“输出一个布尔值：true”。

4．字符截取

通过 charAt()方法，可以得到字符串中指定位置的字符。格式如下：

```
char charAt(int where)
```

参数 where 是获得的字符在字符串中的位置。如下列程序代码：

```
char chartemp;
chartemp="abcdef".charAt(2);
```

charTemp 中得到的字符为 c，因为字符串的下标从 0 开始。

通过 getchars()方法可以一次获得字符串中的多个字符。语法格式如下：

```
void getchars(int sourcestart,int sourceend,inttarget[],inttargetstart)
```

第一个参数 sourcestart 指出了字符串截取所开始的位置；第二个参数 sourceend 指出了字符串截取所结束的位置；第三个参数指出目标（即接收）字符数组；第四个参数指出目标字符数据接收的开始下标。

5．查找字符串

要在字符串中查找指定的字符或子字符串，可以用 String 类的两个方法，它们是：

indexOf()—— 查找字符或子字符串在字符串中首次出现的位置。

lastindexOf()——查找字符或子字符串在字符串中最后一次出现的位置。

如果查找成功，方法返回字符或子字符串在字符串中出现的位置的下标，如果失败则返回-1。这两个方法有多种用法，其语法格式分别表述如下：

```
int indexOf(char ch)
int lastindexOf(char ch)
int indexOf(String str)
int lastindexOf(String str)
```

```
int indexOf(char ch,int startIndex)
int lastindexOf(char ch,int startIndex)
int indexOf(String str,int startIndex)
int lastindexOf(String str,int startIndex)
```

上述参数中，ch 表示要查找的字符，str 表示要查找的子字符串，startIndex 是从字符串中开始查找的下标。对于 indexOf()方法，从 startIndex 下标处开始查找，一直到找到字符串结束。对于 lastIndexOf()方法，从 startIndex 下标处开始查找，到字符串开始处结束，即下标为 0 处。

下面来看一个字符查找操作的程序实例。

案例

查找字符串程序示例（findString.jsp）。

```
<%@ page contentType="text/html;charset=gb2312"%>
<html>
<body>
<%//查找字符串程序示例Java程序片
   String s=new String();
   s="I am a student,he is also a student.";
   out.println("字符串s为："+s+"<br>");
   out.println("在s中第一个a出现的下标是："+s.indexOf('a')+"<br>");
   out.println("在s中最后一个a出现的下标是："+s.lastIndexOf('a')+"<br>");
   out.println("在s中第一个en出现的下标是："+s.indexOf("en")+"<br>");
   out.println("在s中最后一个en出现的下标是："+s.lastindexOf("en")+"<br>");
   out.println("在s中从下标4开始第一个a出现的下标是："+s.indexOf('a',4)+"<br>");
   out.println("在s中从下标4开始最后一个a出现的下标是："+s.lastindexOf('a',4)+"<br>");
   out.println("在s中从下标14开始第一个en出现的下标是："+s.indexOf("en",14)+"<br>");
   out.println("在s中从下标14开始最后一个en出现的下标是："+s.lastindexOf("en",14)+"<br>");
%>
</body>
</html>
```

代码详解

s 中第一个 a 出现的下标为 2，如果用 lastindexOf()方法，则从后往前看，第一个 a 出现的下标是 26，查找子字符串依次类推；方法中有了 startindex 参数后，就从指定的这个参数的下标位置开始查找，所以从下标 4 开始第一个 a 出现的下标为 5，而对于 lastindexOf()方法，从此参数指定的下标处开始往前查找，故得到的下标为 2，查找子字符串依次类推。

程序运行结果如图 3-6 所示。

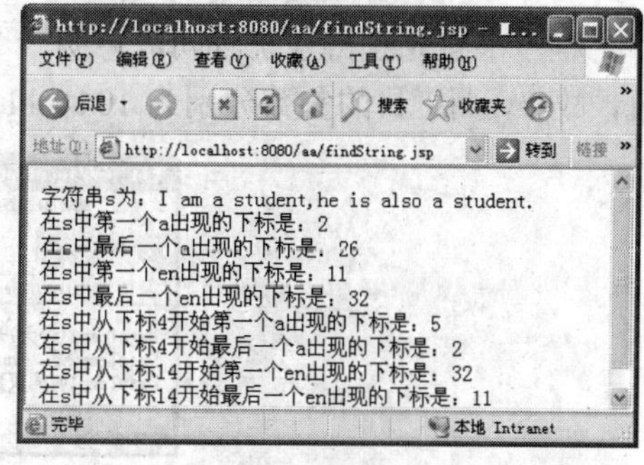

图 3-6　查找字符串程序的运行结果

子任务 6　使用 Date 类

案例

日期数据应用示例（Date.jsp）。

```
<%@ page contentType="text/html;charset=gb2312"%>
<%@ page import="java.util.*"%>
<html>
<body>
<%//Date综合应用示例Java程序片
  Date DateTemp1=new Date();
  Date DateTemp2=new Date(104,11,2);
  out.println("DateTemp1(今天)是："+DateTemp1.toString()+"<br>");
  out.println("DateTemp2是："+DateTemp2.toString()+"<br>");
  if(DateTemp1.equals(DateTemp2))
      out.println("两者时间相同。");
  else
      if(DateTemp1.before(DateTemp2))
          out.println("DateTemp1时间较早。");
      else
          out.println("DateTemp1时间较晚。");
%>
</body>
</html>
```

注意

要使用日期类必须加入语句<%@ page import="java.util.*"%>，因为它是 java.util 包中的一个类。当然，加入<%@ page import="java.util.Date"%>语句也可以。

代码详解

程序中首先获得系统时间，声明一个 Date 类型的对象，时间初始化为 2004 年 12 月 2 日，故年、月、日的参数分别为 104、11、2，并作出时间比较。程序运行结果如图 3-7 所示。

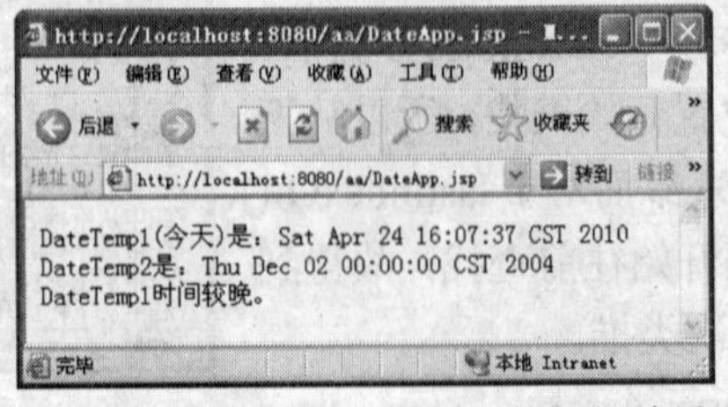

图 3-7　日期数据应用示例的运行结果

知识点详解

Date 类，即日期类，这也是在 JSP 开发中常用的类。Date 类的构造函数有许多种形式，比较常用的有如下 4 种：

```
Date()
Date(int year,int month,int date)
Date(int year,int month,int date,int hour,int minute)
Date(int year,int month,int date,int hour,int minute,int second)
```

第一种形式用系统当前的日期和时间来初始化对象；第二种形式用指定的年份 year、月份 month、日期 date 初始化对象；第三种形式在第二种的基础上增加了小时 hours 和分钟 minute；第四种形式在第三种的基础上增加了秒 second。

注意

有趣的是，在 Java 语言中设置年份是相对 1900 年的时间，月份的数值也要多加一个 1，如设置为 12 月则参数应为 11。

获取 Date 中的年、月、日、时、分、秒及星期，可分别用 Date 类的方法 getYear()、getMonth()、getDate()、getHours()、getMinutes()、getSeconds()、getDay()。用 toString()方法可将其转换为字符串类 String。

日期类型可以进行比较，比较的方法有两种：一种是用两个对象的 getTime()方法分别获得各自从 1970 年 1 月 1 日午夜起的毫秒数，再比较这两个数值的大小；另一种是用 before()、after()、equals()方法进行比较。对于 before()方法，如果调用对象比方法参数中的对象时间早则返回 true，否则返回 false；对于 after()方法，如果调用对象比方法参数中的对象时间晚则返回 truc，否则返回 false；对丁 equals()方法，如果调用对象与方法参数中的对象时间相同则返回 true，否则返回 false。

子任务 7　建立实体类

案例

建立实体类（Channel.java,Topic.java,Reply.java,User.java）。

完整的 Channel.java 代码如下：

```
package com.bbs.entity;
public class Channel {
    private int      channelId   ;        // 唯一标志频道
    private String channelName="";     // 频道名称
    private int      userId;             // 版主
  // return the channelId
```

```
    public int getChannelId() {
        return channelId;
    }
    //param channelId the channelId to set
    public void setChannelId(int channelId) {
        this.channelId = channelId;
    }
    //return the channelName
    public String getChannelName() {
        return channelName;
    }
    //param channelName the channelName to set
    public void setChannelName(String channelName) {
        this.channelName = channelName;
    }
    //return the userId
    public int getUserId() {
        return userId;
    }
    //param userId the userId to set
    public void setUserId(int userId) {
        this.userId = userId;
    } }
```

完整的 Topic.java 代码如下：

```
package com.bbs.entity;
public class Topic {
    private String title="";              // 主题标题
    private String content="";            // 主题内容
    private String publishTime="";        // 主题发表时间
    private String modifyTime="";         // 主题修改时间
    private int userId;                   // 引用用户的 ID
    private int topicId;                  // 标志主题的 ID
    private int channelId;                // 引用频道的 ID，表示该主题属于哪个频道
    //return the title
    public String getTitle() {
        return title;
    }
    //param title, the title to set
    public void setTitle(String title) {
        this.title = title;
```

```
    }
    //return the content
    public String getContent() {
        return content;
    }
    //param content, the content to set
    public void setContent(String content) {
        this.content = content;
    }
    //return the publishTime
    public String getPublishTime() {
        return publishTime;
    }
    //param publishTime, the publishTime to set
    public void setPublishTime(String publishTime) {
        this.publishTime = publishTime;
    }
    //return the modifyTime
    public String getModifyTime() {
        return modifyTime;
    }
    //param modifyTime, the modifyTime to set
    public void setModifyTime(String modifyTime) {
        this.modifyTime = modifyTime;
    }
    //return the topicId
    public int getTopicId() {
        return topicId;
    }
    //param topicId, the topicId to set
    public void setTopicId(int topicId) {
        this.topicId = topicId;
    }
    //return the channelId
    public int getChannelId() {
        return channelId;
    }
    //param channelId,the channelId to set
    public void setChannelId(int channelId) {
        this.channelId = channelId;
```

```
    }
    //return the userId
    public int getUserId() {
        return userId;
    }
    //param userId the userId to set
    public void setUserId(int userId) {
        this.userId = userId;
    }
}
```

完整的 Reply.java 代码如下：

```
package com.bbs.entity;
public class Reply {
    private String title="";              // 回帖标题
    private String content="";            // 回帖内容
    private String publishTime="";        // 回帖发表时间
    private String modifyTime="";         // 回帖修改时间
    private int userId;                   // 引用用户的 ID
    private int replyId;                  // 唯一标志回帖的 ID
    private int topicId;                  // 引用主题的 ID，表示该回帖是哪个主题的
    //return the title
    public String getTitle() {
        return title;
    }
    //param title, the title to set
    public void setTitle(String title) {
        this.title = title;
    }
    //return the content
    public String getContent() {
        return content;
    }
    //param content,the content to set
    public void setContent(String content) {
        this.content = content;
    }
    //return the publishTime
    public String getPublishTime() {
        return publishTime;
    }
```

```
    //param publishTime,the publishTime to set
     public void setPublishTime(String publishTime) {
             this.publishTime = publishTime;
     }
    //return the modifyTime
     public String getModifyTime() {
             return modifyTime;
     }
    //param modifyTime,the modifyTime to set
     public void setModifyTime(String modifyTime) {
             this.modifyTime = modifyTime;
     }
    //return the userId
     public int getUserId() {
             return userId;
     }
    //param userId,the userId to set
     public void setUserId(int userId) {
             this.userId = userId;
     }
    //return the replyId
     public int getReplyId() {
             return replyId;
     }
    //param replyId,the replyId to set
     public void setReplyId(int replyId) {
             this.replyId = replyId;
     }
    //return the topicId
     public int getTopicId() {
             return topicId;
     }
    //param topicId,the topicId to set
     public void setTopicId(int topicId) {
             this.topicId = topicId;
     }
}
```

完整的 User.java 代码如下：

```
package com.bbs.entity;
public class User {
```

```
        private int      userId ;                   // 唯一标志用户
        private String userName="" ;                // 用户名
        private String password="" ;                // 用户密码
        private String  head   =  "";               // 头像，地址形式
        private String  registerTime="";           // 注册时间
        private int role =3;                        // 角色：普通用户
    //return the role
     public int getRole() {
            return role;
     }
    //param role, the role to set
     public void setRole(int role) {
            this.role = role;
     }
    //return the userId
     public int getUserId() {
            return userId;
     }
    //param userId ,the userId to set
     public void setUserId(int userId) {
            this.userId = userId;
     }
    //return the userName
     public String getUserName() {
            return userName;
     }
    //param userName ,the userName to set
     public void setUserName(String userName) {
            this.userName = userName;
     }
    //return the password
     public String getPassword() {
            return password;
     }
    //param password the password to set
     public void setPassword(String password) {
            this.password = password;
     }
    //return the registerTime
     public String getRegisterTime() {
```

```
        return registerTime;
    }
    //param registerTime the registerTime to set
    public void setRegisterTime(String registerTime) {
        this.registerTime = registerTime;
    }
    //return the head
    public String getHead() {
        return head;
    }
    //param head the head to set
    public void setHead(String head) {
        this.head = head;
    }
}
```

代码详解

以上代码定义了频道实体类Channel.java、主题实体类Topic.java、回帖实体类Reply.java、用户实体类User.java，均首先使用package将4个类纳入到entity包内，然后定义实体类的名称、在类内部定义类的属性和方法。

知识点详解

实体类就是一个事例对象，实体类主要是作为数据管理和业务逻辑处理层面上存在的类别；实体类的主要职责是存储和管理系统内部的信息，它一般没有方法，也可以有方法，甚至是很复杂的方法，但这些方法必须与它所代表的实体对象密切相关。

实体类是现实实体在计算机中的表示。它贯穿于整个架构，负担着在各层次及模块间传递数据的职责。一般来说，实体类可以分为“贫血实体类”和“充血实体类”，前者仅仅保存实体的属性，而后者还包含一些实体间的关系与逻辑。在多数情况下，实体类和数据库中的表（这里是指实体表，不包括表示多对多对应的关系表）是一一对应的，但这并不是一个限制，在复杂的数据库设计中，有可能出现一个实体类对应多个表，或者交叉对应的情况。在看实体类的代码前，应先看一下系统的工程结构。

任务三　JSP指令使用

JSP指令是JSP向JSP容器发送的消息。它们用来设置全局值，如类声明、要实现的方法、输出内容类型等，并不向客户端产生任何输出。它只影响本JSP文件。

子任务 1　使用 page 指令

案例

page 指令演示案例（welcome.jsp）。

```
<%@ page language="java" pageEncoding="GBK"%>                                          【1】
<%@ include file="head.jsp" %>
<html>
  <head>
    ……
  </head>
  <body>
     <h3>欢迎访问我的网站!</h3>
     <h3>现在是:
<%
    //定义日期的格式
    java.text.SimpleDateFormat formater = new java.text.SimpleDateFormat("yyyy 年 MM 月 dd 日 HH:mm:ss");
    //产生日期并格式化
    String strCurrentTime = formater.format( new java.util.Date( ) );                  【2】
    // 输出日期、时间
    out.println(strCurrentTime);
%>
   </h3>
  </body>
</html>
```

代码详解

【1】使用page指令设置中文字符集。
【2】导入java.util.Date类。
程序运行结果如图 3-8 所示。

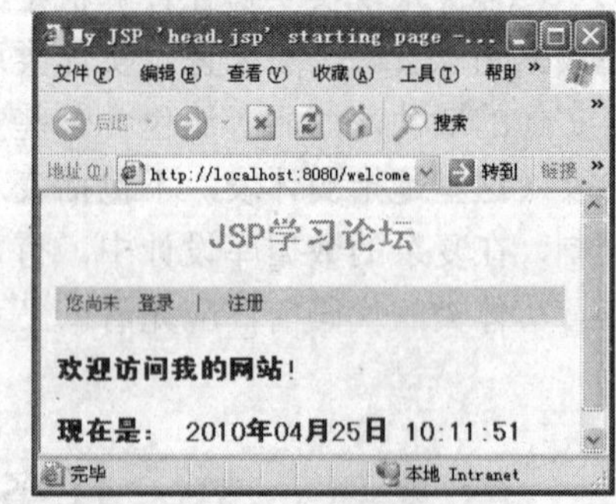

图 3-8　JSP 论坛欢迎界面

知识点详解

定义 JSP 页面的全局属性及其值时使用 page 指令，一般把它放在页面的首部。例如：

```
<%@ page contentType="text/html;charset=gb2312"%>
```

有了此句后，在 JSP 页面中就可以显示中文汉字了。指令中的属性值可用单引号或双引号括起来，如果一个属性有多个值就用逗号隔开，在 page 指令中也只有 import 属性可以指定多个值，它用来导入一些程序中要用到的包或类。例如：

```
<%@ page impot="java.util.*","java.awt.*"%>
```

page 指令的语法格式如下：

```
<% page [language="脚本语言种类"] [import="包或类"] [contentType="MIME 类型"]
[session="ture/false"] [buffer="缓冲区大小"] [autoFlash=" ture/false "] [isThreadSafe=" ture/false "]>
[info=" text"] [errorpage=" 异常事件页面 URL "] [isErrorPage="ture/false"]%>
```

注意

page 指令中的 contentTpye 属性不能在同一个页面中被两次指定值。page 指令的属性比较多，用方括号括起来的属性表示可选属性。

1．language

它定义页面使用的脚本语言，默认情况下值为 java，因此在编写 JSP 程序时，此属性不必设置。

2．import

这个属性是常用的。它用来导入程序中要用到的包或类，此属性可以有多个值。无论是 Java 核心包中自带的类还是用户自行编写的类，只有在 import 中引用，才能在 JSP 程序中使用这个类。

默认情况下，JSP 文件中会自动导入的类：java.lang.*、javax.servlet.*、javax.servlet.http.* 和 javax.servlet.jsp.*。

这里的*号表示该包下所有的类，自动导入的类就不必在 JSP 页面的 page 指令中再行导入了。

3．contentType

该属性设置 JSP 页面的 MIME（Multipurpose Intemet Mail Extention）类型。设置类型的格式为"MIME 类型"或"MIME 类型；charset=编码"。在 JSP 页面默认情况下设置的字符编码为 ISO-8859-1，即“contentType="text/html；charset=ISO-8859-1"”。

4．session

该属性设置是否需要使用 session 对象。如果为 false，则在 JSP 程序中不能使用 session 对象以及 scope=session 的 JavaBean 或 EJB。属性的默认值为 true。

5．buffer

buffer 的值可以有 none、8KB 或是给定的 KB 值，值为 nonc 表示没有缓存，直接输出至客户端的浏览器中。此属性用来设定 out 对象缓存处理的缓冲区的大小。

6．autoFlash

该属性设置当缓冲区已满时，是否会自动刷新缓冲区。如果取值为 false，当缓冲区溢出时就会出现异常。当 buffer 的值设为 none 时，此属性的值不能设为 false。此属性的默认值为 true。

7. isThreadSafe

此属性设置 JSP 页面是否可以多线程访问。如果值为 true，则此 JSP 页面可同时响应多个客户的请求；如果为 false，则某个时刻只能处理一个客户的请求。此属性的默认值为 true。

8. info

此属性设置 JSP 页面的信息字符串，可以是针对本 JSP 页的一些说明性文字。可以使用 getServletInfo()方法来获得这个字符串。为什么会是 getServletInfo()方法呢？因为 JSP 引擎实际上是把 JSP 转换为 Servlet 后再响应客户请求的。

9. errorPage

此属性设置出现异常时转向的页面的 URL。

10. isErrorPage

该属性设置是否为出错页面。如果为 true 则可以使用 exception 对象，如果为 false 则不能使用。默认情况下是 false，因此在需要使用 exception 对象的 JSP 页面中，要注意在 page 指令中设置此属性的值为 true。

子任务 2 使用 include 指令

案例

include 指令应用示例（top.txt、bottom.txt、includesample.jsp）。

top.txt

```
<html>
<head>
<title>《JSP动态网页开发案例教程》</title>
</head>
<body>
<p align="center"><b><font size="5">《JSP动态网页开发案例教程》网站</font></b></p>
```

bottom.txt

```
<hr>
<p align="center">
<font size="3">机械工业出版社</font><br>
<font size="3">制作人：包老师</font><br>
<font size="3">联系方式：出版社电话</font><br>
```

```
</body>
</html>
```

Includesample.jsp

```
%@ page contentType="text/html;charset=gb2312"%>
<%@ include file="top.txt"%>                                          【1】
<p align="center">
 <%out.println("此书出版了，快来看看吧！还有更多的好书等着您呢！");%>
</p>
<%@ include file="bottom.txt"%>                                       【2】
```

代码详解

【1】插入文件top.txt。

【2】插入文件bottom.txt。

程序运行结果如图 3-9 所示。

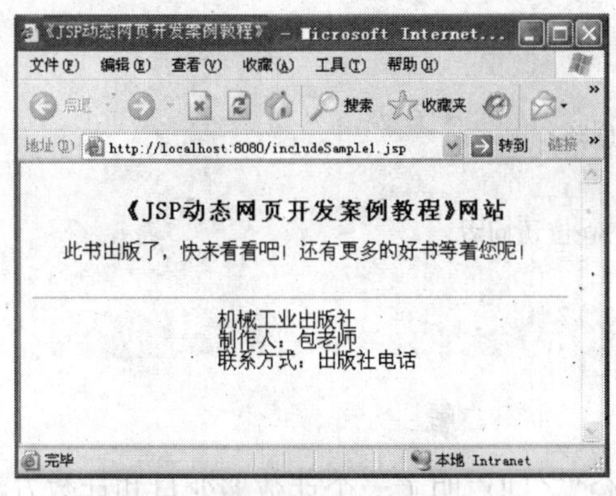

图 3-9 include 示例运行结果

知识点详解

include 指令用来在该指令处静态插入一个文件，这与 C 语言中的#include 类似，它只是把文件代码包含过来，与本文件组合形成一个大的程序文件。Include 指令调用的语法格式如下：

```
<%@include file="文件路径"%>
```

注意

因为 include 是对文件的静态包含，所以如果两个文件中均设置了 page 指令的 contentType 属性将会出错，包含文件时要特别注意这一点。

文件路径一般使用相对路径，这样如果程序代码文件进行迁移也不会有所影响。路径如果以"/"开头，则表明使用的是相对 JSP 服务器应用的根目录的路径；如果直接用文件名或是文件夹名+文件名，则表明是相对本 JSP 文件当前目录的相对路径。包含时要保证被包含与包含文件的语法一致，使用 include 指令时要在合适的位置。

任务四 脚本元素的使用

子任务 1 使用 java scriptlet

案例

计数器 counter.jsp。

```
<%@ page contentType="text/html;charset=gb2312"%>
<html>
  <body>
    <%!int counter=0;
     synchronized void counterFunction(){
           counter++;
      }
     %>
     <%counterFunction();%>
     网站计数器<br>
     您是第<%=counter%>位访问者
   </body>
</html>
```

代码详解

程序首先在"<%!"和"%>"之间声明了一个计数器变量和计数方法，计数器变量在客户间共享，直至服务器关闭。计数方法实际上就是对计数变量增 1 处理，在方法的前面加了 synchronized 关键字。这个关键字可防止客户同时调用此方法更改计数变量的值时发生冲突，对方法做了串行化处理。每刷新一次页面，数值会增 1，同时打开多个浏览器窗口进行测试，可发现变量是共享的。运行结果如图 3-10 所示。

图 3-10 计数器运行效果图

知识点详解

在 JSP 中，在"<%"和"%>"之间书写的程序代码称为 Java 程序片，一个 JSP 页面中可以有多个 Java 程序片。要注意的是，在 Java 程序片中声明的变量在它们所在的 JSP 页面的所用程序片及表达式中都有效，基于此，可以把一个大的程序片分成几个小的程序片，还可以在其中插入 HTML 语句，以便编写的程序代码更具可读性。

在程序片中声明的变量只在页面有效，是局部变量，在不同的客户访问同一个页面时，此变量是不能共享的，但如果是在"<%"和"%>"之间声明的变量就可以在不同的客户间共享，有效范围是整个 JSP 页面，生命周期是在服务器关闭后变量才会被释放。

用"<%"和"%>"可以直接输出变量或表达式的值，变量或表达式的值将作为一个字符串在浏览器中输出。

子任务 2　使用 JSP 表达式

案例

修改欢迎界面 welcome.jsp 中格式化输出语句。

```
<%@ page language="java" pageEncoding="GBK"%>
<%@ include file="head.jsp" %>
<html>
  <head>
   ……
  <body>
     <h3>欢迎访问我的网站!</h3>
     <h3>现在是:
<%
     //定义日期的格式
     java.text.SimpleDateFormat formater = new java.text.SimpleDateFormat("yyyy 年 MM 月 dd 日 HH:mm:ss");
     //产生日期并格式化
     String strCurrentTime = formater.format( new java.util.Date( ) );
     // 输出日期、时间
     out.println(strCurrentTime);                                                    【1】
%>
    </h3>
  </body>
</html>
```

代码详解

【1】格式化输出语句可以使用<%= new java.util.Date() %>代替，运行效果不变。

知识点详解

在 JSP 页面中，一个表达式在被 JSP 引擎执行后会被自动转化为字符串，然后显示出来。语法格式如下：

Expressions 标签是以 <%= 为起始；%> 为结尾，其中间内容包含一段合法的 Java 表达式，<%= expression %>。例如，<font color="blue"><%= getName() %></font>；<%= (new java.util.Date())%>。

注意

1）不能使用分号（；）来作为表达式的结束符号，如“<%= (new java.util.Date()).toLocaleString(); %>” 是错误的。同样的表达式，用在 Scriptlet 中就需要以分号来结尾。

2）可以通过查看 JSP 转义生成的 Servlet 源程序，来了解 JSP 容器是如何处理<%= %>的。例如，JSP 代码<%= (new java.util.Date())%>在生成的 Servlet 源文件中，将会以下面的形式出现在_jspService 方法中：out.println(new java.util.Date())；由此可见，JSP 容器对表达式元素的处理是非常简单的，它所做的工作只是在 JSP 表达式外包装了 out.println()方法。

子任务 3　使用 JSP 声明

案例

在 welcome.jsp 中获取格式化时间代码。

```
<%@ page language="java" pageEncoding="GBK"%>
<%@ include file="head.jsp" %>
<html>
  <head>
  ……
  <body>
      <h3>欢迎访问我的网站!</h3>
      <h3>现在是：
<%!
     //定义日期的格式
     java.text.SimpleDateFormat formater = new      java.text.SimpleDateFormat("yyyy 年 MM 月 dd 日
HH:mm:ss");                                                                          【1】
     //产生日期并格式化
     String strCurrentTime = formater.format( new java.util.Date( ) ); %>            【2】
<%  // 输出日期、时间
     out.println(strCurrentTime);
%>
    </h3>
```

```
    </body>
</html>
```

代码详解

【1】和【2】的<%!与%>内声明了两个变量formater、strCurrentTime，两个变量类型分别为java.text.SimpleDateFormat和String型，并对两个变量进行了赋值。

知识点详解

在 JSP 程序中，使用声明来为 JSP 页面中的 Java 代码定义合法的变量和方法。语法如下：

```
<%! declaration; [ declaration; ]+ ...%>
```

声明是以<%!为起始；%>为结尾。中间以“;”号分隔各语句。

注意

1）使用<%!和%>可以声明在 JSP 程序中要用到的变量和方法，可以一次声明多个类变量和方法，只要最后以分号（；）结尾即可，当然这些声明在 Java 语言中必须是合法的。

2）每一个声明仅在一个页面中有效，如果想每个页面都用到一些声明，最好把它们写成一个单独的 JSP 网页，然后用<%@ include %>或<jsp:include >元素包含进来。

3）使用<%! %>方式所声明的变量是类成员变量。

任务五　注释的使用

适当地在 JSP 程序中加入注释可以增强程序的可读性，以方便维护人员的维护。即便是对编程人员本人，注释对调试程序和编写程序也可以起到很好的帮助作用。程序员在程序中书写注释可以分为两种：HTML 注释和 JSP 注释。

子任务 1　HTML 注释

案例

HTML 应用示例（html.jsp）。

```
<%@ page contentType="text/html;charset=gb2312"%><!--JSP 指令标签-->        【1】
<%@ page import="java.util.*"%>
<html><!--HTML 标记符-->                                                    【2】
  <body>
    ......
  </body>
</html>
```

代码详解

【1】注释此语句使用的是JSP指令标签。

【2】注释此语句使用的是HTML标记符。

知识点详解

“<! --”与“-->”之间的是HTML注释，JSP不会解释HTML注释，而直接把它交给客户端浏览器，因此这种注释在浏览器中直接查看JSP文件的源文件时是可以看到的。

子任务2　JSP注释

知识点详解

JSP注释的方法有4种，格式分别如下：

```
<%--注释内容-->
//注释内容
/*注释内容*/
/**注释内容*/
```

第一种注释会被JSP引擎忽略，一般用来对Java程序片作说明；第二种注释是单行注释；第三种注释可以是单行注释，也可以是多行注释；第四种注释是Java所特有的doc注释。

注释在编写程序和调试程序中是非常有用的，如在调试一段程序其中的几行程序时，可以把其他的程序注释，这样JSP引擎不会编译它，这是一种比较常用的程序调试方法。

学材小结

理论知识

1．JSP中包括了两种主要的内容，一是________，是静态内容；二是____________，是动态内容。

2．Java语言中的数据类型可以分为两种：________和__________。

3. Java语言中的运算符特别丰富，分为4类：________、________、________和________。

4．参与布尔运算的运算数只能是________数据，结果也是________数据。

5．定义JSP页面的全局属性及其值时使用________指令，一般把它放在页面的首部。

6．类包括了数据和代码两部分。________是类中的实例变量，________是类中的方法，两者都称为类的成员。

7．________指令用来在该指令处静态插入一个文件。

拓展练习

针对一个JSP程序练习加入HTML注释和各种JSP注释，在浏览器中显示测试。

模块四

JSP的内置对象

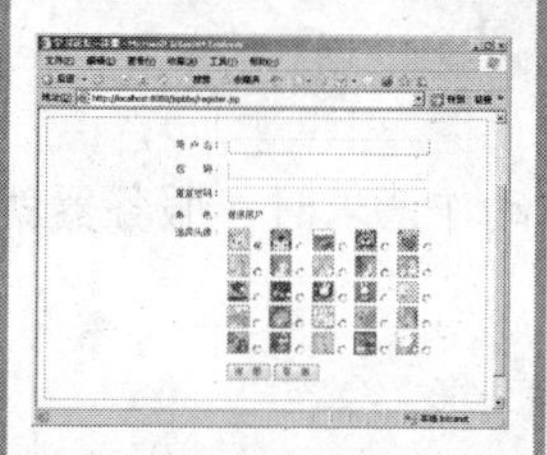
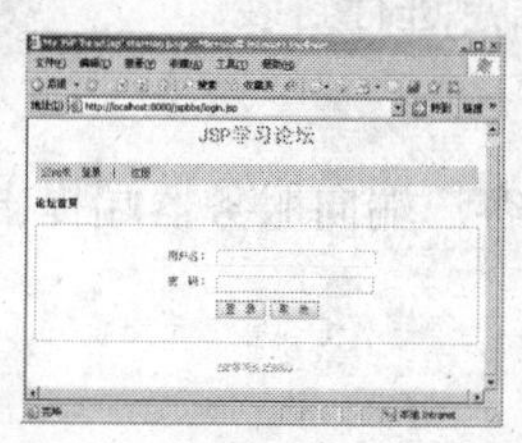

本模块导读

随着Internet技术的飞速发展，JSP作为目前Web应用开发的主流体系之一，被广泛运用于电子商务、电子政务等众多行业的软件开发之中。JSP作为动态网站开发的主流语言，除了其自身的特点外，还提供了一些内置对象，开发者可以在页面中直接使用这些内置对象而无需进行声明，从而大大简化了开发过程，也便于初学者的动手开发实践。

JSP提供的内置对象主要包括：out、request、response、session、application、config、pageContext、page和exception 9类。其中，最常用的是前5类对象，在本模块中，将通过具体的案例重点介绍这5类常用内置对象的使用方法。这些对象是预先存在的，它们由JSP容器自动为其页面提供，所以开发人员在页面中无需进行声明就可以直接使用这些对象，并可以借助这些对象在服务器和客户端交互的过程中完成不同的需求功能。

本模块主要介绍Web页面开发中常用的9类JSP内置对象的相关知识及其使用语法，并通过“JSP学习论坛”部分功能模块的代码编写来学习内置对象的常用使用方法。

通过本模块的学习和实战，学生应该掌握常用的9类内置对象，并掌握这些内置对象的基本语法规则，为开发Web应用奠定扎实的理论基础，并通过案例的接触与学习，提高实践技能。

本模块要点

- 掌握out对象的方法
- 掌握request对象的方法
- 掌握response对象的方法
- 掌握session对象的方法
- 掌握application对象的方法
- 了解pageContext、page、config和exception对象的方法

知识导读

JSP 内置对象概述。

1．out 对象

out 对象主要用来向客户端输出数据，即当用户向客户端浏览器传递输出信息时，就可以使用 out 对象来实现。

2．request 对象

request 对象主要用来获取客户端提交的数据，如表单中的数据、页面地址中携带的参数信息等。使用 request 对象可将客户端的请求信息进行封装。

3．response 对象

response 对象用来响应客户端的请求。当客户端向服务器端提出动作请求时，服务器就借助 response 对象来向客户端返回请求信息。

4．session 对象

session 对象用来暂时存储客户端与服务器端进行交互时需要保存的一些数据信息。当页面关闭时，页面中使用的 session 变量也会随之自动关闭。

5．application 对象

application 对象用来提供一些全局的数据和对象等。当客户端第一次访问服务器，服务器开始响应用户请求时，application 对象就会被自动创建，直到服务器关闭服务时，该对象才会随之自动消失。

6．config 对象

config 对象是 JSP 配置处理程序的句柄，在整个 JSP 页面范围内均有效。

7．pageContext 对象

pageContext 对象用来管理 JSP 中某些特殊可见部分中已命名对象的访问。

8．page 对象

page 对象是 JSP 实现类对象的一个句柄，该对象只适用于 JSP 页面范围内。

9．exception 对象

exception 对象用来处理 JSP 页面运行时抛出的异常。

任务一　如何使用 out 对象

从 java.io.Writer 拓展而来的公共抽象类 JspWriter，不仅继承了 java.io.BufferedWriter 和 java.io.PrintWriter 中的部分功能，而且还具有在打印方法中抛出（throw）java.io.IOException 异常的特殊功能。JSP 中的 out 对象就是 JspWriter 类的一个实例。在 JSP 页面中，使用 out

对象把信息回送给客户端的浏览器，即向客户端发送输出数据流。简单地说，就是使用 out 对象向客户端输出数据信息。在本任务中，学习使用 out 对象的 print()方法实现用户注册界面表单中表格的输出功能。

案例

建立“JSP 学习论坛”案例的用户注册页面，使用 out 对象输出该页面的表格部分。

步骤

步骤 1 打开“jspbbs”项目，在 WebRoot 文件夹中新建一个名为 register.jsp 的 JSP 页面，该页面是用户注册页面，关键代码如下：

```
<%@ page language="java" pageEncoding="GBK"  import="java.util.*"%>
<HTML>
<HEAD>
    <TITLE>学习论坛--注册</TITLE>
</HEAD>
<BODY>
<!--        用户注册表单            -->
<FORM name="form1" action="doRegister.jsp" method="post">                    【1】
<%
    out.print("<table width='80%'>");                                        【2】
    out.print("<tr>");                                                       【3】
    out.print("<td>用户名：</td>");                                          【4】
    out.print("<td><INPUT type='text' name='userName'></td>");               【5】
    out.print("</tr>");
    out.print("<tr>");
    out.print("<td>密码：</td>");
    out.print("<td><INPUT type='password' name='password1'></td>");          【6】
    out.print("</tr>");
    out.print("<tr>");
    out.print("<td>重复密码：</td>");
    out.print("<td><INPUT type='password' name='password2'></td>");          【7】
    out.print("</tr>");
    out.print("<tr>");
    out.print("<td>角色：</td>");
    out.print("<td>普通用户</td>");
    out.print("</tr>");
    out.print("<tr>");
    out.print("<td>选择头像：</td>");
    out.print("<td>");
    out.print("<img src='image/head/head01.jpg'>");                          【8】
```

```
        out.print("<INPUT type='radio'name='head' value='head01.jpg' checked='checked'>");    【9】
        out.print("<img src='image/head/head02.jpg'>");
        out.print("<INPUT type='radio'name='head' value='head02.jpg'");
        ……//省略其他头像文件和与其对应的单选按钮的标签
        out.print("</td>");
        out.print("</tr>");
        out.print("<tr>");
        out.print("<td> </td>");
        out.print("<td>");
        out.print("<INPUT type='submit' value='注册'>");                                   【10】
        out.print("<INPUT type='reset'    value='取消'>");                                 【11】
        out.print("</td>");
        out.print("</tr>");
        out.print("</table>");
    %>
    </FORM>
    </BODY>
    </HTML>
```

代码详解

【1】建立一个表单，表单提交到doRegister.jsp页面，在下一个任务中实现该页面。
【2】输出表格标签<table>。
【3】输出表格行标签<tr>。
【4】输出单元格标签<td>。
【5】输出一个name为userName的文本框标签，用于输入用户名。
【6】输出一个name为password1的密码框标签，用于第一次输入密码。
【7】输出一个name为password2的密码框标签，用于第二次输入密码（确认密码）。
【8】输出一个图像标签，用来显示注册用户可以选择的一个头像。
【9】输出一个name为head的单选按钮标签，用于选择头像。
【10】输出一个提交按钮。
【11】输出一个重置按钮。

步骤 2 保存 register.jsp 页面，启动 Tomcat，查看该页面，效果如图 4-1 所示。

知识点详解

out 对象是类 javax.servlet.jsp.JspWriter 中的一个对象，或者说它被封装成 javax.servlet.jsp.JspWriter 接口。out 对象的作用范围是 page，如果 page 指令选择了 autoflush="true"，那么当出现由于当前的操作不清空缓存而造成缓冲区溢出的情况时，JspWriter 类的所有 I/O 操作就会自动清空缓冲区的内容；但是，如果 autoflush="false"，那么当操作造成了缓冲区溢出时，该类的所有 I/O 操作就要抛出一个 IOException 异常。在 out 对象中，最主要的方法有以下几种。

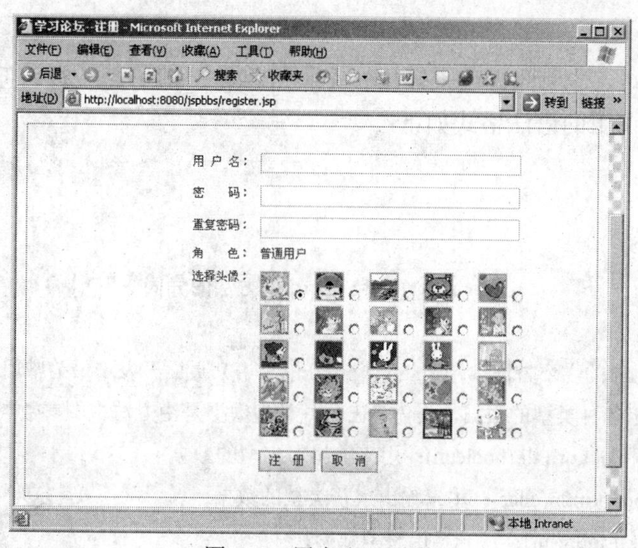

图 4-1 用户注册页面

（1）print() 该方法用来向客户端输出数据信息。调用的语法格式如下：

```
out.print(参数);
```

该方法中的参数可以是 boolean、char、int、long、float、double、string、char[]或 object 等不同数据类型的值，从而体现了数据的多态性。所以，可以把 print()方法看成是一个多态的方法。

（2）println() 该方法的功能和调用格式与print()方法相同，唯一不同的是，在print()方法中只将数据输出到客户端，而该方法除了将数据输出到客户端外，还在数据后面加上一个空行。但是，在实际浏览的过程中，有些浏览器会忽略空行的显示。调用的语法格式如下：

```
out.println(参数);
```

（3） close() 该方法用来关闭输入流。调用的语法格式如下：

```
out. close();
```

（4）flush() 该方法用来将缓冲区中的数据内容输出显示到客户端。调用的语法格式如下：

```
out.flush();
```

（5）clear() 该方法用来清除缓冲区中的数据内容，但不会在客户端输出这些数据。调用的语法格式如下：

```
out.clear();
```

（6）clearBuffer() 该方法也是用来清除缓冲区中的数据的，但与clear()方法不同的是，此方法在清除数据的同时，会将对应的数据输出到客户端。调用的语法格式如下：

```
out.clearBuffer();
```

（7）getBuffersize() 该方法用来获得缓冲区的大小。调用的语法格式如下：

```
out.getBuffersize();
```

（8）getRemaining() 该方法用来获取缓冲区中没有被占用的空间的大小。调用的语法格式如下：

```
out.getRemaining();
```

（9）isAutoFlush() 使用此方法来判断缓冲区是否是自动刷新，如果是，则返回逻辑true，否则返回false。调用的语法格式如下：

```
out.isAutoFlush();
```

（10）newLine() 使用此方法来输出一个换行字符，即另起一行。但是，有些浏览器会忽略这个换行符。调用的语法格式如下：

```
out.newLine();
```

信息卡

print()方法和 println()方法的异同

1．相同点

在上述这些 out 对象的主要方法中，print()和 println()是 JSP 页面开发中最为常用的两种方法。这两种方法均用于向浏览器输出各种类型的数据，具体输出哪种类型数据是由方法中的参数类型来决定的。

out.print(boolean)和 out.println(boolean)：用来输出布尔型的数据；

out.print(char)和 out.println(char)：用来输出字符类型的数据；

out.print(int)和 out.println(int)：用来输出整型数据；

out.print(long)和 out.println(long)：用来输出长整型数据；

out.print(float)和 out.println(float)：用来输出单精度型的数据；

out.print(double)和 out.println(double)：用来输出双精度型的数据；

out.print(string)和 out.println(string)：用来输出字符串类型的数据；

out.print(char[])和 out.println(char[])：用来输出字符型数组的数据；

out.print(object)和 out.println(object)：用来输出 Object 型的数据。

2．不同点

虽然 print()和 println()方法实现的基本功能是一致的，但两者之间又有一定的差别。其中，执行 print()方法时，只是把 Java 对象的原始数据类型输入到客户端的缓冲区中，而执行 println()方法时，除了把内容输出到客户端外，还会在内容后面添加一个空行。只是对有些浏览器而言，这些空行在解析时会被忽略掉罢了。所以，如果想要真正在 JSP 页面中进行换行时，通常需要通过 out.println("<br>") 方法（即输出换行符）来实现。

任务二 如何使用 request 对象

HTTP 是客户机与服务器之间的一种提交请求（Request）信息与对请求作出响应（Response）的通信协议。在 JSP 中，内置对象 request 代表请求对象，用来封装用户提交的信息，程序员通过调用该对象的相应方法就可以获取封装在它内部的信息，如用户提交的信息和 HTTP 请求头信息等。而对请求作出响应的内置对象 response 将在任务三中具体介绍。本任务中主要介绍如何使用 request 对象获取表单中的数据信息。

子任务 1 处理客户端请求（如何获得表单数据）

案例

在本模块任务一的案例中，用户通过 register.jsp 页面输入详细注册信息，并单击"注册”按钮后，将表单提交到下一个页面中，在该页面中服务器端将进行程序处理、获得用户注册表单中的数据，同时处理中文编码方式。那么，服务器端是如何获取这些表单数据的？在本子任务中，学习通过使用 request 对象来完成获取用户在 register.jsp 页面所填写的注册信息功能。

步骤

步骤 1 打开“jspbbs”项目，在“WebRoot”中新建一个名为“doRegister.jsp”的 JSP 页面。

步骤 2 明确服务器端所要获取的表单信息，即明确用户在 register.jsp 页面的表单中所输入的数据信息，哪些是服务器端程序 doRegister.jsp 需要获得的数据，包括用户名、密码（只需要获取第一次输入的密码，第二次输入的密码不用获取，因为这两次输入的密码应该一样，可以通过 JavaScript 函数来验证两次输入的密码是否一样，如果一样则提交到服务器）、头像等信息。

步骤3 用户名、密码和头像信息是通过表单元素传递到服务器的，可以使用它们的name属性访问这些信息。在该步骤中，要明确 register.jsp 页面的用户名、密码和头像表单元素的 name 属性值，分别为 userName、password1 和 head。

步骤 4 在 “doRegister.jsp”页面中，使用 request 对象的 getParameter()方法获取用户注册时提交的用户名、密码和头像。同时，使用 request 对象的 setCharacterEncoding()方法设置请求的字符编码方式为 GBK（中文字符集）。具体代码实现如下：

```
<%@ page language="java" pageEncoding="GBK" import="java.util.*"%>
<%@ page import="com.bbs.entity.*" %>                    【1】
<%
    request.setCharacterEncoding("GBK");                 【2】
    String username = request.getParameter("userName");  【3】
    String password = request.getParameter("password1"); 【4】
    String head = request.getParameter("head");          【5】
    User user = new User();                              【6】
    user.setUserName(username);
    user.setPassword(password);
    user.setHead(head);
%>
```

代码详解

【1】导入实体类，用以访问User类。

【2】设置请求的字符编码为中文编码。

【3】取得请求中的用户名，并赋值给字符串变量username。

【4】取得请求中的密码，并赋值给字符串变量password。

【5】取得请求中的头像，并赋值给字符串变量head。

【6】创建User类的对象user，并设置该对象的3个属性。

子任务 2 转发请求

案例

在子任务 1 的 doRegister.jsp 页面中，服务器端通过 request 对象获取了表单数据，接下来需要检查用户输入的用户名是否重复，如果不重复则插入到数据库中（在模块五中实现），插入成功后显示登录页面 login.jsp（在子任务 3 中实现）；如果用户名重复或插入数据库失败则显示错误页面 error.jsp。在本子任务中假设用户名重复，通过 RequestDispatcher 接口的 forward()方法将请求转发到错误页面，并通过 URL 重写技术把错误信息传递到错误页面（URL 重写技术将在模块七中详细介绍）。

步骤

步骤 1　打开“jspbbs”项目，修改 doRegister.jsp 页面，添加如下代码：

```
<%
    ……//子任务 1 中的代码
    RequestDispatcher dispatcher = request.getRequestDispatcher("/error.jsp?msg =该用户已存在"); 【1】
    dispatcher.forward(request,response);                                                      【2】
%>
```

代码详解

【1】通过request对象的getRequestDispatcher()方法获取RequestDispatcher接口的对象，并通过URL重写技术把错误信息以参数的形式添加到URL的尾部（url?参数名=参数值）。

【2】通过RequestDispatcher接口对象的forward()方法将请求转发到错误页面。

步骤 2　在“WebRoot”中新建一个名为 error.jsp 的 jsp 页面。输入以下代码：

```
<%@ page language="java" pageEncoding="GBK" import="java.util.*"%>
<% request.setCharacterEncoding("GBK"); %>
<HTML>
<HEAD>
<TITLE>学习论坛--错误</TITLE>
</HEAD>
<BODY>
<DIV align="center">
    <font color="red"><%=request.getParameter("msg") %></font>            【1】
    <BR>
    <input type="button" value="返回" onClick="window.history.back();"/>   【2】
</DIV>
<CENTER>JSP 学习论坛 2009</CENTER>
</BODY>
```

```
</HTML>
```

代码详解

【1】通过request对象的getParameter()方法，获取通过URL重写技术传送过来的参数（msg）值，并使用JSP表达式输出该参数的值。

【2】返回按钮，通过Javascript实现返回功能。

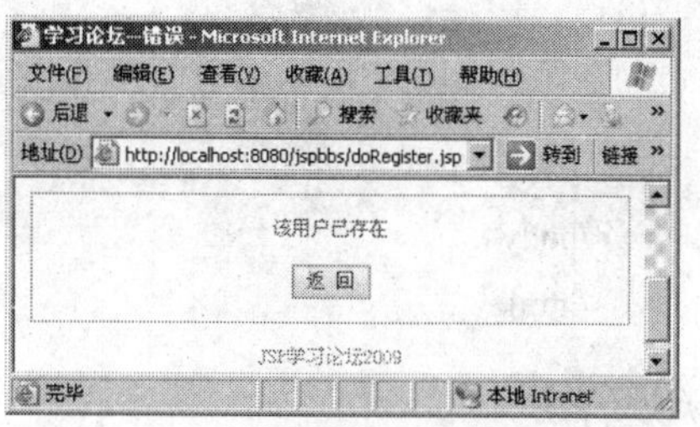

图4-2 用户名重复时显示的错误页面

步骤 3 保存 doRegister.jsp 和 error.jsp，启动 Tomcat，在浏览器中访问注册页面 register.jsp，如图 4-1 所示。输入用户名和密码后，单击“注册”按钮提交请求，会出现如图 4-2 所示的错误页面，表明转发请求成功并且正确获取错误信息。

子任务 3 包含其他页面

案例

在本子任务中使用 RequestDispatcher 接口的 include()方法，将页面头部信息页面 head.jsp 包含到登录页面 login.jsp 中，需要建立登录页面 login.jsp 和头部信息页面 head.jsp。头部信息页面 head.jsp 是“JSP 学习论坛”案例所有页面都要包含的页面，显示网站名称并提供注册和登录链接。

步骤

步骤 1 打开“jspbbs”项目，在“WebRoot”文件夹中新建一个名为 head.jsp 的 jsp 页面，输入以下代码。

```
<%@ page language="java" import="java.util.*" pageEncoding="GBK"%>
<%@ page import="com.bbs.entity.*" %>
<%
String path = request.getContextPath();                                                    【1】
String basePath = request.getScheme()+"://"+request.getServerName()+":"+request.getServerPort()+path+"/"; 【2】
%>
<html>
    <head>
        <base href="<%=basePath%>">                                                        【3】
        <title>My JSP 'head.jsp' starting page</title>
        <link href="style/style.css" rel="stylesheet" type="text/css">                     【4】
    </head>
    <body>
        <DIV>
```

```
            <h2 align="center">JSP 学习论坛</h2>                                              【5】
        </DIV>
        <!--  登录、注册  -->
        <DIV>
            您尚未<a href="login.jsp">登录</a> |   <A href="register.jsp">注册</A>     【6】
        </DIV>
    </body>
    </html>
```

代码详解

【1】获取所请求的项目文档路径，赋给变量path。

【2】获取服务器端所采用的协议类型+服务器端的计算机名称+所提供服务的端口号+项目文档路径，赋给变量basePath。

【3】指定当前页面的默认运行路径为basePath。

【4】链接外部样式表。

【5】显示网站名称。

【6】“登录”和“注册”链接，“注册”链接到register.jsp页面，“登录”链接到login.jsp页面。

步骤 2　在“WebRoot”文件夹中新建一个名为 login.jsp 的 JSP 页面，输入以下代码。

```
<%@ page language="java" pageEncoding="GBK" import="java.util.*"%>
<html>
<head>
    <title>学习论坛--登录</title >
</head>
<body>
<%--包含头文件 --%>
<% request.getRequestDispatcher("head.jsp").include(request,response); %>          【1】
<%--  导航 --%>
<a href="index.jsp">论坛首页</a>                                                  【2】
<!--  用户登录表单  -->
<form name="form1" action="doLogin.jsp" method="post">                            【3】
    <table width="80%">
     <tr>
        <td>用户名：</td>
        <td><INPUT type="text" name="userName"></td>                              【4】
    </tr>
    <tr>
        <td>密码：</td>
        <td><INPUT type="password" name="password"></td>                          【5】
```

```
        </tr>
        <tr>
            <td> </td>
            <td>
                <INPUT type="submit" value="登录">                    【6】
                <INPUT type="reset" value="取消">
            </td>
        </tr>
        </table>
    </form >
    <!--  声明  -->
    <CENTER>JSP 学习论坛 2009</CENTER>
    </body>
    </html>
```

代码详解

【1】将head.jsp页面包含到当前login.jsp页面中。

【2】论坛首页链接，链接到index.jsp（在模块六中实现）。

【3】创建表单，用于输入登录时的用户名和密码，表单提交到doLogin.jsp（在任务三中实现）。

【4】输入用户名的文本框userName。

【5】输入密码的密码框password。

【6】提交和重置按钮。

步骤 3 保存 login.jsp 和 head.jsp，启动 Tomcat。在浏览器中访问 head.jsp 和 login.jsp，效果如图 4-3 和图 4-4 所示，发现登录页面 login.jsp 包含了 head.jsp。

图 4-3 页面头部信息页面 head.jsp

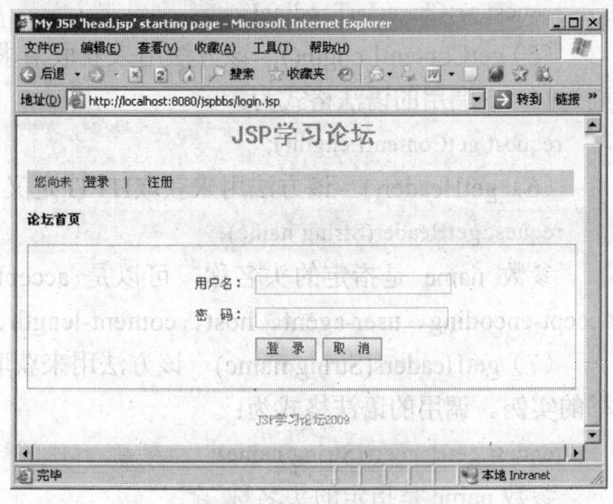

图 4-4 登录页面 login.jsp

知识点详解

1．request 对象的主要方法

request 是类 javax.servlet.HttpServletRequest 的一个对象，或者说它被封装成 HttpServletRequest 接口。在 JSP 中，request 对象被用来封装客户端提交的数据信息。当客户端请求一个 JSP 页面时，该请求先经 Servlet 容器处理后，再由 request 对象进行封装。这些请求的信息内容主要包括请求的头信息（Header）、系统信息（如编码方式）、请求的方式（如 GET 或 POST）、请求的参数名称、参数值等，该信息经 request 对象封装后，作为 JspService()方法的一个参数由容器传给 JSP 页面。通常，客户端通过 HTML 表单或使用页面地址后面提供参数的方法提交数据，服务器端通过 getAttribute ()、getHeader ()等方法得到 request 的参数信息，通过 GET、POST、HEAD 等方法得到 request 对象的类型，通过 Cookies、Referer 得到 HTTP 请求的头信息等。

request 对象的方法主要用来处理客户端浏览器提交到服务器端的请求中的各项参数及其选项信息，主要方法有以下几种：

（1）getAttribute()　该方法用来获取指定名称的属性的值，如果指定的属性的值不存在，则返回一个 null 值。调用的语法格式为：

```
request.getAttribute(String name);
```

参数 name 是指定的属性的名称。

（2）getAttributeNames()　该方法用来获取request对象上的所有属性值，其结果是一个枚举类型的对象。调用的语法格式为：

```
request.getAttributeNames();
```

（3）getCookie()　该方法用来获取客户端的所有Cookie对象，其结果是一个Cookie数组。调用的语法格式为：

```
request.getCookie();
```

（4）getCharacterEcoding()　该方法用来获取请求中的字符编码方式。调用的语法格式为：

```
request.getCharacterEcoding();
```

（5）getContentLength()　该方法用来获取请求中正文内容的总长度，如果长度不能确定，则返回-1。调用的语法格式为：

```
request.getContentLength();
```

（6）getHeader()　该方法用来获取HTTP定义中指定的头名称的值。调用的语法格式为：

```
request.getHeader(String name);
```

参数 name 是指定的头名称，可以是 accept、referer、accept-language、content-type、accept-encoding、user-agent、host、content-length、connection、cookie 等。

（7）getHeaders(String name)　该方法用来获取指定的头名称的所有值，其结果是一个枚举的实例。调用的语法格式为：

```
request.getHeaders(String name);
```

参数 name 是指定的头名称。

（8）getHeaderNames()　该方法用来获取所有请求头request Header的名字，其结果是一个枚举的实例。调用的语法格式为：

```
request.getHeaderNames();
```

（9）getInputStream() 该方法返回请求的输入流，用来获取请求中的数据。调用的语法格式为：

```
request.getInputStream();
```

（10）getMethod() 该方法用来获取客户端向服务器端传送数据的方式，主要有get、post、header、trace等。调用的语法格式为：

```
request.getMethod();
```

（11）getParmeter() 该方法用来获取客户端传送给服务器端的指定参数名称的值，该参数通常是表单中的参数。调用的语法格式为：

```
request.getParmeter(String name);
```

参数 name 是指定的表单中的对象的名称。该方法是 JSP 程序设计中最常用的方法之一。

（12）getParameterNames() 该方法用来获取客户端传送给服务器端的所有参数的名字，其结果是一个枚举的实例。调用的语法格式为：

```
request.getParameterNames();
```

该方法是一个枚举类的方法，一般不推荐使用。

（13）getParameterValues() 该方法用来获取指定客户端提交的参数的所有值。调用的语法格式为：

```
request.getParameterValues(String name);
```

参数 name 是指定客户端提交的对象的名称。

（14）getProtocol() 该方法用来获取客户端向服务器端发送请求数据所依据的协议名称。调用的语法格式为：

```
request.getProtocol();
```

（15）getQueryString() 该方法用来获取查询字符串，该字符串或是由客户端以get方式向服务器端传送的，或是以在页面地址后加上参数的方法传递的。调用的语法格式为：

```
request.getQueryString();
```

（16）getRequestURI() 该方法用来获取发送请求字符串的客户端的地址。调用的语法格式为：

```
request.getRequestURI();
```

（17）getRemoteAddr() 该方法用来获取客户端的IP地址。调用的语法格式为：

```
request.getRemoteAddr();
```

（18）getRemoteHost() 该方法用来获取客户端的计算机名称，如果无法获得计算机名称，则得到客户端的IP地址。调用的语法格式为：

```
request.getRemoteHost();
```

（19）getSession() 该方法用来获取和请求相关的session。调用的语法格式为：

```
request.getSession([Boolean create]);
```

参数 create 是可选的参数。当有 create 参数且这个参数的值为 true 时，如果此时客户端还没有创建 session，那么调用方法将创建一个新的 session。

（20）getServerName() 该方法用来获取服务器端的计算机名称。调用的语法格式为：

```
request.getServerName();
```

（21）getServerPath() 该方法用来获取客户端所请求的JSP页面的存储路径。调用的语法格式为：

```
request.getServerPath();
```

（22）getServerPort() 该方法用来获取服务器端提供HTTP服务的端口号。调用的语法格式为：

```
request.getServerPort();
```

（23）isUserInRole() 该方法用来判断认证后的用户是否属于逻辑指定的用户。调用的语法格式为：

```
request.isUserInRole(String role);
```

参数 role 是逻辑指定的用户名称。

（24）removeAttribute() 该方法用来删除请求中指定参数名称的属性。调用的语法格式为：

```
request.removeAttribute(String name);
```

参数 name 是请求中指定对象的名称。

（25）setAttribute() 该方法用来设置指定名称的request参数的值，该值是由java.lang.Object类型的object指定的。调用的语法格式为：

```
request.setAttribute(String name,java.lang.Object object);
```

参数 name 是指定 request 对象的名称。

2．JSP 的字符编码方式

JSP 文件实质上也是一个文本文件，其保存时的字符编码方式与具体使用的编辑器相关。例如，在 jbuilder 中，如果将系统编码设置为 gbk，则 JSP 默认使用 gbk 保存，而在 eclipse 中，一般按照 JSP 规范中指定的编码方式，如果页面没有指定编码规则，则默认使用 ISO8859-1。

JSP 在获取页面参数时，一般采用的也是系统默认的编码方式，但当页面参数的编码类型和系统默认的编码类型不一致时，就可能会出现乱码。为了解决这类乱码问题，JSP 页面在获取参数之前，通常使用 request 对象的 setCharacterEncoding()方法强制设置 request 参数的编码方式。设置语句为：

```
request.setCharacterEncoding("GBK");
```

如果在 JSP 将变量输出到页面时出现了乱码，则可以按如下语句设置：

```
response.setContentType("text/html;charset=GBK");
```

response 对象的相关方法在任务三中详细介绍。

在使用 request.setCharacterEncoding()语句设置统一字符编码方式时，必须将该语句放在页面的头部。也就是说，在该语句之前，不能使用 request 对象获取参数信息，否则会出现乱码问题。

3．request.getParameter()与 request.setAttribute ()和 getAttribute()方法的区别

1）request.getParameter()方法获得的是通过类似 post、get 等方式传入的数据，这些数据通过容器的实现来自动获得，而 request.setAttribute()和 getAttribute()方法只是在 Web 容器内部流转，即仅仅是请求处理阶段。

2）request.getParameter()方法传递的数据会从 Web 客户端传送到 Web 服务器端，代表的是 HTTP 请求的数据，同时，request.getParameter()方法返回的是 String 类型的数据。而 request.setAttribute()和 getAttribute()方法传递的数据只会存储于 Web 容器内部。例如，在上面的案例中，是从 register.jsp 页面链接到 doRegister.jsp 页面，所以使用 request.getParameter()方法来获取表单数据。但是如果当两个 JSP 页面间为转发关系时，就需要使用 setAttribute ()和 getAttribute ()方法来实现 request 范围内的数据共享。具体以一个例子来说明。假设有 1.jsp 和 2.jsp 两个页面，且 1.jsp 希望向 2.jsp 传递当前的用户名信息，那么如何传递这一数据呢？首先应在 1.jsp 中调用如下 setAttribute()方法：

```
<%
String username=request.getParameter("username");
request.setAttribute("username", username);
 //将文本框中输入的用户名赋值给字符串 username
%>
<jsp:forward page="2.jsp" />
```

然后在 2.jsp 中通过 getAttribute()方法获得该用户名:

```
<%String username=(String)request.getAttribute("username");%>
```

4．RequestDispatcher 介绍

RequestDispatcher 可以看成是一个 Web 资源包装器，用来把当前 request 对象传递到该资源，或者把新的资源包括到当前响应中。或者可以说， RequestDispatcher 是一种服务器转发，但转发后链接是不动的，即浏览器中仍然显示当前已打开的链接文件。

RequestDispatcher 接口中定义了两个方法：include ()和 forward ()。使用方法分别为：

```
<%request.getRequestDispatcher(filename).include(request,response);/>和
<%request.getRequestDispatcher(filename). forward(request,response);/>
```

RequestDispatcher 的 forward()方法是一种服务器端的重定向方式。利用 forward()方法可以将当前的 request 和 response 重定向到该 RequestDispacher 所指定的资源中。RequestDispatcher 接口所定义的 forward()方法可以将 HTTP 请求转送给到任意一个服务器资源（如 Servlet、JSP 或 HTML）进行处理，并产生 HTTP 回应。

RequestDispatcher 接口的 include()方法与 forward()方法非常相似，所不同的是：利用 include()方法将 HTTP 请求转送给其他页面后，被调用的页面虽然可以处理这个 HTTP 请求，但是最后的主导权仍然是在原来的页面。也就是说，被调用的页面如果产生任何 HTTP 回应，都将会并入原来的 HttpResponse 对象，即 include()方法将把 RequestDispatcher 资源的输出包含到当前页面的输出中。

另外一种服务器端的重定向方式是使用 HttpServletResponse 的 sendRedirect()方法。具体内容将在任务三中详细介绍。

注意

调用 forward()方法时必须注意以下两点：

1）只有在 HTTP 回应被“确认”（committed）前才能调用 forward()方法，即只有在尚未向客户端输出响应时才可以调用 forward()方法。否则将抛出 IllegalStateException 异常。

2）调用 forward()方法后，原先存放在 HttpResponse 对象中的内容将会自动被清除。

任务三 如何使用 response 对象

当客户端向服务器发送一个访问页面时，会提交一个 HTTP 请求，服务器收到该请求后，会向客户端返回一个 HTTP 响应。在任务二中，介绍了服务器使用 request 对象获取客户请求提交的信息，在本任务中将通过完成“JSP 学习论坛”从注册页面跳转到登录页面的案例来介绍内置对象 response 的常用方法。

子任务 1 页面跳转 response.sendRedirect()

案例

用户通过 register.jsp 页面填写注册信息后，提交表单数据到 doRegister.jsp 页面进行处理，如果用户名重复或插入数据库失败时将显示错误页面，注册成功将显示登录页面。在任务二中，显示错误页面时使用了请求转发操作。在本子任务中，假设用户注册成功，使用 response 对象的 sendRedirect()方法跳转到到登录页面 login.jsp。

步骤

步骤 1 打开“jspbbs”项目下“WebRoot”文件夹中的 doRegister.jsp 页面。

步骤 2 修改 doRegister.jsp 页面，删除任务二子任务 2 新添加的代码，并添加如下代码：

```
<%
    ……//保留任务二子任务 1 中的代码
    ……//删除任务二子任务 2 中的代码
    response.sendRedirect("login.jsp"); 【1】
    return;                             【2】
%>
```

代码详解

【1】使用response对象的sendRedirect()方法跳转到到登录页面login.jsp。

【2】返回语句，如果后面有其他代码将不会执行。

步骤 3 保存 doRegister.jsp，启动 Tomcat，在浏览器中访问注册页面 register.jsp，如图 4-1 所示。输入用户名和密码后单击“注册”按钮提交请求，会出现如图 4-4 所示的登录页面，而不会再出现错误页面 error.jsp，表明页面跳转成功。

子任务 2 使用 Cookie

案例

完成使用 Cookie 记录用户在 login.jsp 页面中输入的登录信息（用户名）。

在本子任务中将创建 doLogin.jsp，用来处理用户的登录请求。在该页面中，首先判断用户是否已经登录（在任务四中实现），如果没有登录就检查用户输入的用户名和密码是否正确（在模块六中实现），如果正确，则通过写入 Cookie 的方式记录本次登录的用户名并跳转到主页 index.jsp；如果用户已经登录或者用户名或密码错误，就跳转到错误页面。

在本子任务中假设用户没有登录而且用户输入的用户名和密码完全正确，将通过写入 Cookie 的方式记录本次登录的用户名，用户下次打开登录页面 login.jsp 时，会自动填写上次登录的用户名，只需输入密码即可。

步骤

步骤 1　打开“jspbbs”项目，在“WebRoot”中新建一个名为 doLogin.jsp 的 jsp 页面，用以处理用户登录请求，代码如下所示。

```
<%@ page language="java" pageEncoding="GBK" import="java.util.*"%>
<%
    request.setCharacterEncoding("GBK");
    String userName = request.getParameter("userName");  【1】
    String password = request.getParameter("password");  【2】
    Cookie cookie=new Cookie("userName", userName);       【3】
    cookie.setMaxAge(300);                                【4】
    response.addCookie(cookie);                           【5】
%>
```

代码详解

【1】获取请求中的用户名，并赋值给字符串变量userName。

【2】获取请求中的密码，并赋值给字符串变量password。

【3】创建Cookie对象，保存请求的用户名。

【4】设置Cookie保存时间为300s，即5min。

【5】发送Cookie到客户端

步骤 2　打开 login.jsp，在<html>标签之前插入以下代码。

```
<%@ page language="java" pageEncoding="GBK" import="java.util.*"%>
<%
request.setCharacterEncoding("GBK");
String userName = "";                                  【1】
Cookie cookie = null;                                  【2】
Cookie[] cookies = request.getCookies();               【3】
if(cookies != null)                                    【4】
{
    for(int i=0;i<cookies.length;i++)                  【5】
```

```
    {
        cookie = cookies[i];                                    【6】
        if(cookie.getName().equals("userName"))                 【7】
        {
            userName = cookie.getValue();                       【8】
            break;                                              【9】
        }
    }
}
%>
<html>
    <!-- 与任务二子任务 3 中代码一样 -->
    <td><INPUT type="text" name="userName" value=<%=userName%>></td>    【10】
    <!-- 与任务二子任务 3 中代码一样 -->
</html>
```

代码详解

【1】定义符串变量userName，保存从Cookie中获取的用户名。

【2】定义Cookie对象，循环遍历Cookie对象数组时保存每一个Cookie对象。

【3】从客户端返回Cookie对象数组。

【4】如果Cookie对象数组存在，就遍历该数组。

【5】循环遍历Cookie对象数组。

【6】获取每一个Cookie对象。

【7】查找名称为userName的Cookie对象。

【8】如果存在名称为userName的Cookie对象，就用变量userName保存该Cookie对象的值，该值就是用户上次登录的用户名。

【9】退出循环，不再遍历Cookie对象数组。

【10】用JSP表达式把上次登录的用户名输出在用户名文本框中，如果不存在就输出空串。

步骤 3 保存 doLogin.jsp 和 login.jsp，启动 Tomcat，在浏览器中访问登录页面 login.jsp，如图 4-5 所示。输入一个用户名和密码后单击“登录”按钮，页面将显示空白内容，因为 doLogin.jsp 页面处理请求后没有输出任何内容，也没有进行重定向和转发请求操作，所以页面显示空白。单击“关闭”按钮关闭浏览器。

步骤 4 重新打开浏览器，再次访问登录页面 login.jsp，发现上次登录的用户名已经自动填写了，如图 4-6 所示。

需要注意的是，在本程序中保存用户名的 Cookie 的过期时间是 5min，所以单击“登录”按钮后 5 min 内再次访问登录页面时才会自动填写上次登录的用户名，否则该 Cookie 将会过期，用户名文本框将会是空值。

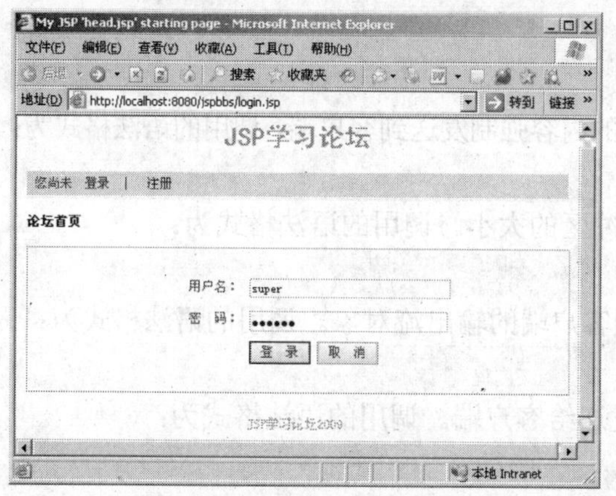

图 4-5 输入用户名和密码

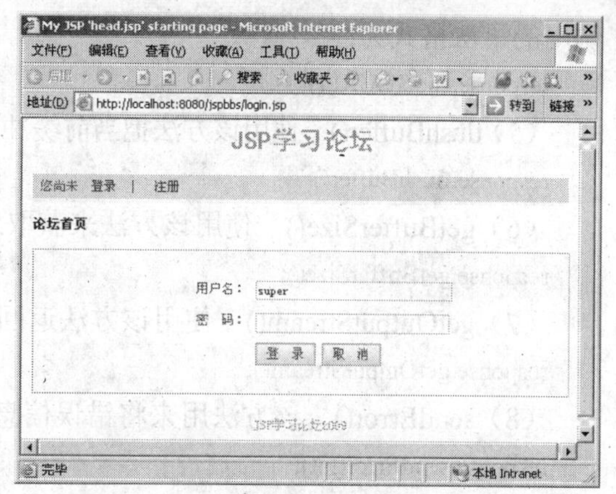

图 4-6 自动填写上次登录的用户名

知识点详解

1. response 对象的方法

在 JSP 中，response 对象是 javax.servlet.http.HttpServletResponse 类的一个对象，或者说，它被包装成 javax.servlet.http.HttpServletResponse 接口。客户端浏览器每访问一次 Web 服务器的页面都会提交一次请求，服务器通过 request 获取请求中用户提交的数据后，使用 response 对象对客户的请求作出响应。该 JSP 响应首先被封装在 javax.servlet.http.HttpServletResponse 接口中，然后被发送到客户端以响应客户的请求。和 request 对象一样，该对象也是由容器生成，并作为 jspService()方法的一个参数由容器传递给 JSP 页面，因为输出流可以是缓冲的，所以可以设置 HTTP 状态码和 response 头。另外，输出的数据可以是各种数据类型，甚至可以是文件。当输出数据为文件时，可以通过 page 指令的 contentType 属性或是 response 的 setContentType()方法来设置，具体见下面的介绍。

response 对象的主要方法有以下几种：

（1）addCookie() 该方法用来添加一个Cookie对象，用以保存客户端的用户信息。其中，Cookie对象的值只能是字符串。调用的语法格式为：

```
response.addCookie(Cookie cookname);
```

参数 cookname 是一个 Cookie 对象的名称。

（2）addHeader() 该方法用来添加HTTP文件头信息。该信息将会被传到客户端。如果在客户端已经存在同名的头信息，则用新信息覆盖已有的信息，如果不存在则添加。调用的语法格式为：

```
response.addHeader(String headername,String headervalue);
```

参数 headername 是头信息的名称，参数 headervalue 则是对应的头信息的值。

（3）containsHeader() 该方法用来判断指定的HTTP头信息是否已经存在，如果存在则返回布尔真值true，否则返回布尔假值false。调用的语法格式为：

```
response.containsHeader(String headername);
```

参数 headername 是指定的头信息的名称。

（4）encodeURL() 该方法使用sessionId来封装URL，如果没有必要封装，则返回原值。

调用的语法格式为：

```
response.encodeURL();
```

（5）flushBuffer() 使用该方法把当前缓冲区的内容强制发送到客户端。调用的语法格式为：

```
response.fiushBuffer();
```

（6）getBufferSize() 使用该方法来获取缓冲区的大小。调用的语法格式为：

```
response.getBufferSize();
```

（7）getOutputStream() 使用该方法返回到客户端的输出流对象。调用的语法格式为：

```
response.getOutputStream();
```

（8）sendError() 该方法用来将错误信息发送给客户端。调用的语法格式为：

```
response.sendError(int);
```

参数 int 是错误信息代码。例如，404 代表请求的页面找不到或是请求的页面无效。

（9）sendRedirect() 使用该方法把响应发送到另一个指定页面进行处理。该方法通常也被称为页面的重定向功能。调用的语法格式为：

```
response.sendRedirect(String location);
```

参数 location 是响应所发送到的指定页面地址。location 可以是一个绝对地址，如 response.sendRedirect("http://java.sun.com")，或者是一个相对地址。如果 location 以“/”开头，则容器认为该路径是相对于当前 Web 应用的根目录路径；否则，容器将解析为相对于当前请求的路径地址。这种重定向的方法，将导致客户端浏览器的请求跳转，即从当前页面跳转到 location 所指定的页面中，而且从浏览器的地址栏中可以看到新的地址。

（10）setContentType() 该方法用来设置响应内容的类型，类型的格式为“MIME类型”或是“MIME类型；charset=编码”。调用的语法格式为：

```
response.setContentType(String contentTypestr);
```

参数 contentTypestr 表示内容类型的字符串，可取值 text/html、text/plain、application/x-msexcel 或 application/msword，具体设置方法如：type="text/html;charset=ISO-8859-1"。

（11）setHeader() 该方法用来设置指定的HTTP文件头信息的值，如果已经存在同名的头信息，则新值会覆盖原来的旧值。调用的语法格式为：

```
response.setHeader(String headername,String headervalue);
```

参数 headername 是头信息的名称，参数 headervalue 是对应于头信息的值。

2．Cookie 概述

Cookie 的本质是一些体积较小的纯文本信息，用来记录用户登录网站的某些信息，如用户的登录名、密码以及对网站的一些操作等。这些信息由服务器端生成，然后发送给客户端浏览器，并被保存到本地硬盘中指定目录下的文本文件之内，当下次用户访问同一个 Web 网站时，浏览器就会自动把 Cookie 信息原样发送给所访问的服务器（前提是浏览器设置为启用 Cookie）。通过让服务器读取它原来保存在客户端的信息，网站能够为同一浏览者提供更友好、方便的服务。例如，在一般性网站上，可以避免用户多次登录时重复输入用户名，或者在安全性要求不高的网站，还可以记录密码，从而简化用户登录手续。再如，在网上购物过程中标志用户身份，用户可能会在一段时间内在同一家网店的不同页面选择不同的商品，通过 Cookie 把这些信息集中保存，以便在最后付款时提交综合信息。

3．Cookie 的发送

（1）创建Cookie　前面提到可以通过调用Cookie对象的构造函数来创建Cookie。构造函数的语法格式为：

```
new Cookie(String cookiename,String cookievalue)
```

其中，参数 cookiename 是新建的 Cookie 对象的名称，参数 cookievalue 是新建的 Cookie 对象的值。

注意

Cookie 对象的名字和值都不能包含空白字符和[ ]、()、=、,、”、/、？、@和:。

（2）Cookie属性的设置和读取　当把所创建的Cookie发送到浏览器时，默认情况下它是一个会话级别的Cookie，即存储在浏览器的内存中，一旦用户退出浏览器，该Cookie就被删除。如果希望浏览器将该Cookie存储在本地硬盘上，为用户以后访问提供便利，则需要使用setMaxAge()属性来设置Cookie的具体过期时间，该时间以秒来计算。与此属性相对应的是getMaxAge()，用来获取所设置的Cookie过期时间。另外，Cookie还有以下一些常用的属性。

getComment()/setComment()：该方法用来获取/设置 Cookie 的注释。

getDomain()/setDomain()：该方法用来获取/设置 Cookie 适用的域。一般情况下，Cookie 只能返回给与发送它的服务器名称完全相同的服务器。但使用 setDomain()方法，可以指示浏览器把 Cookie 返回给同一域内的其他服务器。在这里，域的书写必须以点开始（如.sitename.com、.sitename.edu），非国家类的域必须包含两个点（如.com，.edu，.gov），国家类的域必须包含三个点（如.sitename.com.cn、.sitename.edu.uk）。

getName()/setName()：该方法用来获取/设置 Cookie 的名称。虽然名称和值是用户始终关心的两个部分，但由于 HttpServletRequest 的 getCookie ()方法返回的是一个 Cookie 对象的数组，所以一般需要使用循环来访问该数组查找特定名称，然后再使用 getValue 来检查它的具体值。

getPath()/setPath()：该方法用来获取/设置 Cookie 适用的路径。一般情况下，如果不指定具体的传输路径，Cookie 将返回给当前访问页面所在目录及其子目录下的所有页面。通过使用这两种方法，可以设定其他一些条件。例如，当把 setPath()属性设置为“/”时，即 someCookie.setPath("/")，此时凡是来自同一服务器，且 URL 里有相同路径的所有 Web 页面都可以接收到该 Cookie。

getSecure()/setSecure()：该方法用来获取/设置一个 boolean 值。服务器通过该值来判断 Cookie 是否只能通过加密的连接（即 SSL）发送。注意，该属性的设置只是对 Cookie 与 Web 服务器之间的数据传输过程进行加密，而保存在本地的 Cookie 文件并没有进行加密。如果想加密，需要自己来加密数据。

getValue()/setValue()：该方法用来获取/设置 Cookie 的具体值。

getVersion()/setVersion()：该方法用来获取/设置所遵循的协议版本。Cookie 有两个基本版本：Netscape 规范和 RFC2109，设置属性为 0 表示遵从早期的 Netscape 规范，为 1 时则表示遵从 RFC2109，但这个设置目前尚未得到广泛的支持。

（3）将Cookie加入HTTP头中　在创建好Cookie并进行相应属性设置之后，要发送Cookie还需要使用HttpServletResponse的addCookie()方法，将Cookie插入到一个 Set-Cookie HTTP请

求报头中。语法如下所示：

```
Cookie usercookie=new Cookie(String cookiename,String cookievalue);
response.addCookie(usercookie);
```

由于该方法只是创建了一个新的报头，而没有去修改任何之前指定的 Set-Cookie 报头，因此将这个方法称为 addCookie，而非 setCookie。同时，需要注意的是，响应报头必须在任何文档内容发送到客户端之前进行设置。

4．获取 Cookie 值

在客户端，使用 request 对象的 getCookie()方法来获取 Cookie 值。调用该方法时，返回一个与 HTTP 请求头中的内容相对应的 Cookie 对象数组。客户端得到这个数组之后，通常使用循环方法来访问数组中的各个元素，并使用 getName()方法检查所保存的各个 Cookie 的名称，直至找到目标 Cookie。然后将 getValue()方法作用在该目标 Cookie 上，根据所获得的结果进行其他相应处理。

5．如何使用 Cookie 记录各个用户的访问计数

方法为：

1）获取 Cookie 数组中专门用于统计用户访问次数的 Cookie 的值。

2）将值转换成 int 型。

3）将值加 1，并使用原来的名称重新创建一个 Cookie 对象。

4）重新设置最大时效。

5）将新的 Cookie 输出。

尽管 Cookie 可以为用户带来很多便利，而且占用硬盘空间较小，一般浏览器中最多允许存放 300 个 Cookie，而且每个站点下允许存放 20 个 Cookie，每个 Cookie 的大小限制为 4KB。但是，Cookie 在某种程度上已经严重泄漏了用户的隐私和安全，所以在安全性要求较高的场合下，一般不建议使用 Cookie。

任务四　如何使用 session 对象

HTTP 是一种无状态协议，当一个客户向服务器发出请求，服务器返回响应（response）之后，客户端与服务器端的连接就会自动关闭，并且在服务器端也不保留任何与连接有关的信息。因此，当下一次连接建立时，服务器就无法判断该连接与以前的连接是否属于同一客户的请求。为了解决这个问题，在实际中通常使用会话来记录有关连接的信息。

客户端与服务器端之间的一次会话是指从一个客户打开浏览器建立与服务器的连接开始，到这个客户关闭浏览器离开这个服务器结束的时间内所进行的一系列操作。在这个会话过程中，通过 session 对象来保存每个用户的信息，从而实现对不同用户操作状态的跟踪。

在本任务中完成使用 session 对象进行会话跟踪。

案例

在 doLogin.jsp 页面中，用户提交登录请求后，首先判断在内置对象 session 中有没有用户登录信息，如果在 session 中没有用户登录信息，则表示用户还没有登录，将继续完成登录操作，登录成功后把用户登录信息（登录用户对象）存储到内置对象 session 中；如果在 session 中已经有用户登录信息，则表示用户已经登录，不需要重新登录，并转发到错误页面 error.jsp。

修改 head.jsp 页面中的代码，判断用户是否登录，如果用户已经登录则显示用户名以及角色，并提供“修改信息”与“登录”链接，如果是管理员角色，还提供“频道管理”和“用户管理”两个管理论坛的链接；如果用户没有登录，则显示“尚未登录”，并提供“登录”与“注册”链接。

在本案例中，假设某个管理员登录论坛（直接在 doLogin.jsp 页面中设置用户角色），把该用户对象存储到 session 中，在 head.jsp 页面中显示该用户的用户名和角色。通过链接后台数据库判断用户登录的功能将在模块六中实现。

步骤

步骤 1 打开“jspbbs”项目下的“WebRoot”文件夹里的 doLogin.jsp 页面，修改代码如下：

```
<%@ page language="java" pageEncoding="GBK" import="java.util.*,com.bbs.entity.*"%>
<%
    request.setCharacterEncoding("GBK");
    String userName = request.getParameter("userName");                    【1】
    String password = request.getParameter("password");
    User user = (User)session.getAttribute("loginUser");                   【2】
    String msg = "";
    if(user==null) {
        user = new User();                                                 【3】
        user.setUserName(userName);
        user.setPassword(password);
        user.setRole(1);                                                   【4】
         session.setAttribute("loginUser", user);                          【5】
         //Cookie 处理代码，与任务三子任务 2 一样
        return;                                                            【6】
    } else {
         msg = "重复登录";                                                  【7】
    }
    String forward="/error.jsp?msg="+msg;
    request.getRequestDispatcher(forward).forward(request,response);       【8】
%>
```

代码详解

【1】从request中获取用户名和密码。

【2】从session中取得登录用户对象loginUser，赋给变量user。

【3】如果在session中没有登录用户对象loginUser(user==null)，则创建当前登录用户对象

user，并设置它的用户名和密码。

【4】直接设置用户的角色为管理员（role=1：管理员，role=2：版主，role=3：普通用户）。

【5】把当前登录用户对象user以名字为loginUser的方式保存到session中。

【6】返回，后面的代码不会执行。

【7】如果在session中已经有登录用户对象loginUser，则要转发到错误页面，在此设置错误消息msg。

【8】转发到错误页面error.jsp。

步骤2 打开head.jsp页面，修改代码如下：

```
<%@ page language="java" import="java.util.*" pageEncoding="GBK"%>
<%@ page import="com.bbs.entity.*" %>
<!--  省略部分代码，此处代码与任务二子任务3一样  -->
<body>
    <DIV>
        <h2 align="center">JSP 学习论坛</h2>
    </DIV>
<!--        用户信息、登录、注册            -->
<%
if(session.getAttribute("loginUser") == null){                                【1】
%>
        您尚未<a href="login.jsp">登录</a>
         |   <A href="register.jsp">注册</A>
<%
} else {
    User loginUser = (User)session.getAttribute("loginUser");                  【2】
%>
    您好：<%=loginUser.getUserName() %>                                        【3】
    [<%=loginUser.getRole()==3?"普通用户":loginUser.getRole()==2?"版主":"管理员" %>] 【4】
    <a href="updateUser.jsp">修改信息</a>  |                    【5】
    <A href="doLogout.jsp">登出</A>                                           【6】
<%
    if(loginUser.getRole()==1){                                                【7】
%>
         |  <A href="channelList.jsp">频道管理</A>
         |  <A href="userList.jsp">用户管理</A>
<%
    }
}
%>
</body>
</html>
```

代码详解

【1】判断在session中有没有登录用户对象loginUser，如果没有则显示“尚未登录”，并提供“登录”与“注册”链接。

【2】如果在session中已有登录用户对象loginUser，则取出该对象赋给局部变量loginUser。

【3】显示登录用户的用户名。

【4】用JSP表达式输出登录用户的角色（通过条件表达式？判断用户角色）。

【5】“修改信息”链接，updateUser.jsp页面在本模块的实训任务中实现。

【6】“登出”链接，doLogout.jsp页面将在任务五中实现。

【7】如果登录用户的角色是管理员，还要提供“频道管理”和“用户管理”链接，这两个管理页面将在模块六中实现。

步骤 3 保存修改后的 doLogin.jsp 和 head.jsp，启动 Tomcat。打开登录页面 login.jsp，输入用户名和密码，效果如图 4-5 所示。

步骤 4 单击“登录”按钮，提交请求到 doLogin.jsp 页面，该页面依然显示空白。返回到 login.jsp 页面，按“F5”键刷新页面，效果如图 4-7 所示。此时的登录页面已发生变化，刚才登录的用户名和角色已显示在页面上方，并有“修改信息”、“登出”、“频道管理”、“用户管理”等链接，用户名文本框中显示上次登录的用户名。

步骤 5 再一次输入用户名和密码，单击“登录”按钮，将转发到错误页面，因为用户已经登录，不能重复登录，效果如图 4-8 所示。

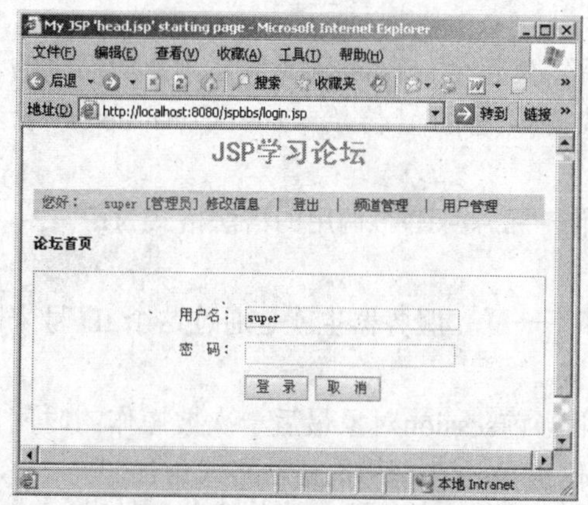

图 4-7 登录后刷新登录页面

图 4-8 重复登录

知识点详解

在 JSP 中，session 是类 javax.servlet.http.HttpSession 的一个对象，即它被封装成了 javax.servlet.http.HttpSession 接口。在客户端与服务器端会话的过程中，通过使用 session 对象保存每个用户会话期间的一些操作信息，可以大大便利会话处理工作。例如，当使用 session 变量记录用户登录网站的用户名时，就不必在此次会话过程中访问其他页面时重复输入名字了。其中，session 信息保存在服务器端，而 session 的 ID 则保存在客户端的 Cookie 中。在许多服务器上，如果浏览器支持 Cookie，就直接使用 Cookie；但如果浏览器不支持或是禁止了 Cookie，就自动转化为包含客户端信息的 URL。

session 对象的方法主要有以下几种。

（1）getAttribute() 该方法用来获取指定名称的session对象。调用的语法格式为：

```
session.getAttribute(String name);
```

参数 name 是指定的 session 对象的名称。该方法返回的是一个 Object 对象，任何对象都可以加入到 session 中，只是需要使用强制转换的方法把得到的对象转换成此对象原来的类型。在 JSP1.0 中，该方法是 session.getValue(String name)。

（2）getAttributeNames() 该方法用来返回一个枚举类型的对象。使用该枚举对象的nextElements()方法可以遍历session对象中所含有的全部数据对象，其结果为每一个对象属性的列表。调用的语法格式为：

```
session.getAttributeNames();
```

（3）setAttribute() 该方法用来设置指定session对象中的数据对象的value值，并将之存储在session对象中。调用的语法格式为：

```
session.setAttribute(String name,object value);
```

第一个参数 name 是要设置其值的 session 对象中的数据对象的名称，第二个参数 value 是为该对象设置的具体值。设置值时，如果指定的数据对象已经存在，则用新值代替旧值，如果不存在，就新加入该对象。

（4）getCreationTime() 该方法用来获取session对象被创建的时间，返回的是一个long类型的值，最小单位为ms（即千分之一秒）。调用的语法格式为：

```
session.getCreationTime();
```

实际上，该方法返回的是从 1970 年 7 月 1 日午夜起至 session 对象创建为止所间隔的毫秒数。为得到一个有用的打印输出值，可以将该返回值传给 Date Constructor 或者 GregorianCalendar 的 setTimeInMillis ()方法。

（5）getId() 该方法用来获取session对象的唯一标志号ID。调用的语法格式为：

```
session.getId();
```

我们知道，会话时每个客户的 sessionID 号都不一样，服务器也就是通过这个 ID 号来区分判断两个时间段的连接是否属于同一用户的连接。

（6）getLastAccessedTime() 该方法用来获取当前session对象最后一次被操作的时间，即客户端最近一次向服务器发送请求的时间，单位也是ms。调用的语法格式为：

```
session.getLastAccessedTime();
```

此方法返回的也是从 1970 年 7 月 1 日午夜起至 session 对象创建为止所间隔的毫秒数。

（7）setMaxInactiveInterval() 该方法用来设置session对象的有效期或生存时间，单位为s，无返回值。调用的语法格式为：

```
session.setMaxInactiveInterval(int timecount);
```

参数 timecount 是所设置的具体生存时间。

（8）getMaxInactiveInterval() 该方法用来获取 session 对象的有效生存期。它与setMaxInactiveInterval()方法相对应，所以返回的是一个int型的值，单位是s。当返回负值时，表示该session对象永远起作用。调用的语法格式为：

```
session.getMaxInactiveInterval();
```

（9）removeAttribute() 该方法用来从session对象中删除指定名称的session数据对象。调用的语法格式为：

```
session.removeAttribute(String name);
```

参数 name 是所指定的 session 对象的名称，该方法无返回值。

（10）invalidate() 该方法用来销毁一个session对象，并且使得和它绑定的所有对象都失效。调用的语法格式为：

```
session.invalidate();
```

（11）isNew() 该方法用来判断一个session是否由服务器产生，但是客户端并没有使用。也就是说，它用来判断一个客户是否为新用户。调用的语法格式为：

```
session.isNew();
```

调用该方法将返回一个逻辑真假值，当返回逻辑真（true）时，表示用户是一个新的用户。

Session 对象与客户端的会话紧密联系在一起，它由容器自动创建。下面来看子任务 2 中的 session 对象使用案例。

信息卡

Cookie 与 session 的不同

1）session 是一种服务器端的机制，它把信息保存在服务器端，一般在客户端只将 sessionID 存放在 Cookie 中，所以客户端无法知道 session 中的详细信息，并且当用户会话结束后 session 就会自动关闭；而 Cookie 则保存在客户端，它可以长期保存，程序员可以使用 Cookie 的相应方法设置 Cookie 的保存期限，同时服务器也能够知道保存在 Cookie 中的信息。

2）通过前面任务三和任务四的学习，可以知道 session 中保存的是数据对象的值，Cookie 中保存的是某个字符串。

3）session 对象是不能区分路径的，当同一个用户在访问一个网站期间，在网站的任何一个地方都可以访问到所有的 session 对象；而如果在 Cookie 中设置了路径参数，那么在同一个网站中不同路径下的 Cookie 互相之间是访问不到的。

4）在默认情况下，session 需要借助 Cookie 才能正常工作，但如果浏览器在客户端完全禁止使用 Cookie，session 对象就会失效。此时必须有其他的机制仍然能够把 session ID 传递回服务器。经常采用的一种技术叫做 URL 重写，即把 session ID 附加在 URL 路径的后面。这里有两种附加方式，其一是作为 URL 路径的附加信息；其二是作为查询字符串附加在 URL 后面。另一种技术是使用表单隐藏字段，即服务器会自动修改表单，添加一个隐藏字段，以便在表单提交时能够把 session ID 传递回服务器。换句话说，就是 session 对象不需要 Cookie 的支持也可以记录每个访问者的信息，也不像 Cookie 那样会受到浏览器端的设置影响，所以 session 比 Cookie 更安全。

任务五 如何使用 application 对象

与 session 对象不同，对于一个容器而言，所有用户都共同使用一个 application 对象。而且，服务器启动时，application 对象就会自动创建，并一直保持下去，直到服务器关闭，该对象才会自动消失。在本任务中，将完成使用 application 对象统计在线人数。

案例

在 application 中存储统计在线人数的 userCount 对象，用户登录后该对象的值加 1，用户登出后该对象的值减 1，分别由 doLogin.jsp 和 doLogout.jsp 页面来实现，并在 head.jsp 页面中显示在线人数。

步骤

步骤 1 打开“jspbbs”项目下“WebRoot”文件夹里的 doLogin.jsp 页面，在 Cookie 处理代码之前插入以下代码：

```
Integer userCount = (Integer)application.getAttribute("userCount");        【1】
if(userCount==null) {                                                      【2】
    application.setAttribute("userCount",new Integer(1));                  【3】
}else{
    application.setAttribute("userCount",new Integer(userCount+1));        【4】
}
```

代码详解

【1】从application对象中获取存储登录用户数（在线人数）的对象userCount，并赋给变量userCount。

【2】判断userCount对象是否存在，userCount==null表示该对象不存在，表明之前还没有一个用户登录，当前登录用户是论坛的第一个用户。

【3】把整数1赋给application数据对象userCount，即记录当前在线人数为1。

【4】如果在application中存在userCount对象，表明之前已有其他用户登录过系统（此时在线人数可以是0，即此前登录的所有用户都已登出或者用户的会话都已过期，当前用户登录后在线人数应为1），则userCount的值加1。

步骤 2 打开 head.jsp 页面，修改代码如下：

```
<%@ page language="java" import="java.util.*" pageEncoding="GBK"%>
<%@ page import="com.bbs.entity.*" %>
<!--  省略代码，此处代码与任务四一样  -->
         |  <A href="userList.jsp">用户管理</A>
<%
    Integer userCount=(Integer)application.getAttribute("userCount"); 【1】
    }
}
%>
在线人数：<%= userCount %>                                          【2】
</body>
</html>
```

代码详解

【1】从application获取登录用户数。

【2】显示当前在线人数。

步骤 3 在“WebRoot”中新建一个名为 doLogout.jsp 的 jsp 页面，用来处理用户登出请求。代码如下所示：

```
<%@ page language="java" pageEncoding="GBK"%>
<%
if( session.getAttribute("loginUser") != null ) {                     【1】
    session.removeAttribute("loginUser");                             【2】
    Integer userCount=(Integer)application.getAttribute("userCount");  【3】
    application.setAttribute("userCount",new Integer(userCount-1));    【4】
}
%>
```

代码详解

【1】从session中获取当前登录用户对象loginUser，并判断loginUser是否存在，如果存在则从session中删除loginUser对象的同时在线人数减1。

【2】从session中删除loginUser对象。

【3】从application中获取登录用户数，并赋给变量userCount。

【4】当前在线人数减1后重新存储到application的userCount对象中。

步骤 4 保存 doLogin.jsp、head.jsp 和 doLogout.jsp，启动 Tomcat。打开登录页面 login.jsp，输入用户名和密码，单击“登录”按钮，再返回到登录页面并刷新，效果如图 4-9 所示。此时显示在线人数为 1。

步骤 5 再打开一个浏览器窗口，打开登录页面，登录后还是返回到登录页面并刷新，效果如图 4-10 所示。第二个用户登录后显示在线人数为 2。

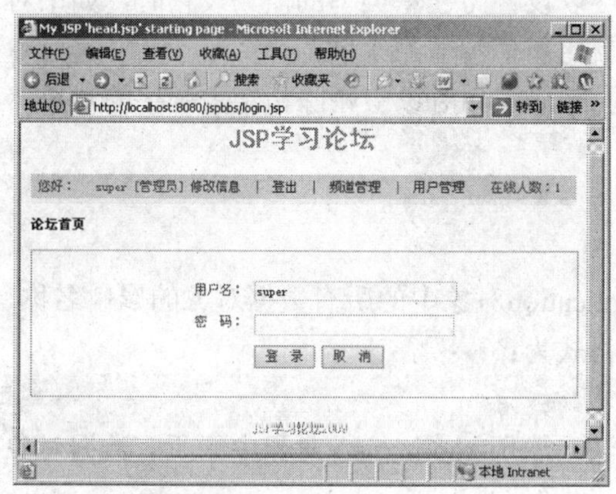

图 4-9 第一个用户登录

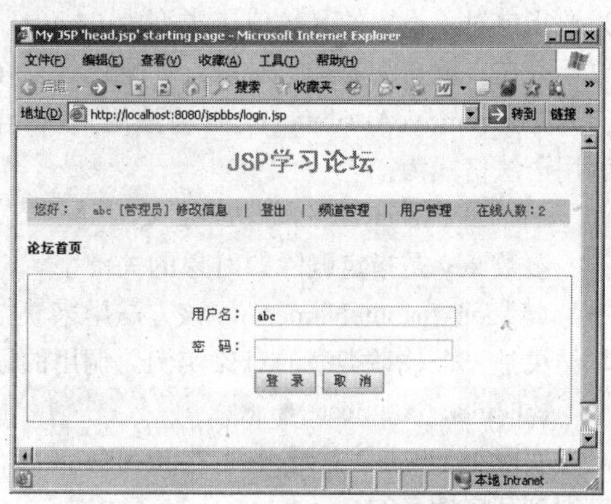

图 4-10 第二个用户登录

步骤 6 在第二个浏览器窗口中单击“登出”链接，即第二个用户登出论坛，再返回到登录页面并刷新，效果如图 4-11 所示。用户登出论坛后页面上方会显示用户没有登录论坛。

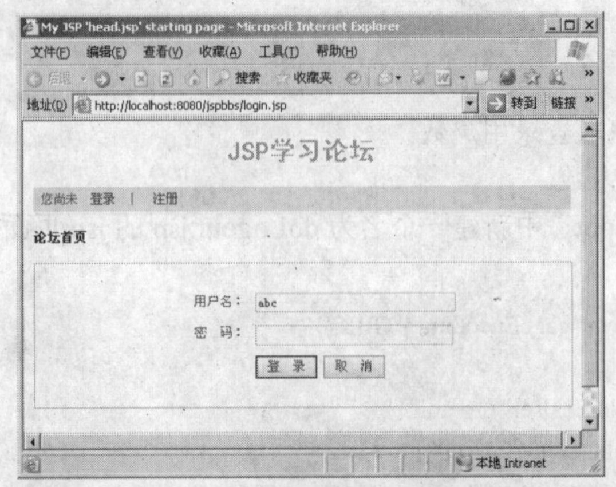

图 4-11　第二个用户登出论坛

步骤 7　在第一个浏览器窗口中再次刷新登录页面，发现在线人数又变回 1，效果如图 4-9 所示。

知识点详解

application 对象用来为多个应用程序或者是多个用户保存共享数据信息。Application 对象的主要方法有以下几种：

（1）getAttribute()　该方法用来获得指定名称的application对象中的数据对象的属性值。调用的语法格式为：

```
application.getAttribute(String name);
```

参数 name 是指定的 application 对象中的数据对象的名称。

（2）setAttribute()　该方法用来设置指定名称的application对象中的数据对象的属性值。调用的语法格式为：

```
application.setAttribute(string name,Object object);
```

第一个参数 name 是指定的 application 对象中的数据对象的名称，第二个参数 object 是为该指定对象设置的具体值，类型为 Object，即可以设置为任意类型的值。设置时，如果对象不存在，就自动添加该对象；如果已经存在，就用新值覆盖原来的值。

（3）removeAttribute()　该方法用来从当前的application对象中删除指定关键字的对象。调用语法格式为：

```
application.removeAttribute(String key);
```

参数 key 是指定删除的对象的关键字。

（4）getAttributeNames()　该方法用来获得application对象中的所有数据对象的属性名称，其结果是一个枚举类型的对象实例。调用的语法格式为：

```
application.getAttributeNames();
```

实际上，该方法是通过调用 nextElements()方法来遍历 application 对象中的所有数据对象来得到其属性名的。

（5）getInitParameter()　该方法用来获得指定名称的application对象中的数据对象的初始值。调用的语法格式为：

```
application.getInitParameter(String name);
```

参数 name 是所指定的 application 对象中的数据对象的名称。

（6）getServletInfo() 该方法用来获得servlet编译器的当前版本信息。调用的语法格式为：

```
application.getServletInfo();
```

信息卡

pageContext 对象、page 对象、config 对象和 exception 对象

1．pageContext 对象

pageContext 对象被封装成 javax.servlet.jsp.pageContext 接口，用来为 JSP 页面包装页面的上下文信息。换句话说，在 pageContext 对象里存储着与本 JSP 页面相关的各种信息（如属性、内置对象等），使用它可以管理对属于 JSP 中特殊可见部分中已命名对象的访问，即使用 pageContext 对象的方法可以访问除它本身以外的 8 个 JSP 内部对象，还可以直接访问绑定在 application 对象、page 对象、request 对象、session 对象上的 Java 对象。可以说，pageContext 对象相当于 JSP 程序中所有对象功能的集成者。

pageContext 对象的创建和初始化对 JSP 程序员通常是透明的，它们由容器来完成。在 JSP 页面中，程序员可以获取到用来代表 pageContext 对象的句柄，从而可以使用 pageContext 对象的各种 API 来实现网站相应功能。pageContext 对象的 getXxx()、setXxx()和 findXxx()方法可以用来根据不同的对象范围实现对这些对象的管理。

pageContext 对象的主要方法有：

（1）getAttribute() 该方法用来检索一个特定的已经命名的共享范围内某个指定名字的对象的属性值。另外，该方法也可以直接获取和 application 对象、page 对象、session 对象、request 对象相互绑定的参数或者 Java 对象的值。调用的语法格式为：

```
pageContext.getAttribute(String name[,int scope]);
```

其中，第一个参数 name 是指定对象的名称，第二个参数 scope 可取 pageContext.REQUEST_SCOPE、pageContext.APPLICATION_SCOPE、pageContext.SESSION_SCOPE 和 pageContext.PAGE_SCOPE 4 个不同的值。当 scope 参数的值为 pageContext.REQUEST_SCOPE 时，getAtttribute()方法就是在当前的 request 对象内部来查找有没有绑定一个名为 name 的 Java 对象，如果有，就返回这个对象，否则返回 null 值；当 scope 参数的值是 pageContext.APPLICATION_SCOPE 时，getAtttribute()方法就是在当前的 application 对象内部来查找有没有绑定一个名为 name 的 Java 对象。Scope 参数取其他两个值时，getAtttribute()方法的原理也是一样的。同时，scope 参数是可选参数。

（2）getAttributeScope() 使用该方法可以获得特定的参数或者 Java 对象与哪一个 JSP 对象绑定在一起。调用的语法格式为：

```
pageContext.getAttributeScope(String name);
```

其中，参数 name 是指定对象的名称。该方法的返回值是一个整型常数，可以返回 pageContext.PAGE_SCOPE、pageContext.REQUEST_SCOPE、pageContext.SESSION_SCOPE 和 pageContext.APPLICATION_SCOPE 4 种可能值。如果返回值是 pageContext. PAGE_SCOPE，则表明这个 Java 对象和 PAGE_SCOPE 对象绑定在一起。其他返回值原理一样。

（3）getAttributeNameInScope() 该方法用来检索某个特定范围内所有属性名称的集合，即返回特定 JSP 对象内部绑定了哪些参数或者 Java 对象。调用的语法格式为：

```
pageContext.getAttributeNameInScope(int scope);
```

其中，参数 scope 指定了该方法的作用范围。这个方法的返回值是一个枚举对象。

（4）getOut()　使用该方法返回一个 javax.servlet.jsp.JspWriter 类的当前实例对象，即 out 对象，并允许往客户端写入输入流。调用的语法格式为：

pageContext.getOut();

（5）getRequest()　使用该方法返回一个 javax.servlet.ServletRequest 类的当前实例对象，即 request 对象，主要用来获取客户端的信息。调用的语法格式为：

pageContext.getRequest();

（6）getResponse()　使用该方法返回一个 javax.servlet.ServletResponse 类的当前实例对象，即 response 对象，主要用来控制 HTTP 链接。调用的语法格式为：

pageContext.getResponse();

（7）getSession()　使用该方法返回一个 HttpSession 接口的实例对象，即 session 对象，可以用来保存不同用户的信息。调用的语法格式为：

pageContext.getSession();

（8）getPage()　使用该方法返回一个 java.lang.Object 对象，即 page 对象。调用的语法格式为：

pageContext.getPage();

（9）getException()　使用该方法返回当前的 exception 对象。调用的语法格式为：

pageContext.getException();

（10）getServletConfig()　使用该方法返回当前页面的 config 对象，用来获取 JSP/Servlet 程序的初始参数。调用的语法格式为：

pageContext.getServletConfig();

（11）getServletContext()　使用该方法返回当前页面的 ServletContext 对象，所有的 JSP 页面都可以共享该返回对象。调用的语法格式为：

pageContext.getServletContext();

（12）setAttribute()　该方法用来设置默认页面范围或指定共享范围之内的已命名对象的属性值 value。该方法是一个多态的方法，调用的语法格式如下：

pageContext.setAttribute(String name,Object value[,int scope]);

其中，第一个参数 name 为指定对象的名称，第二个参数 value 是为 name 对象设置的属性值，第三个参数 scope 是可选参数，用来指定某个共享范围。指定 scope 参数的值用来将参数 name 或者 Java 对象绑定到 application 对象、session 对象、request 对象或者 page 对象之上。这里 scope 的取值和在 pageContext.getAttribute(String name[,int scope]) 方法中的 scope 参数的取值一样。当 scope 参数的值为 pageContext.SESSION_SCOPE 时，调用 PageContext.setAttribute()方法和调用 session.putValue()方法是等效的，两者都是将某个参数或者 Java 对象和当前的 session 绑定起来；当 scope 参数的值为 pageContext.APPLICATION_SCOPE 时，调用 PageContex.setAttribute()方法和调用 application.setAttribute()方法是等效的。此外，scope 取其他两个值，原理也是一样的，这里就不再一一介绍了。

（13）findAttribute()　使用该方法用来实现按照页面、请求、会话和应用程序共享范围的顺序实现对某个已经命名属性的搜索。或者说，调用该方法将在 application 对象、session 对象、request 对象、page 对象内部查找是否有某个参数或者 Java 对象与这些对象绑定了。搜索顺序按照范围大小顺序，先是 page 对象，其次是 request 对象、session 对象，最后是 application 对象，方法的返回值是第一个符合要求的 Java 对象的值。调用的语法格式为：

pageContext.findAttribute(String name);

其中，参数 name 是指定属性的名称。

（14）forward() 使用该方法可以实现页面的重定向功能，即将页面重定向到另一个页面或者 Servlet 组件上，类似于 response.sendRedirect()方法。调用的语法格式为：

pageContext.forward();

（15）removeAttribute() 使用该方法用来删除默认页面范围或特定范围内指定名称的对象的属性，或者可以直接解除 application 对象、session 对象、request 对象、page 对象和某个特定的参数或者是和 Java 对象的绑定关系。调用的语法格式为：

pageContext.removeAttribute(String name[,int scope]);

其中，第一个参数 name 是指定对象的名称，第二个参数 scope 是可选参数。使用该参数用来指定作用的范围，取值可以是上面提到的 4 种可能值。当 scope 参数的值为 pageContext.PAGE_SCOPE 时，removeAttribute()方法将会使某个参数或者 Java 对象和当前的 page 对象解除绑定关系，scope 参数取其他值时实现功能原理一样。

（16）release() 使用该方法来释放 pageContext 对象所占的资源。调用的语法格式为：

pageContext.release();

（17）include() 使用该方法可以在当前页面中包含进一个外部文件，类似于 JSP 的 include 编译指令和<jsp:include>操作指令。调用的语法格式为：

pageContext.include(String relativeUrlPath);

其中，参数 relativeUrlPath 是要包含到当前页面的那个外部文件的相对存储路径。

2．page 对象

page 对象是 javax.lang.Object 类的一个实例，或者说 page 对象是当前页面转换后的 servlet 类的一个实例。该对象是 JSP 实现类对象的一个句柄，它代表 JSP 本身，即代表编译后的 Servlet 对象，只有在 JSP 页面范围之内该对象才是合法的。当使用 Java 作为脚本语言时，可以使用 this 来引用 page 对象，此时的 page 对象实际上是对 this 引用的代名词。page 对象和页面指令 page 是不同的。

3．config 对象

config 对象被封装成了 javax.servlet.ServletConfig 接口，它表示 servlet 的配置，主要用来配置处理 JSP 程序的句柄，并且只有在 JSP 页面范围之内才是合法的。config 对象是在一个 servlet 程序初始化时，由 JSP 引擎向它传递消息用的，此消息包括 servlet 程序初始化时所需要的参数及服务器的有关信息。Config 对象的常用方法有：

（1）getServletContext() 使用该方法可以返回一个含有服务器相关信息的 ServletContext 对象，即 application 对象。该对象的相关介绍在任务五中。调用的语法格式为：

config.getServletContext();

（2）getServletName() 使用该方法返回 Servlet 的名字。调用的语法格式为：

config.getServletName();

（3）getInitParameter() 使用该方法返回 Servlet 程序初始化时某个指定参数的值。调用的语法格式为：

config.getInitParameter(String name);

其中，参数 name 是所指定的参数的名称。

（4）getInitParameterNames() 使用该方法返回一个由 Servlet 程序初始化时所需要的所有参数的名称构成的枚举对象。调用的语法格式为：

config.getInitParameterNames();

一般的，config 对象主要用于在 Servlet 的 web.xml 文件中进行指定参数的配置，在页面中则通过调用 config.getInitParameter()方法来获取为 JSP 所配置的参数的 value 值。例如，假设在 web.xml 文件中进行了如下信息的配置：

```
<servlet>
<servlet-name>config</servlet-name>
<jsp-file>/configTest2.jsp</jsp-file>           <!-- 指定将哪个 JSP 页面配置成 Servlet -->
<init-param>
<param-name>name</param-name>                   <!-- 配置名为 name 的参数，值为 yeeku -->
<param-value>yeeku</param-value>
</init-param>
</servlet>
<servlet-mapping>
<!-- 指定将 config Servlet 配置到/config 路径 -->
<servlet-name>config</servlet-name>
<url-pattern>/config</url-pattern>
</servlet-mapping>
```

那么，在 index.jsp 页面中就可以使用 config 对象来获取其中的参数信息。具体代码如下：

```
<%@page contentType="text/html;charset=gb2312"%>
<HTML>
 <HEAD>
      <TITLE>config 对象方法的使用</TITLE>
 </HEAD>
 <BODY>
      <h1><%=config.getInitParameter("uname")%></h1>
 </BODY>
</HTML>
```

通过上面的配置之后，就可以把 index.jsp 页面配置成为 config 的 Servlet，并将该 Servlet 映射到/config 处，此时就能够通过在浏览器中输入 http://localhost:8080/jsp/config 来访问该页面（假设配置文件放在安装路径下的 jsp 文件夹里）。

4．exception 对象

exception 对象是 java.lang.Throwable 类的一个实例。JSP 引擎在执行过程中，可能会抛出各种异常，exception 对象就是用来表示 JSP 引擎在执行代码过程中抛出的各种异常的。exception 对象只能在错误显示页面中使用，即必须在页面中使用 page 指令设定<%page isErrorPage="true"%>后，才可以在本页面中使用 exception 对象。exception 对象的主要方法有：

（1）getMessage() 使用该方法获得错误提示信息。调用的语法格式为：

exception.getMessage();

（2）getLocalizedMessage() 使用该方法获得本地语系的错误提示信息。调用的语法格式为：

exception.getLocalizedMessage();

（3）setStackTrace() 使用该方法来设置对象的 call stack trace 信息和由下面所介绍的 printStrace()方法及其相关方法输出的堆栈跟踪元素，该信息或元素由 getStackTrace()来返回。调用的语法格式为：

exception.setStackTrace(StackTraceElement[] stackTrace) ;

其中，参数 stackTrace 是与 Throwable 相关联的堆栈跟踪元素，或者可以理解为当程序运行出现错误而终止时，在屏幕上可以看到的相关信息。指定的 StackTraceElement[]数组由此调用复制，并且在调用返回后，指定数值中数据的改变不会对当前的 Throwable 堆栈跟踪产生影响。

（4）getStackTrace() 使用该方法获得对象中记录的 call stack trace 信息。调用的语法格式为：

exception.getStackTrace();

（5）printStaceTrace() 使用该方法以标准错误的形式打印 Throwable 及其 call stack trace 信息。调用的语法格式为：

exception.printStaceTrace(PrintWriter s);

其中，参数 s 是用于输出信息的 PrintWriter。

（6）fillInStackTrace() 使用该方法将当前 stack（栈）信息记录到 exception 对象中。调用的语法格式为：

exception.fillInStackTrace();

（7）initCause() 使用该方法可以将另一个异常对象嵌套到当前异常对象之中。调用的语法格式为：

exception.initCause();

（8）getCause() 使用该方法嵌套在当前异常对象中的异常对象。调用的语法格式为：

exception.getCause();

（9）toString() 使用该方法返回一个对异常的描述信息，该信息是字符串形式的。调用的语法格式为：

exception.toString();

学材小结

理论知识

一、选择题

1．下面用来向客户端输出数据信息的对象是（　　）。

A．out　　B．request　　C．response　　D．session

2．out 对象的 close()方法用来（　　）。

A．关闭输入流

B．向客户端输出数据信息

C．清除缓冲区中的数据内容

D．将缓冲区中的数据内容输出显示到客户端

3．Request 对象的 getAttribute ()方法用来（　　）。

A．获取指定名称的属性的值

B．获取 request 对象上的所有属性值

C．获取指定的头名称的所有值

D．获取服务器端的计算机名称

4．request 的 getParmeter()方法用来（　　）。

A．获取指定名称的属性的值

B．获取客户端传送给服务器端的所有参数的名字

C．获取客户端传送给服务器端的指定参数名称的值

D．获取 request 对象上的所有属性值

5．服务器通过（　　）内置对象对客户端的请求作出响应。

A．request　　B．response　　C．session　　D．application

6．在客户端，使用（　　）对象的 getCookie()方法来获取 Cookie 值。

A．request　　B．response　　C．page　　D．cookie

7．response.sendRedirect()方法用来（　　）。

A．设置指定的 HTTP 文件头信息的值

B．把响应发送到另一个指定页面进行处理

C．将错误信息发送给客户端

D．用来设置响应内容的类型

8．session 对象的 getAttribute()方法用来（　　）。

A．获取指定名称的 session 对象

B．设置 session 对象的有效期或生存时间

C．返回一个枚举类型的对象

D．设置指定 session 对象中的数据对象的 value 值

9．与 session 对象不同，对于一个容器而言，所有用户都共同使用一个（　　）对象。

A．application　　B．exception　　C．config　　D．response

10．application 对象的 getAttribute()方法用来（　　）。

A．获得指定名称的 application 对象中的数据对象的属性值

B．设置指定名称的 application 对象中的数据对象的属性值

C．从当前的 application 对象中删除指定关键字的对象

D．获得 application 对象中的所有数据对象的属性名称

二、填空题

1．out 对象的 print()方法和 println()方法是用来____________。

2．out.clear()方法和 out.clearBuffer()方法的区别在于____________。

3．在 JSP 中，内置对象 request 代表请求对象，用来____________。

4．request.getCharacterEcoding()方法用来____________，其中，____________request.setCharacterEncoding("GBK")设置统一字符编码为____________。

5．调用 response 对象的 sendRedirect()方法的语法格式为____________。

6．向客户端写 Cookie 时，首先____________，其次____________，再次____________。

7．session 信息保存在____________，而 session 的 ID 保存在____________的 Cookie 中。

8．____________用来设置指定 session 对象中的数据对象的 value 值。

9．JSP 中，可以使用__________统计在线人数，还可以使用__________记录各个用户的访问计数。

10．pageContext 对象用来__________。

11．调用 application 对象的 setAttribute()方法统计在线人数时的语法格式是__________。

12．config 对象主要用来__________的配置。

13．JSP 引擎在执行过程中，可能会抛出各种异常，__________对象就是用来表示 JSP 引擎在执行代码过程中抛出的各种异常的，并且该对象的使用前提是__________。

实训任务

实训　新建一个 updateUser.jsp 页面，把登录用户对象 loginUser 从 session 中读出来。

【实训目的】掌握session对象的getAttribute()方法的使用。

【实训内容】假设现在用户注册信息已经存入数据库，然后用户通过登录页面登录论坛，单击“修改信息”链接打开updateUser.jsp页面。在该页面中，首先使用session对象的getAttribute()方法读取登录用户对象loginUser，从该对象中获取登录用户的用户名显示在文本框中，同时显示用户角色，此时用户可以输入新的用户名和密码修改信息。

【实训步骤】

步骤 1　打开“jspbbs”项目，在“WebRoot”文件夹中新建一个名为 updateUser.jsp 的 JSP 页面，关键代码如下：

```
<%@ page language="java" pageEncoding="GBK" import="java.util.*,com.bbs.entity.*"%>
<% User loginUser=________________________; %>                                        【1】
<HTML>
<HEAD><TITLE>学习论坛--修改用户信息</TITLE></HEAD>
<BODY>
<%________________________________________; %>                                        【2】
<!--        导航          -->
<DIV>
    <B><a href="index.jsp">论坛首页</a></B>
</DIV>
<!--       修改用户信息表单          -->
<FORM name="form1" action="doUpdateUser.jsp" method="post">
    用户名：<INPUT name="userName" value="<%=__________________%>"><br>                  【3】
    密码：<INPUT type="password" name="password1"><br>
    重复密码：<INPUT type="password" name="password2"><br>
    角色：<%=loginUser.getRole()==3?"普通用户":loginUser.getRole()==2?"版主":"管理员" %><br>【4】
    选择头像：
    <img src="image/head/head01.jpg">
    <input type="radio" name="head" value="head01.jpg" checked="checked">
    <img src="image/head/head02.jpg">
```

```
        <input type="radio" name="head" value="head02.jpg">
        ….<!--      省略其他头像的标签          -->
        <br>
        <INPUT type="submit" value="修改">
        <input type="reset" value="取消">
    </FORM>
    <!--      声明        -->
    <BR>
    <CENTER>JSP 学习论坛 2009</CENTER>
    </BODY>
    </HTML>
```

代码详解

【1】从session中获取当前登录用户对象loginUser。

【2】包含head.jsp页面。

【3】从loginUser对象获取用户名并显示。

【4】从loginUser对象获取用户角色并显示。

步骤 2 保存 updateUser.jsp，启动 Tomcat。用户登录论坛后，单击“修改信息”链接打开 updateUser.jsp 页面，会发现登录用户的用户名已经显示在用户名文本框中，同时也显示了角色，效果如图 4-12 所示。

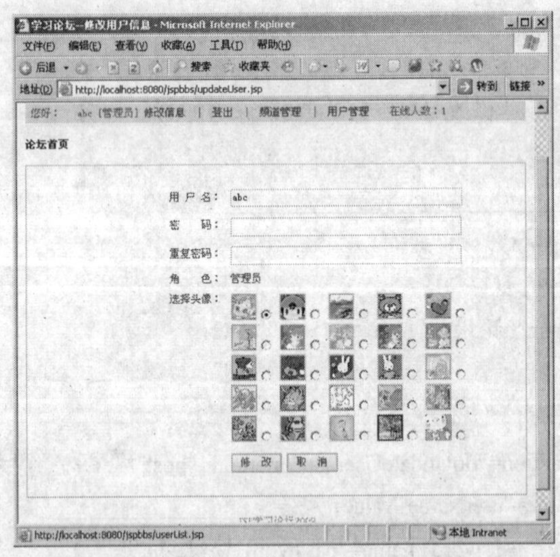

图 4-12 修改用户信息页面 updateUser.jsp

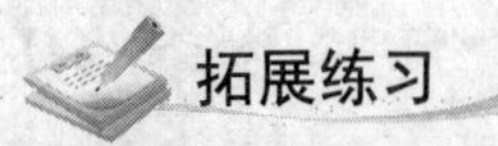

拓展练习

建立 doUpdateUser.jsp，处理用户修改信息，根据新的用户信息修改 session 中登录用户对象 loginUser 的信息。

模块五

JSP与JDBC

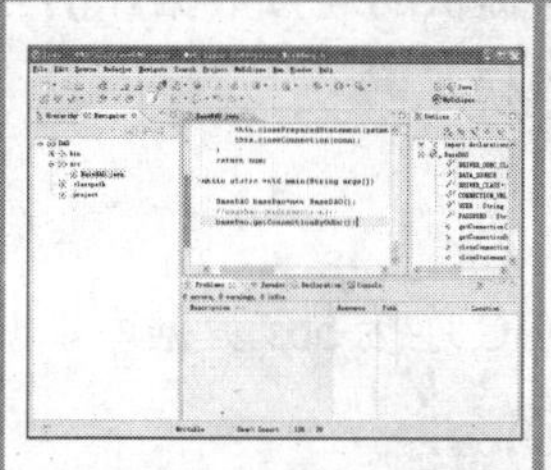
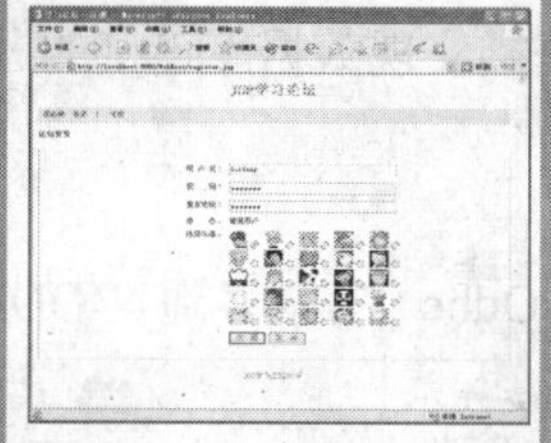
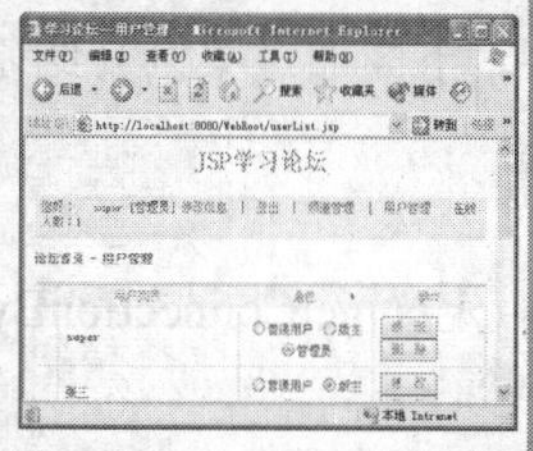
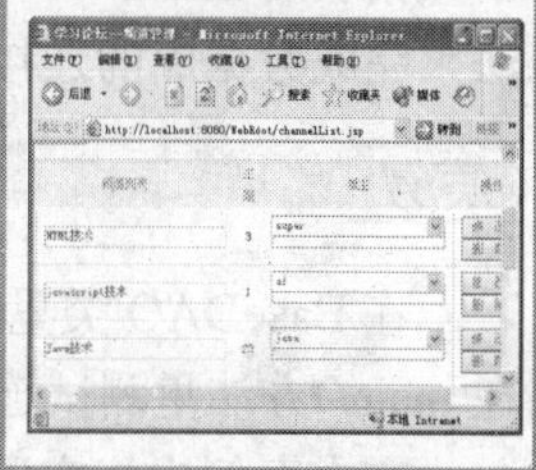

本模块导读

本模块主要介绍如何在 Java 中使用数据库。包括使用 Java 中连接数据库的方法和技术，从数据库中读取数据、删除数据以及对数据库实施其他的各种维护操作的技术。

通过本模块的学习和实训，学生应该掌握在 Java 中连接数据库的各种技术，包括采用 JDBC 纯 Java 的方式连接数据库及采用 ODBC-JDBC 桥的方式连接数据库。另外，还要掌握在 Java 语言中如何访问、管理数据库的实践技能和理论知识。

本模块要点

- 掌握 JSP 中分别采用 JDBC 和 JDBC-ODBC 桥两种方式连接数据库
- 掌握 JSP 中采用 Statement 对象访问数据库技术
- 掌握 JSP 中采用 PreparedStatement 对象访问数据库技术

任务一 JDBC 驱动类型

子任务 1 使用 JDBC-ODBC 桥驱动程序连接 bbs 数据库

本节介绍的内容是连接数据库的方法。在 BBS 中实现数据库连接的类全部包含在 dao 包中，该包包含了连接数据库的基类 BaseDAO 类及由该类派生的 4 个子类：实现频道数据表的 ChannelDAO、实现论坛回复数据表的 ReplayDAO、实现主题数据表的 TopicDAO 及用户数据表的 UserDAO。这 4 个连接数据表的子类分别通过调用基类所提供的连接数据库的方法来完成数据库的连接。下面通过案例介绍基类实现数据库连接的过程。

案例

在 BaseDAO 类里，定义 getConnectionByOdbc ()方法，通过 ODBC 连接 bbs 数据库，并在 main()方法里测试连接。

在本案例中将实现采用 ODBC 驱动的方式实现间接连接数据库。要测试本案例，应先在 SQLServer 数据库中建立 bbs 数据源，并建立用户名为“sa”、登录密码为“123”的用户。

采用 ODBC 连接数据库的步骤如下。

步骤

步骤 1 在 BaseDAO 中定义存放 ODBC 驱动和待连接的数据库常量。在 BaseDAO 类中添加下面代码。

```
public final static String DRIVER_ODBC_CLASS="sun.jdbc.odbc.JdbcOdbcDriver";【1】
public final static String DATA_SOURCE="jdbc:odbc:bbs";                      【2】
```

代码详解

【1】确定使用的数据库驱动是JDBC-ODBC桥。

【2】确定数据源（数据库）是bbs。

步骤 2 在 BaseDAO 类中定义连接数据库的方法 getConnectionByOdbc ()，实现该方法的代码如下：

```
public Connection getConnection() {
    Connection connection = null;
    try {
        Class.forName(DRIVER_CLASS);                                                【1】
        connection = DriverManager.getConnection(CONNECTION_URL, USER, PASSWORD);  【2】
    }catch (ClassNotFoundException e) {                                             【3】
        e.printStackTrace();
    } catch (SQLException e) {
```

```
        e.printStackTrace();
    }catch (Exception e) {
        e.printStackTrace();
    }
    return connection;                                          【4】
}
```

上面方法中的USER和PASSWORD是定义在BaseDAO类中的登录数据库的用户名和用户密码。

代码详解

【1】注册数据库驱动。
【2】建立数据库连接。
【3】当数据库连接失败时，打印连接异常信息。
【4】返回数据库连接。

步骤3　在BaseDAO类中编写main函数测试ODBC连接数据库的正确性。

```
public static void main(String args[]){
    BaseDAO baseDao=new BaseDAO();
    baseDao.getConnectionByOdbc();
}
```

步骤4　启动myeclipes编译运行代码，结果如图5-1所示。

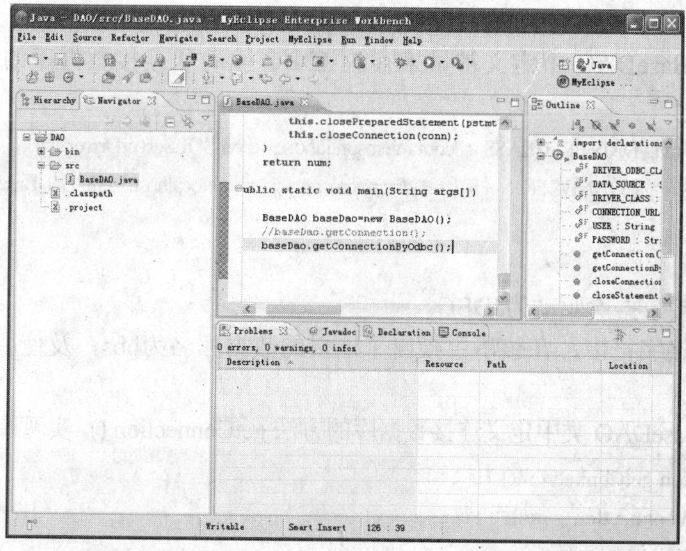

图5-1　getConnectionByOdbc ()方法运行效果

注意

由图5-1可知运行结果是0个错误、0个警告及0个信息，没有任何异常出现，所以数据库连接是成功的。

信息卡

BaseDAO的介绍

BaseDAO 是 bbs 案例用到的其他诸如频道、用户等子类的父类。该类内部封装了两种连接数据库的方式，即 JDBC 方式和 JDBC-ODBC 桥方式。这样其他的子类通过继承该类来实现统一完成连接和断开数据库。

另外，在该类中不但给出了两种连接或断开数据库的方法，同时还封装了对数据库统一操作的 excuteSQL（）方法。excuteSQL（）方法把数据库的各种操作统一起来，这样针对数据库的各项操作，如更新、查询等可以不必区别对待，需要某类操作时直接调用该方法即可。对于该方法的使用后面再详细介绍。

子任务 2　使用 JDBC 驱动程序连接 bbs 数据库

案例

在 BaseDAO 类里定义 getConnection()方法，通过 Java 驱动连接 bbs 数据库，并在 main()方法里测试连接。

在本案例中使用的数据库及登录用户同子任务 1。

具体实现步骤如下。

步骤

步骤 1　在 BaseDAO 中定义常量来存放 JDBC 驱动和连接数据库的连接字符串，代码如下：

```
public final static String DRIVER_CLASS = "com.microsoft.jdbc.sqlserver.SQLServerDriver";                【1】
public final static String CONNECTION_URL = "jdbc:microsoft:sqlserver://localhost:1433; DataBaseName=bbs";【2】
```

代码详解

【1】确定连接数据库驱动为JDBC。

【2】确定连接字符串，在该串中指出了连接的数据库名为bbs，及使用的数据库管理工具是sqlserver。

步骤 2　在 BaseDAO 类中定义连接数据库的方法 getConnection ()，实现该方法的代码如下：

```
public Connection getConnection() {
    Connection connection = null;
    try {
        Class.forName(DRIVER_CLASS);
        connection = DriverManager.getConnection(CONNECTION_URL, USER, PASSWORD);
    }catch (ClassNotFoundException e) {
        e.printStackTrace();
    }catch (SQLException e) {
```

```
        e.printStackTrace();
    } catch (Exception e) {
        e.printStackTrace();
    }
    return connection;
}
```

步骤 3　在 BaseDAO 类中编写 main 函数，测试 JDBC 直接连接数据库的正确性。

```
public static void main(String args[]){
    BaseDAO baseDao=new BaseDAO();
    baseDao.getConnection();
}
```

步骤 4　启动 MyEclipes 编译运行该程序，运行效果如图 5-2 所示。

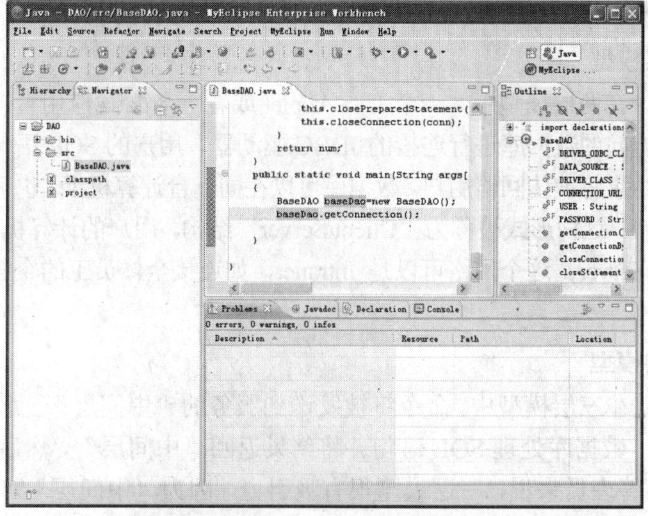

图 5-2　getConnection ()方法运行效果

注意

如果程序运行时没有任何异常出现，说明数据库连接是成功的。

知识点详解

目前使用 JDBC 驱动程序连接数据库的方式共有 4 种：JDBC-OCBC 桥、基于本地 API、JDBC 网络和基于本地协议。

1）JDBC-ODBC 桥利用 ODBC 驱动程序提供 JDBC 访问。这种访问数据库的方式必须将 ODBC 驱动安装到每个访问数据库的客户端上。这种类型的驱动方式最适合于企业网，因为在企业网中安装这类驱动比较方便。

2）基于本地 API 的驱动方式是把客户机 API 上的 JDBC 调用转换为如 Oracle、Sybase、Informix、DB2 或其他 DBMS 的调用。这种驱动方式像 JDBC-ODBC 桥驱动一样，需要把某类驱动安装到每台客户机上。

3）JDBC 网络驱动方式是纯 Java 驱动方式。这种驱动方式将 JDBC 转换为与 DBMS 无关的网络协议，之后这种协议又被某个网络服务器转换为一种 DBMS 协议。这种网络服务器中间件能够将它的纯 Java 客户机连接到多种不同的数据库上，所用的具体协议取决于提供者。通常，这是最为灵活的 JDBC 驱动程序。

4）基于本地协议的驱动方式像 JDBC 驱动方式一样，也属于纯 Java 驱动方式。但和 JDBC 网络驱动方式不同的是，这种类型的驱动程序将 JDBC 调用直接转换为 DBMS 所使用的网络协议，这将允许从客户机上直接调用 DBMS 服务器，是 Intranet 访问的一个很实用的解决方法。但是由于这样的协议都是专用的，所以这类驱动的提供者一般为数据库提供商。

上述 4 种驱动方法中，前两种是间接的 JDBC 驱动方式。在直接的纯 Java 驱动程序没有上市前，它们可作为过渡方案来使用。而后两种方式属于直接的纯 Java 驱动方式，如果可获得这样的驱动程序，这两种驱动方法应该是 JDBC 访问数据库的首选方法。在本节中主要介绍 JDBC 和 JDBC-ODBC 两种连接数据库方法。

JDBC 可通过两层模型或三层模型来分别实现数据库的访问。

1．JDBC 两层模型

如图 5-3 所示，在两层模型中，一个 Java Applet 或者一个 Java 应用直接同数据库连接。这就需要能直接与被访问的数据库进行连接的 JDBC 驱动器。用户的 SQL 语句被传送给数据库，而这些语句执行的结果将被传回给用户。数据库可以在同一台计算机上，也可以从另一台计算机上通过网络进行连接。这种形式被称为“Client/Server”结构，用户的计算机作为 Client，运行数据库的计算机作为 Server；这个网络可以是 Intranet，如连接全体员工的企业内部网，当然也可以是 Internet。

2．JDBC 三层模型

如图 5-4 所示，在三层模型中，命令将被发送到服务的“中间层”，而“中间层”将 SQL 语句发送到数据库。数据库处理 SQL 语句并将结果返回“中间层”，然后“中间层”将它们返回用户。对 MIS 管理员来说，三层模型很有吸引力，因为“中间层”可以进行对访问的控制并协同数据库的更新，另一个优势就是如果有一个“中间层”用户就可以使用一个易用的高层的 API，这个 API 可以由“中间层”进行转换，转换成底层的调用。而且，在许多情况下，三层模型可以提供更好的性能。

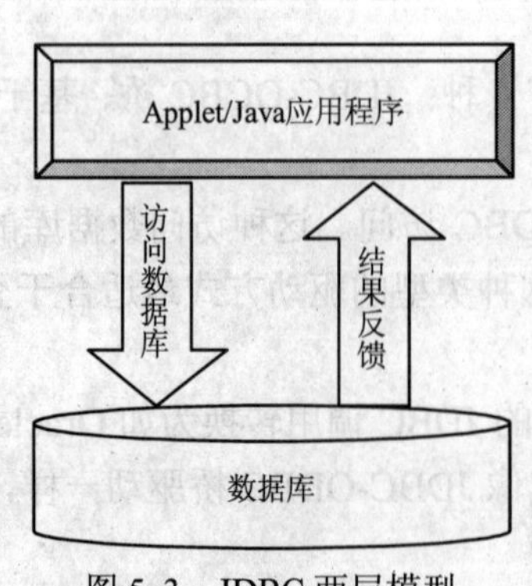

图 5-3　JDBC 两层模型

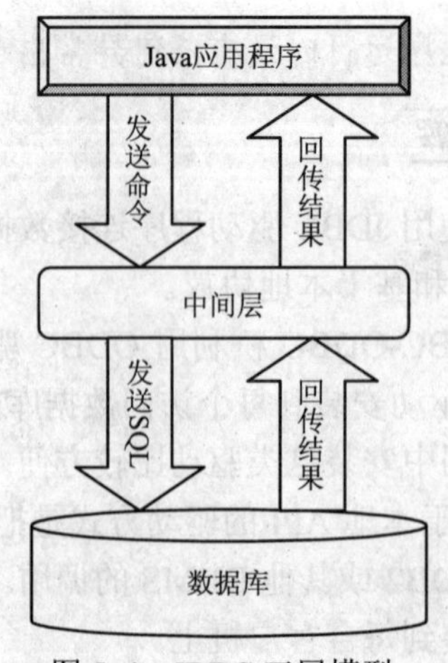

图 5-4　JDBC 三层模型

到目前为止，“中间层”通常还是用C或C++语言来实现，以保证其高性能。但随着优化编译器的引入，将Java的字节码转换成高效的机器码，用Java来实现“中间层”将越来越实际。而JDBC是允许从一个Java“中间层”访问数据库的关键。

任务二　JDBC基本操作

JDBC的基本操作是向数据库发送SQL语句，用于实现对数据库的各种操作。JDBC主要是依赖Statement对象将SQL语句发送到数据库中。在实际的应用中有三种Statement对象，它们都作为在给定连接上执行SQL语句的包容器：Statement、PreparedStatement（它从Statement继承而来）和CallableStatement（它从PreparedStatement继承而来）。它们都专用于发送特定类型的SQL语句：Statement对象用于执行不带参数的简单SQL语句；PreparedStatement对象用于执行带或不带IN参数的预编译SQL语句；CallableStatement对象用于执行对数据库的存储过程的调用。本节主要介绍Statement和PreparedStatement两个常用对象。

子任务1　使用Statement接口

1．创建Statement对象

首先建立到特定数据库的连接，之后就可使用该连接发送SQL语句。Statement对象用Connection的createStatement（）方法创建，如下列代码段所示：

```
Connection con = DriverManager.getConnection(url, "database", "");
Statement stmt = con.createStatement();
```

2．使用Statement对象执行语句

为了把SQL语句发送到数据库，可将待发送的SQL语句作为参数提供给Statement对象执行语句。在Statement对象中提供了三种执行SQL语句的方法：executeQuery、executeUpdate和execute。使用上述哪种方法由SQL语句产生的结果决定。

方法一：executeQuery用于产生单个结果集，如执行SELECT语句，代码如下：

```
ResultSet rs = stmt.executeQuery("select * from database");
```

方法二：executeUpdate可执行SQL语句，用于执行INSERT、UPDATE或DELETE等数据库更新语句，返回值是一个整数，表示被更新的行数。例如，执行插入语句代码如下：

```
int rown = stmt.executeUpdate("Insert item into database");
```

方法三：execute用于执行返回多个结果集、多个更新计数或二者组合的语句。因为多数程序员通常不需要使用该高级功能，所以在此不多介绍。

3．关闭Statement对象

Statement对象将由Java垃圾收集程序自动关闭。而作为一种好的编程风格，应在不需要Statement对象时显式地关闭它们。这将立即释放DBMS资源，有助于避免潜在的内存问题。

案例

建立 UserDAO 类，并采用 Statement 对象完成该类的插入、删除和修改操作。

步骤

步骤 1　定义 UseDAO 类。

```
public class UserDAO extends BaseDAO{
    private Connection connection = null;                 【1】
    private Statement stmt = null;                        【2】
    private ResultSet rs = null;                          【3】
    public int addUser(User user) {}                      【4】
    public int updateUser(User user){}                    【5】
    public int updateUserRole(User user){}                【6】
    public int deleteUser(User user){}                    【7】
    public boolean isChannelMaster(int userId) {} 【8】
}
```

代码详解

【1】保存数据库连接。
【2】使用Statement执行SQL语句。
【3】用户保存查询结果集。
【4】增加用户。
【5】修改用户信息。
【6】修改用户角色。
【7】删除用户。
【8】判断用户是否为某个频道的版主。

步骤 2　采用 Statement 增加用户。

```
public int addUser(User user) {
    int row;
    try{
        connection = this.getConnection();
        stmt = connection.createStatement();
        String time = new SimpleDateFormat("yyyy-MM-dd HH:mm:ss").format(new Date()); 【1】
        String sql= "insert into [user] values("+user.getUserName()+","+
                    user.getPassword()+","+user.getHead()+","+time +","+"3)";
        row = stmt.executeUpdate(sql);                                                 【2】
    }catch (SQLException e) {
        e.printStackTrace();                                                           【3】
    } finally {
```

```
        this.closeStatement(stmt);                         【4】
        this.closeConnection(connection);
    }
    return row;
}
```

代码详解

【1】取得日期时间。

【2】执行sql，并返回影响行数。

【3】处理SQLException异常。

【4】释放资源。

增加新用户程序运行结果如图 5-5 所示。

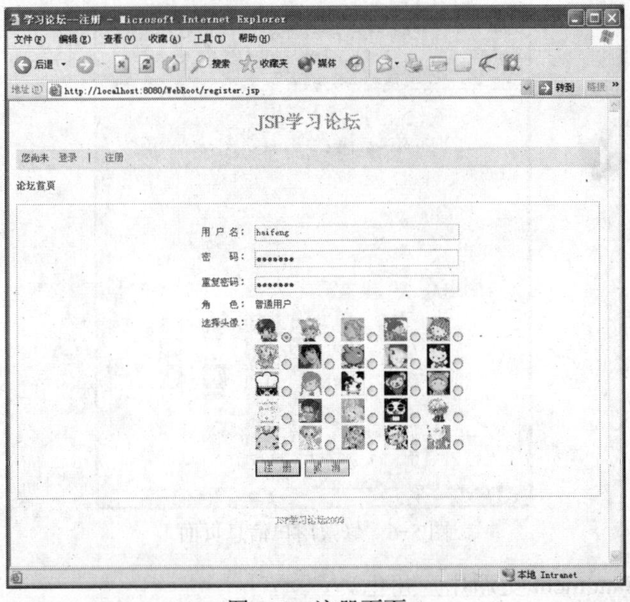

图 5-5 注册页面

步骤 3 采用 Statement 更新用户。

```
public int updateUser(User user){
    int row;
    try{
        connection = this.getConnection();
        stmt = connection.createStatement();
        String sql= "update [user] set userName="+ user.getUserName()+",password="+
                user.getPassword()+",head="+ user.getHead()+ "where userId="+user.getUserId();
        row = stmt.executeUpdate(sql);                    【1】
    }catch (SQLException e) {
        e.printStackTrace();                              【2】
```

```
        } finally {
            this.closeStatement(stmt);                              【3】
            this.closeConnection(connection);
        }
        return row;
    }
```

代码详解

【1】执行sql，并返回影响行数。

【2】处理SQLException异常。

【3】释放资源。

修改用户信息程序运行结果如图 5-6 所示。

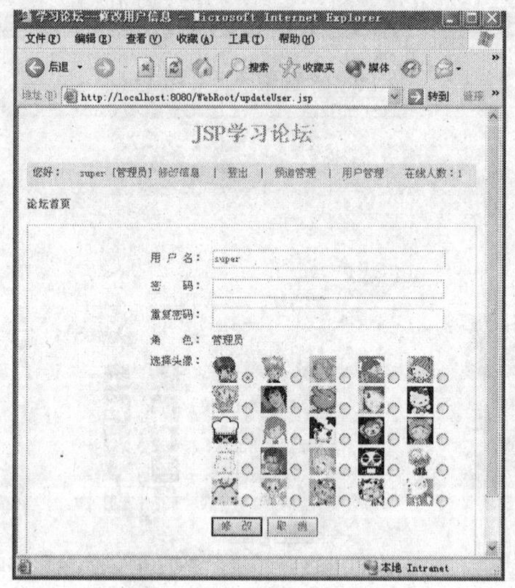

图 5-6　修改用户信息页面

步骤 4　采用 Statement 更新用户角色。

```
public int updateUserRole(User user){
    int row;
    try{
        connection = this.getConnection();
        stmt = connection.createStatement();
        String sql= "update [user] set role="+user.getRole()+" where userId="+user.getUserId();
        row = stmt.executeSQL(sql);
    }
    catch (SQLException e) {
        e.printStackTrace();
    } finally {
        this.closeStatement(stmt);
```

```
            this.closeConnection(connection);
        }
        return row;
}
```

修改用户角色运行结果如图 5-7 所示。

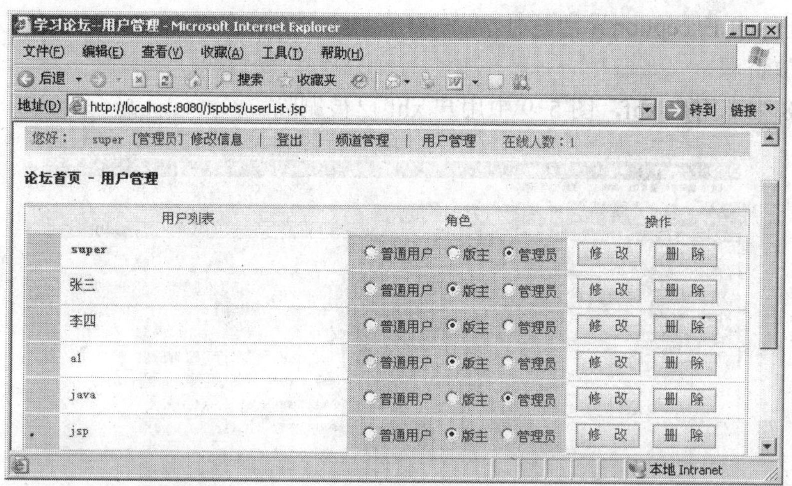

图 5-7 用户管理页面

步骤 5 采用 Statement 删除用户。

```
public int deleteUser(User user){
    int row
    ReplyDAO replyDao=new ReplyDAO();
    replyDao.deleteReplyByUser(user.getUserId()); 【1】
    TopicDAO topicDao=new TopicDAO();
    topicDao.deleteTopicByUser(user.getUserId()); 【2】
    try{
        connection = this.getConnection();
        stmt = connection.createStatement();
        String     sql    = "delete from [user] where userId="+user.getUserId();
        row = stmt.executeUpdate(sql);                    【3】
    }catch (SQLException e) {
        e.printStackTrace();                               【4】
    } finally {
        this.closeStatement(stmt);                         【5】
        this.closeConnection(connection);
    }
    return row;
}
```

运行程序即可删除用户。

代码详解

【1】先删除该用户的所有回复。
【2】删除该用户发表的所有主题以及这些主题的所有回复。
【3】执行sql，并返回影响行数。
【4】处理SQLException异常。
【5】释放资源。

在图 5-8 中有用户 xhf，图 5-9 中用户 xhf 已被删除。

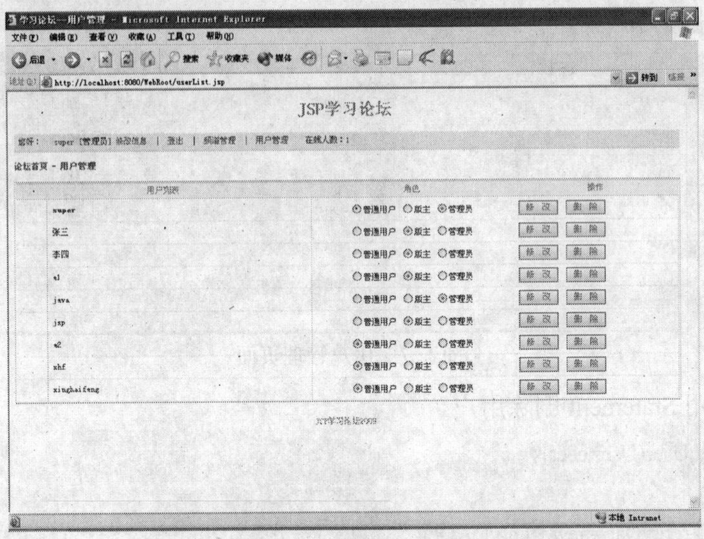

图 5-8 删除用户之前

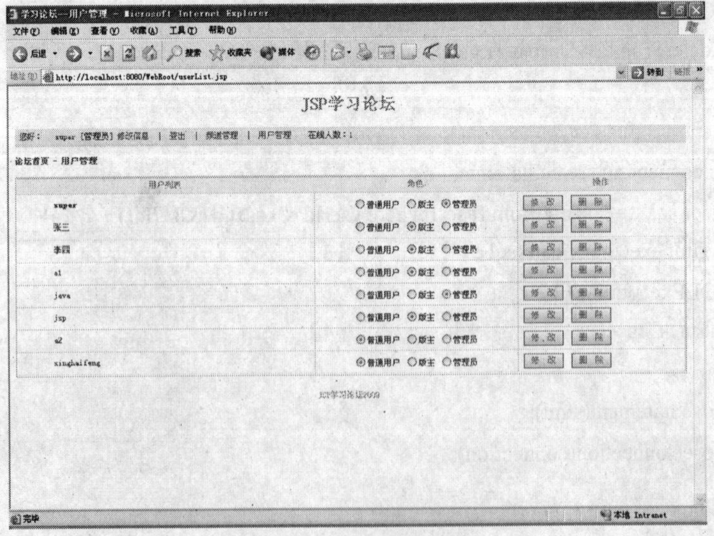

图 5-9 删除用户之后

步骤 6 采用 Statement 实现判断用户是否为版主。

```
public boolean isChannelMaster(int userId) {
    String sql   = "select * from channel where userId=?"+userId;
    boolean flag=false;
    try {
        connection   = this.getConnection();              【1】
        stmt = connection.createStatement(sql);           【2】
        rs   = stmt.executeQuery();                       【3】
        if( rs.next() ) {
            flag=true;
        }
    } catch (Exception e) {                               【4】
        e.printStackTrace();
    } finally {
        this.closeResultSet(rs);                          【5】
        this.closeStatement(stmt);
        this.closeConnection(connection);
    }
    return flag;
}
```

代码详解

【1】取得数据库连接。
【2】取得Statement对象。
【3】执行sql取得结果集。
【4】处理异常。
【5】释放资源。

子任务 2 使用 PreparedStatement 接口

PreparedStatement 接口继承 Statement，二者在两方面有所不同：PreparedStatement 实例包含已编译的 SQL 语句，这就是使语句“准备好”；包含于 PreparedStatement 对象中的 SQL 语句可具有一个或多个 IN 参数。IN 参数的值在 SQL 语句创建时未被指定。相反的，该语句为每个 IN 参数保留一个问号（？）作为占位符。每个问号的值必须在该语句执行之前，通过适当的 setXxx（）方法来提供。

由于 PreparedStatement 对象已预编译过，所以其执行速度要快于 Statement 对象。因此，多次执行的 SQL 语句经常创建为 PreparedStatement 对象，以提高效率。

作为 Statement 的子类，PreparedStatement 继承了 Statement 的所有功能。另外，它还添加了一整套方法，用于设置发送给数据库以取代 IN 参数占位符的值。同时，execute、 executeQuery 和 executeUpdate 这三种方法已被更改，使其不再需要参数。

1．创建 PreparedStatement 对象

以下的代码段（其中 con 是 Connection 对象）创建包含带两个 IN 参数占位符的 SQL 语句的 PreparedStatement 对象：

```
PreparedStatement pstmt = con.prepareStatement("UPDATE table SET m = ? WHERE x = ?");
```

pstmt 对象包含语句 "UPDATE table SET m = ? WHERE x = ?"，它已发送给 DBMS，并为执行做好了准备。

2．传递 IN 参数

在执行 PreparedStatement 对象之前，必须设置每个？参数的值。这可通过调用 setXxx（）方法来完成，其中 Xxx 是与该参数相应的类型。例如，如果参数具有 Java 类型 int，则使用的方法就是 setInt。setXxx（）方法的第一个参数是要设置的参数的序数位置，第二个参数是设置给该参数的值。例如，以下代码将第一个参数设为 123，第二个参数设为 100：

```
pstmt.setLong(1, 123);
pstmt.setLong(2, 100);
```

一旦设置了给定语句的参数值，就可利用它多次执行该语句，直到调用 clearParameters（）方法清除它为止。利用 pstmt（前面创建的 PreparedStatement 对象），以下代码演示了如何设置两个参数占位符的值并执行 pstmt 10 次。如上所述，为做到这一点，数据库不能关闭 pstmt。在该示例中，第一个参数被设置为“Hello”，并保持为常数。在 for 循环中，每次都将第二个参数设置为不同的值：从 0 开始，到 10 结束。

```
pstmt.setString(1, "Hello");
for (int i = 0; i < 11; i++)
    pstmt.setInt(2, i);
int rowCount = pstmt.executeUpdate();
```

案例

建立 TopicDAO 类。

在该类中使用 PreparedStatement 对象实现对主题类的各类操作。需要注意的是，为了提高代码的重用性及代码的可维护性，在 TopicDAO 的父类 BaseDAO 中定义了 executeSQL（）方法来封装 PreparedStatement 对象的操作。

步骤

步骤 1　定义 TopicDAO 类。

```
public class TopicDAO extends BaseDAO {
    private Connection connection = null;                    【1】
    private PreparedStatement pstmt = null;                  【2】
    private ResultSet rs = null;                             【3】
    public int addTopic(Topic topic) { }                     【4】
    public int deleteTopic(int topicId) {}                   【5】
```

```
        public int deleteTopicByChannel(int channelId) {}          【6】
        public int deleteTopicByUser(int userId) { }               【7】
        public int updateTopic(Topic topic) {}                     【8】
        public Topic findTopic(int topicId) { }                    【9】
        public List findListTopic(int page, int channelId) {}      【10】
        public List findListTopic(int channelId) {}                【11】
        public List findListTopicByUser(int userId) { }            【12】
        public int findCountTopic(int channelId) { }               【13】
}
```

代码详解

【1】保存数据库连接。
【2】用于执行SQL语句。
【3】用户保存查询结果集。
【4】添加主题。
【5】删除主题。
【6】删除主题（根据频道）。
【7】删除主题（根据用户）。
【8】更新主题。
【9】查找一个主题的详细信息。
【10】查找主题List（分页）。
【11】查找主题List（不分页）。
【12】查找主题List（根据用户）。
【13】根据频道ID取得该频道的主题数。

步骤2　添加主题。

```
public int addTopic(Topic topic) {
    String sql = "insert into topic values(?,?,?,?," + topic.getUserId() + "," + topic.getChannelId() + ")";
    String time = new SimpleDateFormat("yyyy-MM-dd HH:mm:ss").format(new Date()); 【1】
    String[] parm = { topic.getTitle(), topic.getContent(), time, time };
    return this.executeSQL(sql, parm);                                              【2】
}
```

代码详解

【1】取得日期时间。
【2】执行sql，并返回影响行数。

步骤3　删除主题。

```
public int deleteTopic(int topicId) {
    ReplyDAO replyDao=new ReplyDAO();
    replyDao.deleteReplyByTopic(topicId);    【1】
```

```
    String sql = "delete from topic where topicId=" + topicId;
    return this.executeSQL(sql, null);        【2】
}
```

代码详解

【1】先删除该主题的所有回复。
【2】执行sql，并返回影响行数。
步骤 4 删除主题（根据频道）。

```
public int deleteTopicByChannel(int channelId) {
    List topicList=this.findListTopic(channelId);  【1】
    for(int i=0;i<topicList.size();i++) {         【2】
        Topic topic=(Topic)topicList.get(i);
        this.deleteTopic(topic.getTopicId());
    }
    return topicList.size();
}
```

代码详解

【1】取得该频道的所有主题。
【2】循环删除该频道的所有主题。
步骤 5 删除主题（根据用户）。

```
public int deleteTopicByUser(int userId) {
    List topicList=this.findListTopicByUser(userId);  【1】
    for(int i=0;i<topicList.size();i++){
        Topic topic=(Topic)topicList.get(i);
        this.deleteTopic(topic.getTopicId());
    }
    return topicList.size();
}
```

代码详解

【1】返回该用户发表的所有主题。
步骤 6 更新主题。

```
public int updateTopic(Topic topic) {
    String sql = "update topic set title=?, content=?, modifyTime=? where topicId=" + topic.getTopicId();
    String time = new SimpleDateFormat("yyyy-MM-dd HH:mm:ss").format(new Date()); 【1】
    String[] parm = { topic.getTitle(), topic.getContent(), time };
    return this.executeSQL(sql, parm);                                             【2】
}
```

代码详解

【1】取得日期时间。

【2】执行sql，并返回影响行数。

步骤 7　查找一个主题的详细信息。

```
public Topic findTopic(int topicId) {
    String sql = "select * from topic where topicId=?";
    Topic topic = null;
    try {
        connection = this.getConnection();             【1】
        pstmt = connection.prepareStatement(sql);  【2】
        pstmt.setInt(1, topicId);                       【3】
        rs = pstmt.executeQuery();                      【4】
        if (rs.next()) {                                【5】
            topic = new Topic();
            topic.setTopicId(rs.getInt(1));
            topic.setTitle(rs.getString(2));
            topic.setContent(rs.getString(3));
            topic.setPublishTime(rs.getString(4));
            topic.setModifyTime(rs.getString(5));
            topic.setUserId(rs.getInt(6));
            topic.setChannelId(rs.getInt(7));
        }
    }
    catch (Exception e) {
        e.printStackTrace();
    } finally {
        this.closeResultSet(rs);
        this.closePreparedStatement(pstmt);
        this.closeConnection(connection);
    }
    return topic;
}
```

代码详解

【1】获得数据库连接。

【2】得到一个PreparedStatement对象。

【3】设置topicId为参数值。

【4】执行sql，取得查询结果集。

【5】将结果集中的信息取出保存到topic对象中，循环最多只会执行一次。

步骤 8 查找主题 List（分页）。

```
public List findListTopic(int page, int channelId) {
    List list = new ArrayList();                          【1】
    int rowBegin = 0;                                     【2】
    if (page > 1) {
        rowBegin = 20 * (page - 1);                       【3】
    }
    String sql = "select top 20 * from topic where channelId=" + channelId
            + " and topicId not in(select top " + rowBegin
            + " topicId from topic where channelId=" + channelId
            + " order by publishTime desc )order by publishTime desc";
    try {
        connection = this.getConnection();                【4】
        pstmt = connection.prepareStatement(sql);         【5】
        rs = pstmt.executeQuery();                        【6】
        while (rs.next()) {                               【7】
            Topic topic = new Topic();
            topic.setTopicId(rs.getInt(1));
            topic.setTitle(rs.getString(2));
            topic.setContent(rs.getString(3));
            topic.setPublishTime(rs.getString(4));
            topic.setModifyTime(rs.getString(5));
            topic.setUserId(rs.getInt(6));
            topic.setChannelId(rs.getInt(7));
            list.add(topic);
        }
    } catch (Exception e) {
        e.printStackTrace();
    } finally {
        this.closeResultSet(rs);
        this.closePreparedStatement(pstmt);
        this.closeConnection(connection);
    }
    return list;
}
```

代码详解

【1】用来保存主题对象列表。

【2】开始行数，表示每页第一条记录在数据库中的行数。

【3】按页数取得开始行数，设每页可以显示20条回复。

【4】获得数据库连接。

【5】得到一个PreparedStatement对象。
【6】得到结果集。
【7】将结果集中的信息取出保存到List中。
步骤 9　查找主题 List（根据用户）。

```
public List findListTopicByUser(int userId) {
    List list = new ArrayList();
    String sql = "select * from topic where userId=" + userId;
    try {
        connection = this.getConnection();
        pstmt = connection.prepareStatement(sql);
        rs = pstmt.executeQuery();
        while (rs.next()) {
            Topic topic = new Topic();
            topic.setTopicId(rs.getInt(1));
            topic.setTitle(rs.getString(2));
            topic.setContent(rs.getString(3));
            topic.setPublishTime(rs.getString(4));
            topic.setModifyTime(rs.getString(5));
            topic.setUserId(rs.getInt(6));
            topic.setChannelId(rs.getInt(7));
            list.add(topic);
        }
    } catch (Exception e) {
        e.printStackTrace();
    } finally {
        this.closeResultSet(rs);
        this.closePreparedStatement(pstmt);
        this.closeConnection(connection);
    }
    return list;
}
```

步骤 10　根据频道 ID 取得该频道的主题数。

```
public int findCountTopic(int channelId) {
    int count = 0;                                    【1】
    String sql = "select count(*) from topic where channelId=" + channelId;
    try {
        connection = this.getConnection();
        pstmt = connection.prepareStatement(sql);
        rs = pstmt.executeQuery();
        while (rs.next()) {
            count = rs.getInt(1);                     【2】
```

```
        }
    } catch (Exception e) {
        e.printStackTrace();
    } finally {
        this.closeResultSet(rs);
        this.closePreparedStatement(pstmt);
        this.closeConnection(connection);
    }
    return count;
}
```

代码详解

【1】主题数。

【2】取得主题数。

下面给出删除用户频道的示例。在图 5-10 中有 super 的 HTML 频道，图 5-11 该频道已被删除。

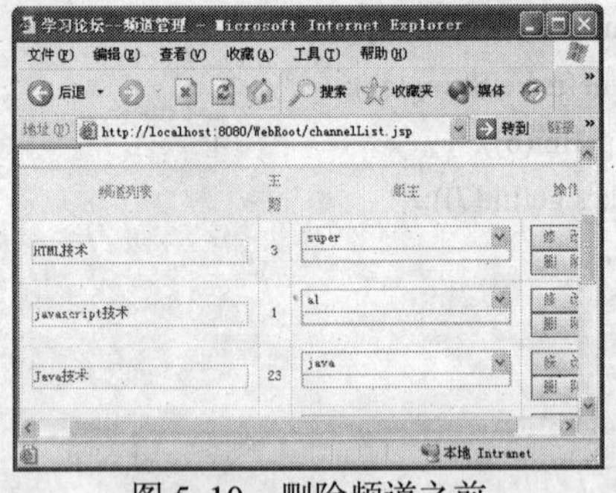

图 5-10 删除频道之前

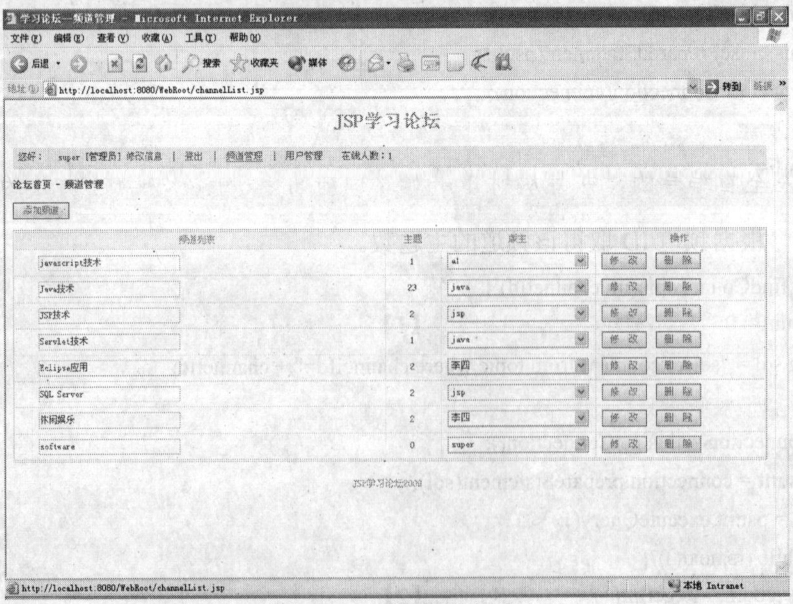

图 5-11 删除频道之后

需要注意的是，上面类的各个方法中，除了插、删、改直接调用了excuteSQL外，其他的方法都是直接使用PreparedStatement对象中的操作来完成的。

知识点详解

ResultSet介绍

ResultSet包含符合SQL语句中条件的所有行，并且通过一套get（）方法（这些方法可以访问当前行中的不同列）提供了对这些行中数据的访问。next（）方法用于移动到ResultSet中的下一行，使下一行成为当前行。

其结果集一般是一个表，其中有查询所返回的列标题及相应的值。例如，如果查询为SELECT a，b，c FROM Table1，则结果集将具有如下形式：

a b c

-------- --------- --------

1．行和光标

ResultSet维护指向其当前数据行的光标。每调用一次next（）方法，光标向下移动一行。最初它位于第一行之前，因此第一次调用next（）将把光标置于第一行上，使它成为当前行。随着每次调用 next（）导致光标向下移动一行，按照从上至下的次序获取 ResultSet 行。在ResultSet对象或其父辈Statement对象关闭之前，光标一直保持有效。

2．列

getXxx（）方法提供了获取当前行中某列值的途径。在每一行内，可按任何次序获取列值。但为了保证可移植性，应该从左至右获取列值，并且一次性地读取列值。

列名或列号可用于标志要从中获取数据的列。例如，如果 ResultSet 对象 rs 的第二列名为“title”，并将值存储为字符串，则下列任一代码将获取存储在该列中的值：

```
String s = rs.getString("title");
String s = rs.getString(2);
```

注意

列是从左至右编号的，并且从列1开始。同时，用于getXxx（）方法的列名不区分大小写。

提供列名这个选项的目的一方面是为了让在查询中指定列名的用户可使用相同的名字作为getXxx( )方法的参数。另一方面，如果select语句未指定列名（如在“select * from table1”中或列是导出的时），则应该使用列号。在这些情况下，用户将无法确切知道列名。

3．数据类型和转换

对于getXxx（）方法，JDBC驱动程序试图将基本数据转换成指定Java类型，然后返回适合的Java值。例如，如果getXxx（）方法为getString，而基本数据库中数据类型为VARCHAR，则JDBC驱动程序将把VARCHAR转换成Java String。getString的返回值将为Java String对象。

4．NULL 结果值

要确定给定结果值是否是 JDBC NULL，必须先读取该列，然后使用 wasNull 方法检查该次读取是否返回 JDBC NULL。

当使用 ResultSet.getXxx 方法读取 JDBC NULL 时，方法 wasNull 将返回下列值之一。

1）Java null 值：对于返回 Java 对象的 getXxx（）方法（如 getString、getBigDecimal、getBytes、getDate、getTime、getTimestamp、getAsciiStream、getUnicodeStream、getBinaryStream、getObject 等）。

2）零值：对于 getByte、getShort、getInt、getLong、getFloat 和 getDouble。

3）false 值：对于 getBoolean。

学材小结

理论知识

1．目前使用 JDBC 驱动程序连接数据库的方式共有 4 种：__________、__________、__________和__________。

2．JDBC-ODBC 桥利用__________提供 JDBC 访问。

3．JDBC 网络驱动方式是__________。这种驱动方式将 JDBC 转换为__________，之后这种协议又被某个网络服务器转换为一种 DBMS 协议。

4．Statement 对象用于执行__________的 SQL 语句；PreparedStatement 对象用于执行__________SQL 语句；CallableStatement 对象用于执行__________的调用。

5．Statement 对象的__________方法用于产生单个结果集。

6．Statement 对象的__________方法可执行 SQL 语句，用于执行 INSERT、UPDATE 或 DELETE 等数据库更新语句。

实训任务

实训 建立 ReplyDAO 类，并完成该类的所有功能。

【实训目的】 通过该类的设计，使学生掌握通过PreparedStatement对象操作数据库。

【实训内容】 添加用户回复，根据不同的条件查询用户的回复，根据不同的条件删除用户的回复。

【实训步骤】

步骤 1 建立 ReplyDAO 类。

```
package com.bbs.dao;
import java.sql.Connection;
import java.sql.PreparedStatement;
import java.sql.ResultSet;
import java.text.SimpleDateFormat;
```

```
import java.util.ArrayList;
import java.util.Date;
import java.util.List;
import com.bbs.entity.Reply;
public class ReplyDAO extends BaseDAO {
    private Connection    connection = null;                【1】
    private PreparedStatement pstmt = null;                 【2】
    private ResultSet    rs = null ;                        【3】
}
```

代码详解

【1】保存数据库连接。

【2】用于执行SQL语句。

【3】用户保存查询结果集。

步骤 2 实现添加回复功能，回帖页面如图 5-12 所示。

```
public int addReply(Reply reply) {
    String    sql    = "insert into reply values(?,?,?,?," + _________+ "," + _________ + ")";
    String    time = new SimpleDateFormat("yyyy-MM-dd HH:mm:ss").format(new Date());  【1】
    String[] parm = { reply.getTitle(), reply.getContent(), time, time };
    return this.executeSQL(sql, parm);                                                【2】
}
```

代码详解

【1】取得日期时间。

【2】执行sql，插入用户回复信息。

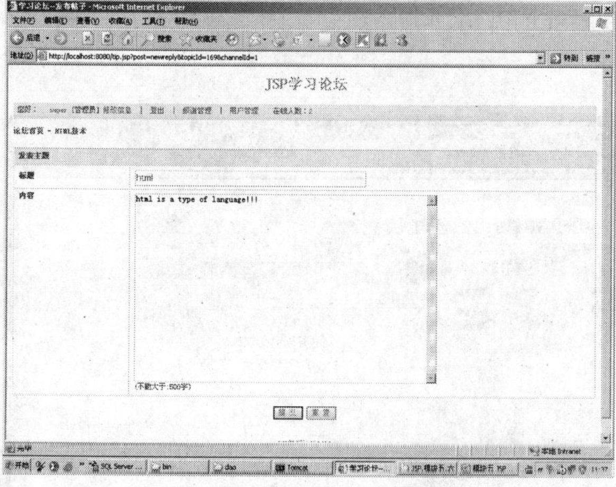

图 5-12 回帖页面

步骤 3 实现删除回复，看帖页面（删除回帖）如图 5-13 所示。

```
public int deleteReplyByUser(int userId) {
```

```
        String sql = "delete from reply where userId=" + userId;
        return this.executeSQL(sql, null);
}
```

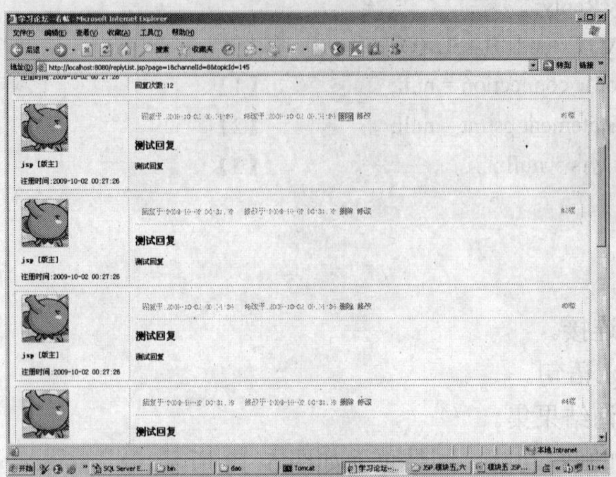

图 5-13　看帖页面（删除回帖）

步骤 4　实现更新用户回复，修改回帖页面如图 5-14 所示。

```
public int updateReply(Reply reply) {
    String sql = "update reply set title=?, content=?, modifyTime=? where replyId="+reply.getReplyId(); 【1】
    String      time = new SimpleDateFormat("yyyy-MM-dd HH:mm:ss").format(new Date());
    String[] parm = { ____________,____________, time };
    return this.executeSQL(sql, parm);                                                                  【2】
}
```

代码详解

【1】定义更新回复的SQL语句。
【2】执行SQL语句。

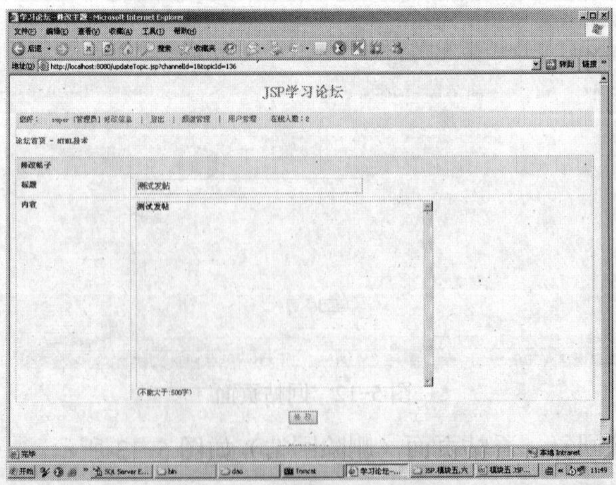

图 5-14　修改回帖页面

步骤5 采用分页显示方式打印回复列表，看帖页面（分页显示回复列表）如图5-15所示。

```
public List findListReply(int page, int topicId) {
    List list   = new ArrayList();                                    【1】
    connection   = null;                                              【2】
    pstmt = null;                                                     【3】
    rs      = null;                                                   【4】
    int rowBegin = 0;                                                 【5】
    if( page > 1 ) {
        rowBegin = 10 * (page-1);                                     【6】
    }
    try {
        connection = ________________;                                【7】
        String sql = "select top 10 * from reply where topicId=" + topicId
                + " and replyId not in(select top "+ rowBegin + " replyId from reply where topicId="
                + topicId + "order by publishTime )order by publishTime";
        pstmt = connection.prepareStatement(sql);                     【8】
        rs = pstmt.executeQuery();                                    【9】
        while ( rs.next() ) {                                         【10】
            Reply reply = new Reply();
            reply.setReplyId(____________);
            reply.setTitle(____________);
            reply.setContent(____________);
            reply.setPublishTime(rs.getString("publishTime"));
            reply.setModifyTime(rs.getString("modifyTime"));
            reply.setUserId(rs.getInt("userId"));
            reply.setTopicId(rs.getInt("topicId"));
            list.add(_______);
        }
    } catch (Exception e) {
        e.printStackTrace();
    } finally {
        this.closeResultSet(rs);                                      【11】
        this.closePreparedStatement(pstmt);
        this.closeConnection(connection);
    }
    return list;
}
```

代码详解

【1】用来保存回复对象列表。
【2】用于保存数据库连接。

【3】用于执行SQL语句。
【4】用户保存查询结果集。
【5】开始行数，表示每页第一条记录在数据库中的行数。
【6】按页数取得开始行数，设每页可以显示10条回复。
【7】得到数据库连接。
【8】得到PreparedStatement对象。
【9】执行sql，取得结果集。
【10】循环将回复信息封装成List。
【11】释放资源。

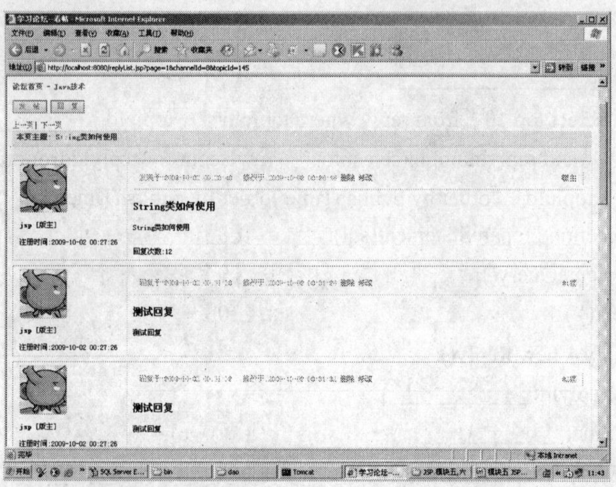

图 5-15　看帖页面（分页显示回复列表）

步骤 6　实现根据主题 ID 查询出该主题的回复条数，主题列表页面如图 5-16 所示。

```
public int findCountReply(int topicId){
    int     count = 0;                          【1】
    Connection   conn = null;                   【2】
    PreparedStatement pstmt = null;             【3】
    ResultSet   rs   = null;                    【4】
    String   sql   = "select count(*) from reply where topicId=" + topicId;
    try {
        conn   = this.getConnection();
        pstmt = conn.prepareStatement(sql);
        rs       = pstmt.executeQuery();
        while( rs.next() ) {
            count = ___________;
        }
    } catch ( Exception e) {
        e.printStackTrace();
    } finally {
```

```
            this.closeResultSet(rs);        【5】
            this.closePreparedStatement(pstmt);
            this.closeConnection(connection);
        }
        return count;
    }
```

代码详解

【1】回复条数。
【2】用于保存数据库连接。
【3】用于执行SQL语句。
【4】用户保存查询结果集。
【5】释放资源。

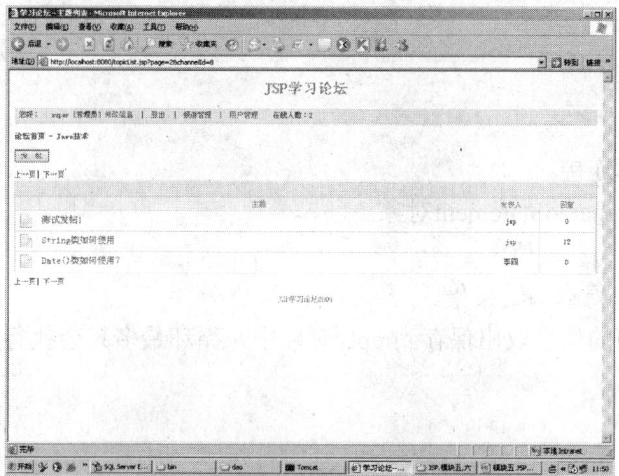

图 5-16　主题列表页面

步骤 7　实现查询回复信息。

```
public Reply findReply(int replyId) {
    String sql    = "select * from reply where replyId=?";
    Reply reply = null;
    try {
        connection    = this.getConnection();              【1】
        pstmt = connection.prepareStatement(sql);          【2】
        pstmt.setInt(1,__________);                        【3】
        rs = ___________________;                          【4】
        if ( rs.next() ) {                                 【5】
            reply = new Reply();
            reply.setReplyId(rs.getInt("replyId"));
            reply.setTitle(rs.getString("title"));
```

```
                reply.setContent(rs.getString("content"));
                reply.setPublishTime(rs.getString("publishTime"));
                reply.setModifyTime(rs.getString("modifyTime"));
                reply.setUserId(rs.getInt("userId"));
                reply.setTopicId(rs.getInt("topicId"));
            }
        } catch (Exception e) {
            e.printStackTrace();
        } finally {
            this.closeResultSet(rs);                          【6】
            this.closePreparedStatement(pstmt);
            _________________________;
        }
        _________________________;
    }
```

代码详解

【1】获得数据库连接。
【2】得到一个PreparedStatement对象。
【3】设置topicId为参数值。
【4】执行sql，取得查询结果集。
【5】将结果集中的信息取出保存到reply对象中，循环最多只会执行一次。
【6】释放资源。

拓展练习

建立 ChannelDAO 类，并完成该类的所有功能。

模块六

JSP中JavaBean的应用

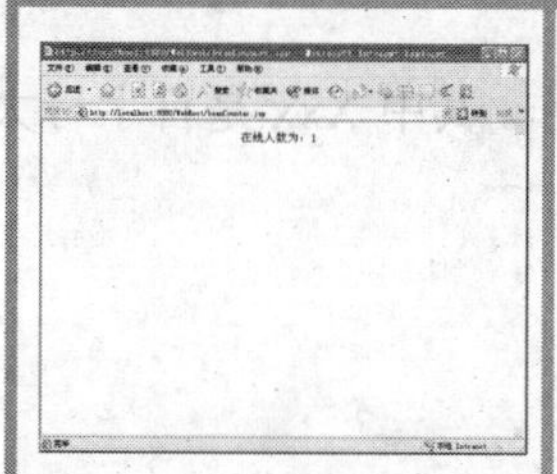

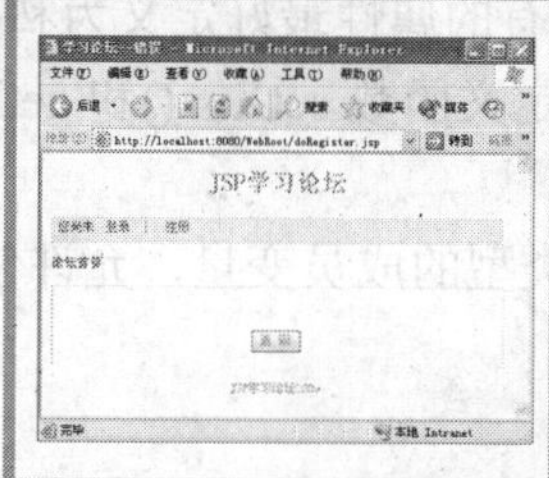

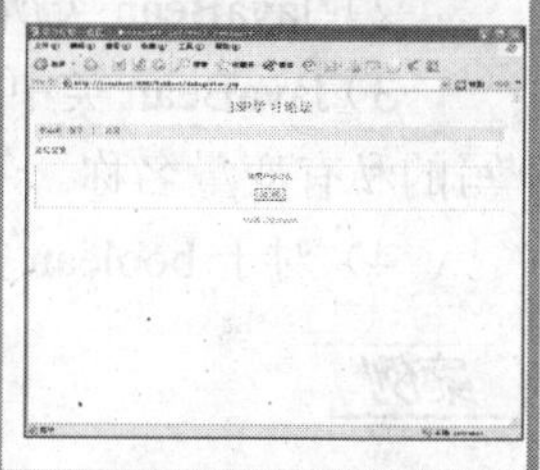

本模块导读

本模块主要介绍Java语言中广泛使用的Bean技术。由于现代的网络技术不断发展，存在于网络方面的应用也不断地增多，尤其是网络软件方面的需求。并且随着网络的应用范围扩大，软件的规模也在不断扩大，这就给负责软件开发的程序员带来了不小的麻烦。其中一个问题就是如何使软件代码重用性提高，从而使软件的开发周期缩短，提高软件开发效率。

为了实现上述目标，在当前基于网络的众多软件开发工具中Java语言可谓是一枝独秀，其友好的开发界面、方便的开发工具、高性能的代码重用技术，都是其他各类语言所不能与之匹敌的。在Java语言的众多优点当中，Bean技术可谓是一个独创。通过对Bean技术的支持，可使繁重的编码工作变得轻松，同时使代码的维护变得容易。

本模块专门介绍Java语言中使用的Bean技术。通过本模块的学习和实训，学生应该掌握JavaBean在Java语言中的使用以及JavaBean的实现原理。

本模块要点

- 理解JavaBean
- 掌握JavaBean在JSP中的应用
- 掌握JSP中的动作元素

任务一 使用 JavaBean

在程序设计的过程中，JavaBean 不是独立使用的。为了能够更好地封装事务逻辑、数据库操作而便于实现业务逻辑和前台程序的分离，操作的过程往往是先开发需要的 JavaBean，再在适当的时候进行调用。但一个完整有效的 JavaBean 必然会包含一些属性，伴随若干个 get/set（只读/只写）函数的变量来设计和运行。JavaBean 作为一个特殊的类，具有自己独有的特性，应该注意以下 4 个方面：

1）JavaBean 类必须有一个没有参数的访问属性为 public 的构造函数。

2）JavaBean 类所有的属性最好定义为私有的。

3）JavaBean 类中定义函数 setXxx()和 getXxx()来对属性进行操作。其中 Xxx 是首字母大写的私有变量名称。

4）对于 boolean 类型的成员变量，允许使用 is 代替 get 和 set。

案例

编写统计在线人数的 JavaBean 程序。

步骤

步骤 1 编写在线统计人数代码。

```
public class BeanCounter{
private int OnLineCtr;
public BeanCounter(){ OnLineCtr=0;}
    public void setOnLineCtr(){ OnLineCtr++;}
    public int getOnLineCtr(){ return OnLineCtr;}
}
```

步骤 2 编译 JavaBean。因为 JavaBean 实际上就是 Java 类，可以像编译普通的 Java 类一样来编译 JavaBean。具体做法如下：

打开“命令与提示符工具”（在 Windows XP 中单击“开始”→“程序”→“附件”，启动命令窗口），在命令窗口输入命令：

```
javac BeanCounter.java
```

如果编译通过，就会生成 BeanCounter.class 文件，这是 JavaBean 类的字节码文件。

步骤 3 部署 JavaBean。在 Tomcat 安装目录中建立 WebRoot\WEB-INF\classes 目录，然后把编译好的 BeanCounter.class 文件复制到 WebRoot\WEB-INF\classes 目录中。

步骤 4 在 JSP 中使用 JavaBean。编写 JSP 文件 beanCounter.jsp，代码如下：

```
<%@ page import="BeanCounter"%>
<%@ page contentType="text/html; charset=gb2312" %>
<jsp:useBean id="bean" class="BeanCounter" scope="application" />
<html>
    <body><% bean.setOnLineCtr(); %>
```

```
    <center>在线人数为：<jsp:getProperty name="bean" property="OnLineCtr" >
    </center>
</body></html>
```

步骤 5 运行测试。把 BeanCounter.jsp 复制到 Tomcat 的主目录的 WebRoot 目录下，然后启动 Tomcat，打开 IE 浏览器，在地址栏输入：http://localhost:8080/WebRoot/BeanCounter.jsp，运行结果如图 6-1 所示。

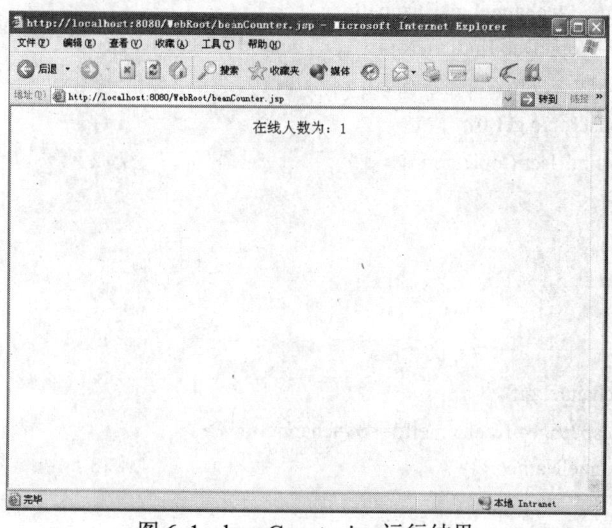

图 6-1 beanCounter.jsp 运行结果

案例

实现 index.jsp，用 JavaBean 调用 DAO 类方法来实现显示所有频道。

步骤 1 编写 index.jsp，关键代码如下：

```
<%@ page language="java" pageEncoding="GBK"
import="java.util.*,com.bbs.entity.*,com.bbs.dao.*"%>
<%
request.setCharacterEncoding("GBK");                    【1】
ChannelDAO channelDao = new ChannelDAO();               【2】
TopicDAO topicDao = new TopicDAO();                     【3】
UserDAO    userDao    = new UserDAO();                  【4】
List channelList=channelDao.getChannelList();           【5】
%>
<HTML>
<HEAD>
<TITLE>欢迎访问 JSP 学习论坛</TITLE>
</HEAD>
<BODY>
<jsp:include page="head.jsp"/>                          【6】
<TABLE>
<TR><TD colSpan="2" >频道列表</TD><TD>主题</TD><TD>版主</TD><TD>最后发表</TD></TR>
```

```
<%
for( int j=0; j<channelList.size(); j++ ) {
    Channel channel = (Channel)channelList.get(j);                    【7】
    Topic topic =null;
    User   channelUser=userDao.findUser(channel.getUserId() );        【8】
    User   user =null;                                                【9】
    int     channelId     = channel.getChannelId();
    List   listTopic = topicDao.findListTopic( 1, channelId );        【10】
    if (listTopic! = null && listTopic.size()>0 ) {
    topic = (Topic)listTopic.get(0);                                  【11】
    user = userDao.findUser (topic.getUserId() );                     【12】
 }
%>
<TR>
<TD> </TD>
<TH>
<IMG src="image/channel.gif">
<A href="topicList.jsp?page=1&channelId=<%=channelId %>">
<%=channel.getChannelName()%>                                         【13】
</A>
</TH>
<TD><%=topicDao.findCountTopic(channelId) %></TD>                     【14】
<TD><%=channelUser.getUserName() %></TD>                              【15】
<TH>
<%
if(topic!=null){                                                      【16】
%>
<A href="replyList.jsp?page=1&channelId=<%=channelId %>&topicId=<%=topic.getTopicId() %>">
<%=topic.getTitle() %>                                                【17】
</A>
<%=user.getUserName() %>                                              【18】
<%=topic.getPublishTime().substring(0,19)%>                           【19】
<%}else{%>
 
<%} %>
</TH>
</TR>
<%}%>                                                                 【20】
</TABLE>
<CENTER class="gray">JSP 学习论坛 2009</CENTER>
</BODY>
</HTML>
```

代码详解

【1】设置字符集。
【2】得到频道Dao的实例。
【3】得到主题Dao的实例。
【4】得到用户Dao的实例。
【5】通过调用频道Dao实例的get()方法得到频道列表。
【6】利用include动作包含head.jsp文件。
【7】循环取得频道。
【8】获得版主。
【9】定义保存最后发表的主题的作者变量。
【10】取得该频道主题列表。
【11】取得最后发表的主题。
【12】找到最后发表主题的用户。
【13】显示频道名并链接到主题列表页面。
【14】显示频道的主题数。
【15】显示频道的版主。
【16】判断该频道有没有（最后发表的）主题。
【17】显示最后发表主题的标题并链接到看帖页面。
【18】显示最后发表主题的用户的用户名。
【19】显示最后发表主题的发布时间。
【20】结束for循环。

步骤 2　启动 Tomcat，显示 index.jsp，如图 6-2 所示。

图 6-2　主页 index.jsp

知识点详解

1. JavaBean 概述

JavaBean 是用 Java 语言编写的可重用软件组件，类似于 Microsoft 的 COM 组件，可以通过可视化的构建工具来创建。JavaBean 可以嵌入到 Applet 小程序、应用程序、Servlet 和复合组件中。编写 JavaBean 组件的方法同编写其他 Java 类一样，可以利用已有的组件、Applet 程序或者 Java 类，并把它们转换为 JavaBean。

JavaBean 可分为两种类型：一种是应用在可视化领域用来产生用户界面（UI）的 JavaBean；另一种是应用在非可视化领域负责处理事务的 JavaBean。与 JSP 相结合的 JavaBean 通常为后一种，在程序中常用来封装事务逻辑、数据库操作等，可以很好地实现业务逻辑和前台程序的分离，使系统更健壮、更灵活。

由于 JavaBean 是基于 Java 语言的，因此 JavaBean 不依赖平台，可以在任何安装了 Java 运行环境的平台下使用，而不需要重新编译。

2. 部署 JavaBean 的方法

部署 JavaBean 的 class 文件有两种方法：一种是对 Web 服务器中的 JSP 页面都有效；另一种仅对当前应用有效。

如果要让 Web 服务器中所有的 JSP 页面都可以使用要部署的 JavaBean，则可以把编译后得到的 class 文件复制到 Tomcat 的安装目录的 classes 子目录下。但要重启 Tomcat 服务器才能生效。

如果只对当前的应用有效，则必须在当前应用下建立 WEB-INF（注意大小写）子目录，在这个子目录下创建 classes 子目录，把 class 文件复制到该子目录即可。这种方式适合于要经常调试程序的情形，class 文件部署后无须重启 Tomcat 服务器，服务器引擎会自动检查 class 文件是否被修改过，如果修改则重新应用。

3. JavaBean 的使用说明

要在 JSP 页面中应用 JavaBean，必须使用 JSP 指令标签 useBean，这个指令标签的语法如下：

```
<jsp: usebean id="给 javabean 实例取的名称" class="bean 类名" scope="javabean 实例的有效范围"></jsp: usebean>
```

ID 的设置可由用户任意给定；class 为 Javabean 类名，如果类之上还有包，则此参数用形如“包名.类名”的形式。

scope 有 4 种不同的取值范围：

scope 设为 page，表示分配给每个客户的 JavaBean 不同，有效范围仅为当前的 JSP 页面，如果关闭此 JSP 页面，相应的分配给此客户的 JavaBean 被取消。

scope 设为 session，表示分配给每个客户的 JavaBean 不同，但在同一客户打开的多个 JSP 页面，即一次会话期间，是同一个 JavaBean。如果在同一客户的不同 JSP 页面中声明了相同 ID 的 JavaBean，且范围仍为 session，更改此 JavaBean 的成员变量值，其他页面中此 ID 的

Bean 的成员变量值也会被改变。当客户打开服务器上的所有网页都被关闭时，对应客户这一次会话中 JavaBean 亦被取消。

scope 设为 request，表示分配给每个客户的 JavaBean 不同，且有效范围在 request 期间，即在请求与被请求页面之间共享 JavaBean。当对请求作出响应后，JavaBean 就会被取消。

scope 设为 application，表示在服务器的所有客户之间共享 JavaBean。一个客户改变了成员变量的值，另一个客户的这个 JavaBean 的同一个成员变量值也会被改变。当服务器关闭时 JavaBean 才会被取消。

任务二　JSP 动作元素

子任务 1　<jsp:useBean>标签

<jsp:useBean>标签是用来声明 JavaBean 对象的，使用方法如下：

```
<jsp:useBean id= "Bean 的名字" class= "Bean 的 class 文件路径" scope= "Bean 的作用范围" >
```

在上述的方法中，ID 表示 Bean 的名称，class 表示被调用 Bean 的 class 文件的路径，scope 是指出 Bean 的起作用范围。

说明：

1）如果在 Bean 起作用的范围之内已经存在 Bean，那么<jsp:useBean>将被忽略，且程序仅是对存在 Bean 对象的引用；如果在 Bean 使用范围之内不存在 Bean，则建立 Bean 的对象。

2）在 class 中一定要指出完整的 Bean 的 class 路径，否则 JSP 由于找不到类路径而抛出一个 ClassNotFoundException。

子任务 2　<jsp:getProperty>标签

在 JSP 中提供了<jsp:getProperty>标签来实现对 JavaBean 对象属性的访问，通过该标签可以把 Bean 中包含的属性输出在任意的网页中。使用方法如下：

```
<jsp:getProperty name= "Bean 的名字" property= "属性名" >
```

上述的 name 表示被引用 Bean 的名字，property 表示待访问 Bean 的某个属性名。

案例

在 head.jsp 中使用 useBean 和 getProperty 标签。

头部文件中使用 useBean 和 getProperty 标签访问 JavaBean 属性的程序如下：

```
<jsp:useBean id= "loginUser" class= "com.bbs.entity.User" scope= "session" />
<jsp:getProperty name= "loginUser" property= " sername" />
```

该代码实现在头部信息中输出登录用户的姓名。

程序的运行结果如图 6-3 所示。

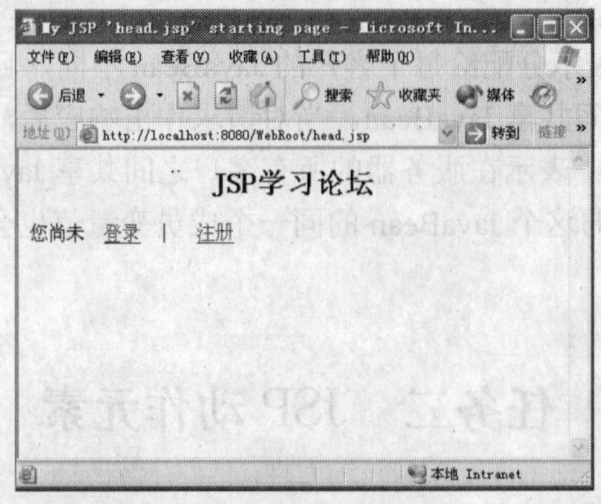

图 6-3 head.jsp

子任务 3 <jsp:setProperty>标签

<jsp:setProperty>标签是 JSP 提供专门负责实现修改 JavaBean 对象属性的方法，它和<jsp:getProperty>配合完成对 Bean 对象属性的操作。使用方法如下：

```
<jsp:setProperty name= "Bean 的名字" property= "属性名" value= "属性值" >
```

在上述使用方法中，仅比<jsp:getProperty>多了一个 value 字段，通过该字段完成对 Bean 属性值的修改。

案例

在 doRegister.jsp 中采用 setProperty 实现对 Bean 对象属性的修改。

在该文件中包含了如下使用的 JavaBean 的代码，用于实现对 Bean 对象属性的修改。

```
<jsp:useBean id="user" class="com.bbs.entity.User" scope="page"/>
<jsp:setProperty property="userName" name="user" value="<%=userName%>"/>
<jsp:setProperty property="password" name="user" value="<%=password%>"/>
<jsp:setProperty property="head" name="user" param="head"/>
```

子任务 4 <jsp:include>标签

在 JSP 中定义一个 include 标签，可实现在任意的 JSP 文件中包含诸如 HTML、JSP 或文本文件。如果被包含的是 JSP 文件，则该文件中的 Java 程序将被执行。

之所以采用该标签，是因为在程序的设计过程中可能遇到多个 JSP 文件要包含相同的功能，而为了提高代码的可重用性及代码的可维护性，可以把相同功能的模块单独写在一个文件当中，当需要该功能时，把该文件通过 include 标签包含到 JSP 文件中即可。

该标签的使用方法如下：

```
<jsp:include file= "被包含文件的路径" >
```

案例

在 index.jsp 中实现 head.jsp 文件的包含。

该文件主要显示程序中的频道信息。在该文件显示的页面的开头部分需要显示本系统的头部信息，这个头部信息包含了系统的主要功能及用户登录统计信息，可以说在任何的功能页面中都应包含该头部，所以在本系统中用一个 head.jsp 的文件来单独显示头部，在其他的功能页面中（包括 index.jsp 页面）采用 include 标签来包含该文件。

index.jsp 中包含头部的代码如下：

```
<jsp:include page="head.jsp"/>
```

程序运行结果如图 6-4 所示。

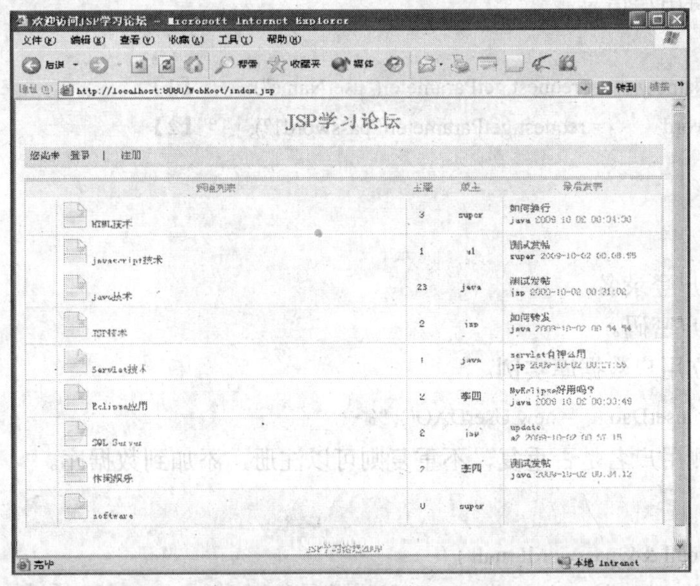

图 6-4 index.jsp 包含 head.jsp

子任务 5 <jsp:forward>标签

<jsp:forward>标签实现把客户的请求转发给其他的 JSP、HTML 或 Servlet 文件。当文件中包含有该标签时，会向其他文件转发一个包含客户请求的 request 对象，而本文件中的所有输出都不会传送给客户端，该标签之后的程序代码也不会执行。

使用方法如下：

```
<jsp:forward page = "请求传向的文件路径" >
```

说明：由于使用了<jsp:forward>标签的文件是把客户的请求对象转发给其他的诸如 JSP 文件，所以转发请求的文件和接受请求的文件共用一个 HttpRequest 对象，在接受请求的文件当中可采用诸如 request.getParameter（"name")等方法来操作请求对象。

案例

在 doRegister.jsp 中实现错误处理的转发。

该程序实现用户注册功能。在该程序中首先获取用户的注册信息，如用户名、密码等，然后在用户数据库中检索用户是否存在，若存在则给出出错信息，否则把用户加入用户数据库中。当向用户数据库中添加新用户记录时，需要对该操作做是否成功的检测，如果成功则转向登录页面，否则给出出错信息。

注意：在该文件中不做出错处理，而是把可能出现的错误转发给 error.jsp 去处理，采用的技术就是<jsp:forward>标签。

下面给出 doRegister.jsp 的实现过程。

步骤

步骤 1 获得用户信息。

```
<%
String    userName       = request.getParameter("userName");        【1】
String    password       = request.getParameter("password1");       【2】
%>
```

代码详解

【1】得到用户登录名。

【2】得到用户密码。

步骤 2 建立用户数据库实例。

```
<% UserDAO    userDao     = new UserDAO(); %>
```

步骤 3 检测用户名是否重复，不重复则可以注册，添加到数据库。

```
<%
if( userName!=null && password!=null ) {
if(userDao.findUser(userName)!=null) {msg = "该用户已存在";}                    【1】
else {
%>
<jsp:useBean id="user" class="com.bbs.entity.User" scope="page"/>                 【2】
<jsp:setProperty property="userName" name="user" value="<%=userName%>"/>  【3】
<jsp:setProperty property="password" name="user" value="<%=password%>"/>  【4】
<jsp:setProperty property="head" name="user" param="head"/>                       【5】
<%
int num = userDao.addUser(user);                                                  【6】
if(num==1){
response.sendRedirect("login.jsp");                                               【7】
return;
}else if(num==0){
msg = "数据库出错！";                                                              【8】
}
}
```

```
String forward="/error.jsp?msg="+msg;
%>
<jsp:forward page="<%=forward%>"></jsp:forward>                    【9】
```

代码详解

【1】判断用户是否重复，重复时设置错误信息。
【2】创建user对象。
【3】设置用户名属性。
【4】设置密码属性
【5】设置头像属性。
【6】向数据库添加新用户。
【7】插入成功跳转到登录页面。
【8】数据库操作失败时设置错误信息。
【9】转发到错误页面。

学 材 小 结

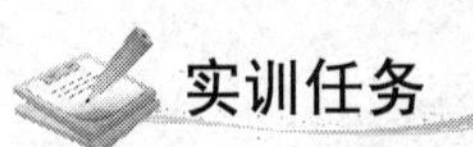

实训任务

实训一 建立 doLogin.jsp，调用数据库方法。
【实训目的】通过该程序的设计，使学生掌握在JSP中如何使用数据库。
【实训内容】调用Java语句实现登录用户数据库连接，操作用户数据库的方法。
【实训步骤】doLogin.jsp代码。

```
<%@ page language="java" pageEncoding="GBK"   import="com.bbs.entity.*,com.bbs.dao.*"%>
<%
request.setCharacterEncoding("GBK");
String    userName       = request.getParameter("userName");          【1】
String    password       = request.getParameter("password");          【2】
UserDAO   userDao        = new UserDAO();                             【3】
User      user           = (User)session.getAttribute("loginUser");   【4】
String    msg            = "";
if( user==null ) {
user = userDao.findUser(userName);                                    【5】
if( user!=null && user.getPassword().equals(password) ) {
session.setAttribute("loginUser", user);                              【6】
Integer userCount=(Integer)application.getAttribute("userCount");     【7】
if(userCount==null){
application.setAttribute("userCount",new Integer(1));                 【8】
```

```
}else{
application.setAttribute("userCount",new Integer(userCount+1));          【9】
}
Cookie cookie=new Cookie("userName",user.getUserName());                 【10】
cookie.setMaxAge(300);                                                   【11】
response.addCookie(cookie);                                              【12】
response.sendRedirect("index.jsp");                                      【13】
return;
} else {
msg = "用户名或密码错误";
}
} else {
msg = "重复登录";
}
String forward="/error.jsp?msg="+msg;
request.getRequestDispatcher(forward).forward(request,response);
%>
```

代码详解

【1】取得请求中的登录名。

【2】取得请求中的密码。

【3】得到用户Dao的实例。

【4】从session中取得登录名。

【5】根据请求的登录名和密码查找用户。

【6】如果查找的用户不为空并且密码正确，保存用户信息。

【7】从application获取登录用户数。

【8】如果application为空，表示该用户为第一个用户。

【9】登录用户数+1

【10】保存用户名。

【11】保存时间为5min。

【12】发送Cookie到客户端。

【13】跳转到首页。

实训二　channelList.jsp，频道管理。

【实训目的】通过该程序的设计进一步巩固在JSP中调用数据库的方法。

【实训内容】调用Java语言实现用户、频道及主题数据库的连接，以及对上述三种数据库的操作。

【实训步骤】编写channelList.jsp，关键代码如下。

```
<%@ page language="java" pageEncoding="GBK" import="java.util.*,com.bbs.entity.*,com.bbs.dao.*"%>
<%
```

```
request.setCharacterEncoding("GBK");                【1】
ChannelDAO channelDao = new ChannelDAO();           【2】
UserDAO      userDao       = new UserDAO();         【3】
TopicDAO     topicDao      = new TopicDAO();        【4】
List channelList=channelDao.getChannelList();       【5】
List userList     =userDao.findMaster();            【6】
User           loginUser   =(User)session.getAttribute("loginUser");
if(loginUser==null || loginUser.getRole()>1){
response.sendRedirect("index.jsp");
return;
}
%>
<HTML><HEAD><TITLE>学习论坛 — 频道管理</TITLE><HEAD>
<jsp:include page="head.jsp"/>
<a href="index.jsp">论坛首页</a></B> <B><A href="channelList.jsp">频道管理<br/>
<input type="button" class="btn" value="添加频道" onclick="window.location.href='channel.jsp'"><br>
<TABLE>
<TR><TD colSpan="2">频道列表</TD><TD>主题</TD><TD>版主</TD><TD>操作</TD></TR>
<%
for( int j=0; j<channelList.size(); j++ ) {
Channel channel    = (Channel)channelList.get(j);
User    channelUser=userDao.findUser(channel.getUserId() );
int      channelId      = channel.getChannelId();
%>
<form name="form1" method="post" action="doUpdateChannel.jsp">
<input type="hidden" name="channelId" value="<%=channelId%>">
<TR>
<TD> </TD>
<TH><input type="text" name="channelName" value="<%=channel.getChannelName()%>"></TH>
<TD><%=topicDao.findCountTopic(channelId) %></TD>
<TD><select name="userId">
<%
for(int i=0;i<userList.size();i++){
User user=(User)userList.get(i);
if(channelUser.getUserId()!=user.getUserId()){%>
<option value="<%=user.getUserId()%>"><%=user.getUserName()%>
<%}else{%>
<option value="<%=user.getUserId()%>" selected="selected"> <%=user.getUserName() %>
<%
}
}
%>
```

```
</select></TD>
<TH><input type="submit" value="修改">
<input type="button" value="删除"
    onclick="window.location.href='doDeleteChannel.jsp?channelId=<%=channelId%>'">
</TH></TR></form>
<%}%>
</TABLE>
<BR/><CENTER>JSP 学习论坛 2009</CENTER>
</BODY>
</HTML>
```

代码详解

【1】设置字符集。
【2】得到频道Dao的实例。
【3】取得用户Dao的实例。
【4】得到主题Dao的实例。
【5】得到所有频道。
【6】得到所有版主和管理员。
程序运行结果如图 6-5 所示。

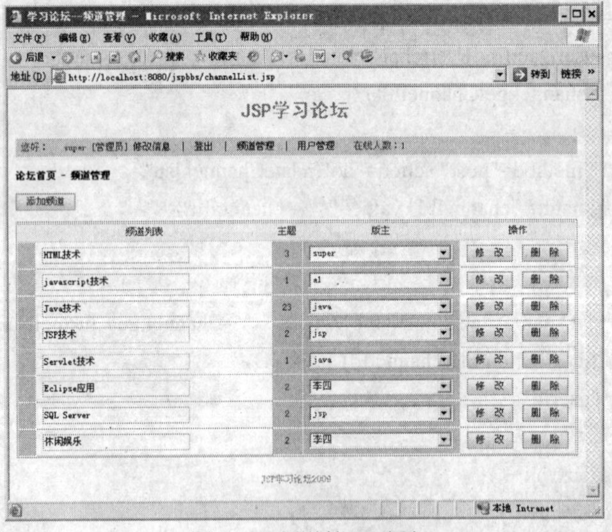

图 6-5 频道管理页面

模块七

会话跟踪技术

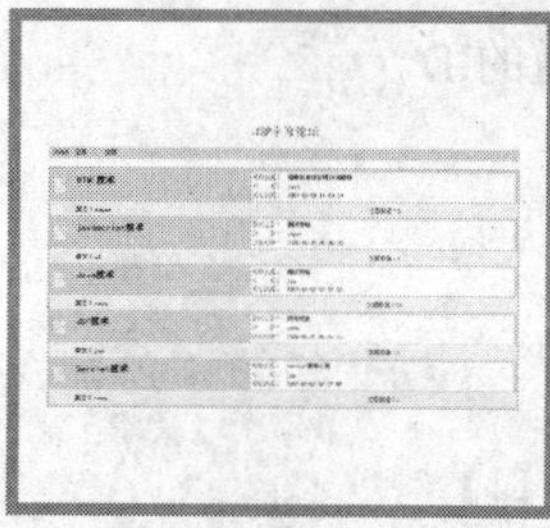

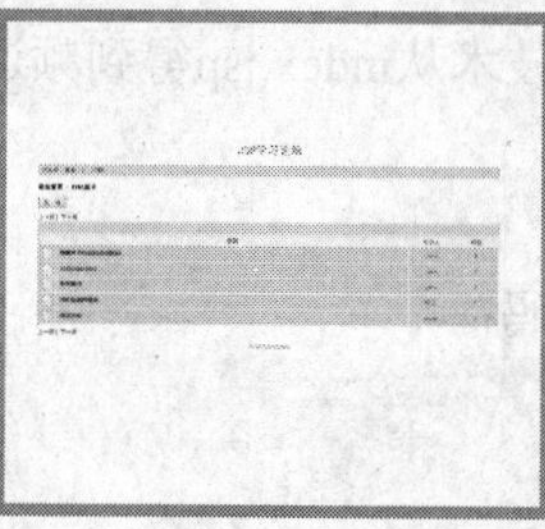

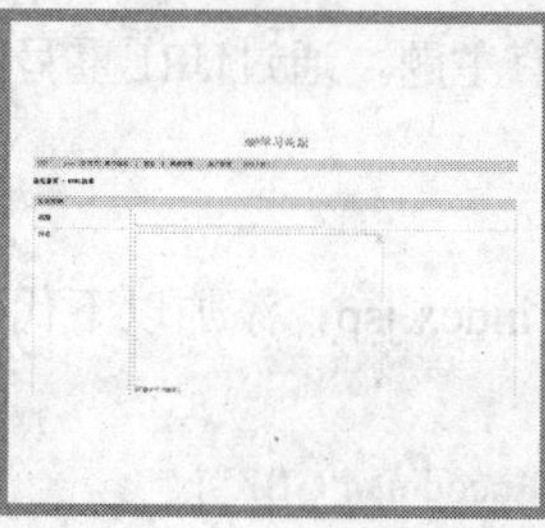

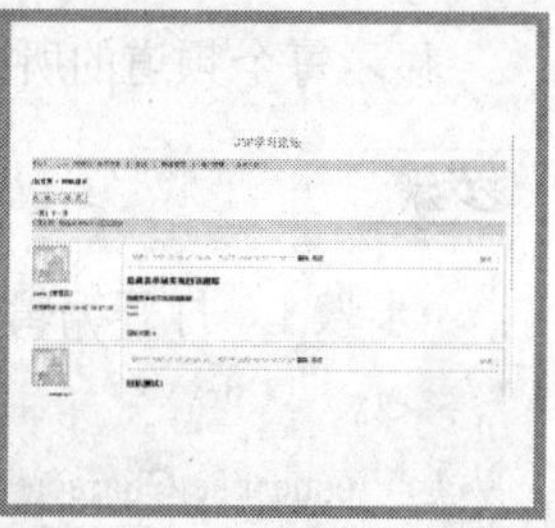

本模块导读

HTTP 是一种无状态（Stateless）的协议，也就是说，它不能有效地记录整个访问过程中的一些历史性事件。这一特点给动态页面开发带来了一系列问题。在 JSP 中，让 Web 服务器能够追踪用户的状态叫做会话跟踪（SessionTracking）。它要求上一个请求所传送的数据能够维持状态到下一个请求，并能辨认出是相同的客户端所发送的。简单地说，就是将客户端上一个 request 的数据能够维持状态到下一次 request，并且能够辨认出是否是同一个客户端发出来的。在 JSP 中，可以通过 4 种方法来完成这样的任务：①建立包含有数据的隐藏表单字段（Hidden Form Field）；②重写包含字符串的 URL（URL Rewriting）；③使用 Cookies（Persistent Cookies）；④使用 session 对象。

本模块主要介绍使用 URL 重写技术和隐藏表单域来实现会话跟踪以及会话跟踪技术综合应用。通过本模块的学习和实训，学生应该掌握常用会话跟踪技术的方法。

本模块要点

- 熟悉会话跟踪技术
- 掌握使用 URL 重写技术实现会话跟踪
- 掌握使用隐藏表单域实现会话跟踪
- 掌握会话跟踪技术综合应用

任务一　了解会话跟踪技术

本任务介绍会话跟踪技术。会话跟踪技术常用的两种实现方法是 URL 重写技术和隐藏表单域技术，通过使用 URL 重写，可以实现匿名会话跟踪；通过使用隐藏表单域，可以用来传递用户不可见的信息，从而实现会话跟踪。

子任务 1　使用 URL 重写技术

案例

显示每个频道的所有主题，通过URL重写技术从index.jsp得到频道的ID。

步骤

步骤 1　打开编辑 index.jsp，添加以下代码：

```
<%
   request.setCharacterEncoding("GBK");                              【1】
   ChannelDAO channelDao = new ChannelDAO();                         【2】
   TopicDAO topicDao = new TopicDAO();
   UserDAO   userDao   = new UserDAO();
   List channelList=channelDao.getChannelList();                     【3】
%>
```

代码详解

【1】设置字符集为简体中文GBK。

【2】分别声明频道、主题、用户的实例。

【3】通过频道实例ChannelDAO调用getChannelList得到频道列表数组channelList。后面的操作中要用到该数组的值。

步骤 2　显示所有频道；显示该频道最后发表的主题及作者；显示该频道的版主及主题数。最后效果如图 7-1 所示。

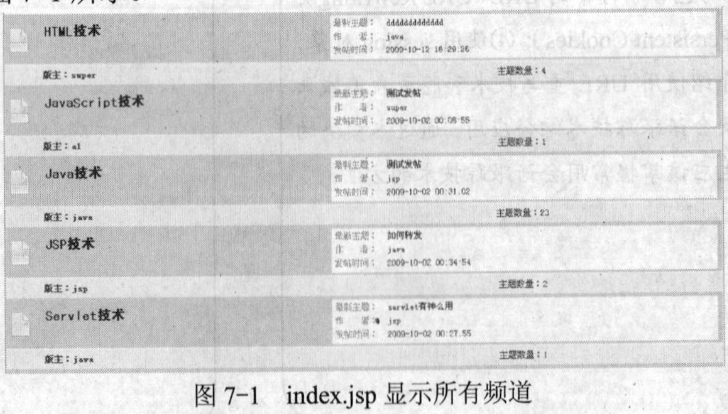

图 7-1　index.jsp 显示所有频道

利用循环的方式显示所有的频道，并取出每个频道的频道ID（channelID），代码如下：

```
……
<%
    for( int j=0; j<channelList.size(); j++ ) {
        Channel channel   = (Channel)channelList.get(j);
        Topic topic =null;
        User   channelUser=userDao.findUser(channel.getUserId() );
        User   user =null;
        int     channelId     = channel.getChannelId();                    【1】
        List    listTopic = topicDao.findListTopic( 1, channelId );
        if( listTopic!=null && listTopic.size()>0 ) {
        topic = (Topic)listTopic.get(0);                                    【2】
            user    = userDao.findUser( topic.getUserId() );
        }               %>……
<A href="topicList.jsp?page=1&amp;channelId=<%=channelId %>">              【3】
<%=channel.getChannelName()%></A> </h3></TH><TH class="h">
<%if(topic!=null){ %>
……
<A  href="replyList.jsp?page=1&amp;channelId=<%=channelId  %>&amp;topicId=  <%=topic.getTopicId()
%>">
<%=topic.getTitle() %>
……
 <td class="tr3"><%=user.getUserName() %></td></tr><tr>                    【4】
  <td class="gray">发帖时间：</td>
  <td class="tr3"><%=topic.getPublishTime().substring(0,19)%></td>         【5】
……
```

代码详解

【1】channel.getChannelId()得到频道ID值channelId。

【2】分别取得频道版主、最后发表主题及作者、主题列表等相应的数据。

【3】topicList.jsp?page=1&channelId=<%=channelId%>通过URL重写把channelId作为参数附加到连接目标topicList.jsp上。URL重写后附加参数有两个：一个是page，用来设置跳转到第一页；另一个参数channelId，用来进行频道的跟踪，浏览者点击某个频道，该频道的channelId就会被动态地写到跳转的URL上，实现了会话的跟踪。例如，点击频道“javascript”，该URL浏览器中执行跳转的路径为“http://localhost:8080/jspbbs/topicList.jsp?page=1&channelId=4”。点击产生的URL如图7-2所示。

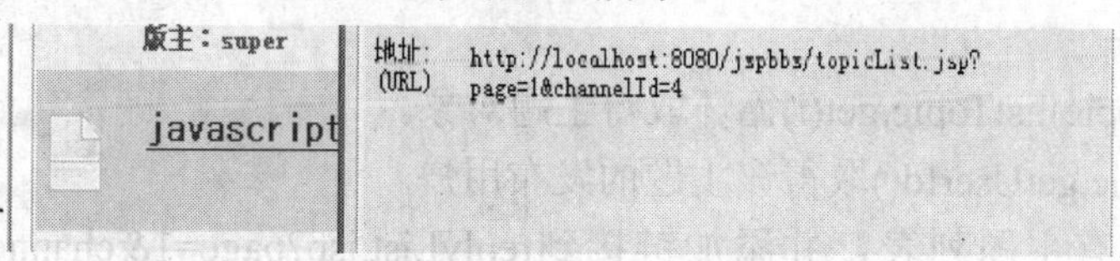

图7-2　重写后的URL

【4】显示发帖的作者。

【5】显示发帖时间。

“回帖”的链接，利用了URL重写技术传递相关参数。

步骤 3 编辑 topicList.jsp，提取 URL 的附加参数 page 和 channelId，根据得到的参数值取出相应频道的主题进行分页显示。代码如下

```
<%
    int    channelId = Integer.parseInt( request.getParameter("channelId") );        【1】
    Channel channel = channelDao.getChannel( channelId );                              【2】
    int p = Integer.parseInt( request.getParameter("page") );                         【3】
    List    listTopic = topicDao.findListTopic( p, channelId );                       【4】
%>
```

代码详解

【1】通过request.getParameter("channelId")取得URL重写后传递过来的参数频道ID。

【2】利用channelDao.getChannel(channelId)取得频道信息。

【3】利用 request.getParameter("page")取得页数。

【4】利用topicDao.findListTopic(p, channelId)取得该板块主题列表。

主题列表循环的显示代码：

```
……
 <%
    for( int i=0; i<listTopic.size(); i++ ) {
      Topic topic = (Topic)listTopic.get(i);                                              【1】
      User user = userDao.findUser( topic.getUserId() );                                  【2】
 %>
 <TR class="tr3">
     <TD><IMG src="image/topic.gif" border=0></TD>
      <TD >
      <A      href="replyList.jsp?page=1&channelId=<%=channelId      %>&topicId=<%=topic.getTopicId()
%>"><%=topic.getTitle() %>                                                                  【3】
      </A>
      </TD>
      <TD align="center"><%=user.getUserName() %></TD>                                    【4】
      <TD align="center"><%=replyDao.findCountReply( topic.getTopicId() )%></TD>           【5】
   </TR>        <% } %></TABLE>
```

代码详解

【1】通过(Topic)listTopic.get(i)循环取得主题对象。

【2】利用topic.getUserId()取得该主题的发布用户。

【3】显示所有主题列表，并添加链接到replyList.jsp?page=1&channelId=<%=channelId %>&topicId=<%=topic.getTopicId()%>。

【4】显示作者姓名。

【5】显示回帖数量。

产生的页面如图 7-3 所示。

图 7-3 显示某频道的主题页面 topicList.jsp

知识点详解

在某些情况下，用户为了安全性考虑可能会关闭 Web 浏览器的 Cookie 功能。这时如果从用户端浏览器送出 HTTP 请求，并不会包含 Session ID，因此 Servlet 容器无法利用同一个 HTTP 会话来保存不同的 HTTP 请求内容。为了避免用户关闭 Cookie 后导致 Web 应用程序无法如期运行，必须利用另一种方法来“强迫用户端浏览器送出相同的 Session ID”，其实现方式是“改写用户端浏览器所送出的 URL 请求，在 URL 请求后面插入一个 Session ID”，这样一来，Servlet 容器就可以根据用户端传送 HTTP 请求时夹带的 Session ID 来取得相同的 HTTP 会话。

URL 重写是支持匿名会话跟踪的一个方法。使用 URL 重写技术，每个可能被用户点击的本地 URL 都会被动态修改，或重写以包含附加信息。附加信息可能是附加路径信息、附加参数或定制的服务器端指定的 URL 变换的形式。在 URL 重写中，附加信息通常是一个独特的会话 ID。例如，下列 URL 被重写以发送会话 ID123：

http://server:port/path/topicList.jsp	原始路径
http://server:port/pathtopicList.jsp?listId=123	附加参数
http://server:port/path/topicList.jsp;listId=123	定制变换

每项重写技术都有其优缺点。所有的服务器上都可使用附加路径信息，但如果 Servlet 把附加路径信息作为实际路径信息使用，则这个方法就不可用了。所有的服务器上也都可以使用附加参数，但它会引起参数命名冲突。而使用一个服务器端指定的变化只能在支持这种变化的服务器上使用。

信息卡

HTTP 和 URL

1．HTTP 的含义

HTTP 是英文 Hyper Text Transfer Protocol 的缩写，中文称为超文本传输协议。这个协议虽然规模不大，但是可以处理许多不同媒体的资料格式和多种 Internet 资源。

HTTP 在传送数据时的信息包格式分为两种，它们都有一个简单的用于描述信息特性的信息包头（Header），接在后面的是信息的正文（Body）。一般来说，要求信息的正文是一串字符，而回应信息的正文是HTML文件。

WWW服务器程序也称为HTTPD，就是HTTP Daemon的缩写。所谓Daemon（守护神），其实就是常驻程序，它存在于计算机内存中，随时可视需要来处理事务。

HTTP是网络检索和浏览最常用的协议。它的基本原理是：

1）用户在浏览器中输入一个URL地址，浏览器打开该地址指定的计算机和端口的连接。

2）浏览器传输一个词GET，后面紧跟一个空格、一个文件夹路径、一个可选的文件名称和一个回车符（与按下“Enter”键的效果相同）。例如，一个典型的GET请求是GET /stars/movie.html。

3）服务器返回一个状态码、一个文件类型指示符、一个空行和请求文件的内容。

4）最后，服务器关闭连接。

注意上段中的GET命令所包含的信息少于通常的URL所包含的信息。相应的URL应当是：http://www.entertainment.com/starts/movie.html。

其中，HTTP指定所使用的协议，www.entertainment.com是站点服务器的名称，浏览器使用http://www.entertainment.com包含的信息连接到站点服务器，并且将其余部分作为命令传送到服务器用于定位和传输文件——也就是上面的GET请求。

2．URL的含义

WWW综合了很多网络上原有的资源，为了能够以一致的语法来表示网络上的各种服务及地址，因而产生了URL。URL（Univalsal Resource Locator，统一资源定位符）以单个串的形式提供访问站点中文件所需的所有信息。其结构为：

＜协议＞：//<服务器地址>:<端口>/路径。

例如：

http://www.mywebsite.com:80/news/00001.html

从左至右，URL各组成部分的作用如下：

（1）协议　指出Web客户程序用来操作的工具。例如，http://表示Web服务器；ftp://表示FTP服务器；gopher://表示Gopher服务器；　new://表示Newgroup新闻组。

（2）服务器地址（Host）　指出Web页所在的服务器域名。

（3）端口（Port）　对某些资源的访问来说，有时需给出相应服务器的端口号。

（4）路径（Path）　指明服务器上某资源的位置，通常由“目录/子目录/文件名”这样的结构组成，与端口一样，路径并非总是需要的。

HTTP（如果在浏览器中输入www，将自动使用此协议）告诉浏览器使用超文本传输协议（HTTP）设置格式并传输发送给命名计算机的请求，同时将80设置为默认端口号。浏览器会要求远程计算机发送名为00001.html的文件，此文件位于站点的/news目录中。

子任务2　使用隐藏表单域

案例

实现“发帖”功能。利用URL重写技术获得当前的频道ID，再利用隐藏表单域把这个值提交，写到数据库里。完成该帖的归类发帖。

步骤

步骤 1　编辑 topicList.jsp，为“发帖”按钮添加链接，如图 7-4 所示。代码如下：

```
<input type="button" class="btn" value="发  帖" onClick="window. location.href='tip.jsp?post=
newtopic&channelId=<%=channelId %>' ">
```

这里用到了 URL 重写技术，附加了 post 和 channelId 两个参数。

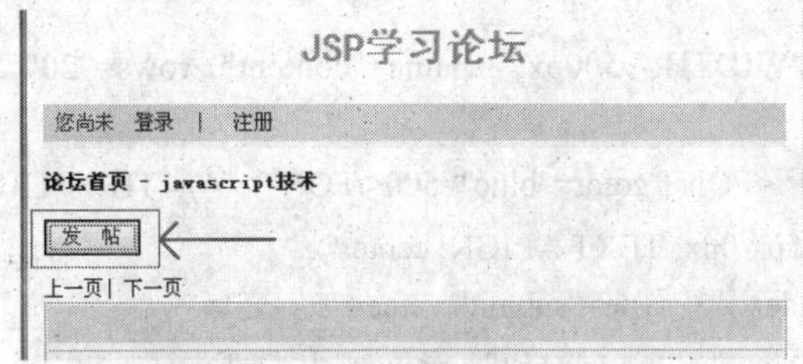

图 7-4　为“发帖”按钮添加链接

步骤 2　编辑 tip.jsp，提取附加参数的值。代码如下：

```
<%
    ChannelDAO channelDao = new ChannelDAO();                                    【1】
    int    channelId = Integer.parseInt( request.getParameter("channelId") );    【2】
    Channel channel = channelDao.getChannel( channelId );                        【3】
    String topicId = request.getParameter("topicId")==null ? "":request.getParameter("topicId"); 【4】
String formAction = request.getParameter("post").equals("newreply")? "doAddReply.jsp":"doAddTopic.jsp";
                                                                                 【5】
%>
```

代码详解

【1】通过new ChannelDAO()得到频道Dao的实例。

【2】通过request.getParameter("channelId")取得频道ID。

【3】通过channelDao.getChannel(channelId)取得频道信息。

【4】根据topicId判断是添加主题操作，还是回帖操作。

【5】根据判断赋值给formAction，回帖提交到doAddReply.jsp，发布新帖提交到doAddTopic.jsp。

步骤 3　添加“发表主题”表单，除添加“标题”和“内容”表单域，还要添加一个隐藏域表单用来传递 channelId 的值。代码如下：

```
<FORM name="postForm" onSubmit="return check()" action="<%=formAction%>" method="POST"> 【4】
<INPUT type="hidden" name="channelId" value="<%=channelId%>"/>                          【1】
<INPUT type="hidden" name="topicId" value="<%=topicId%>"/>                              【2】
<DIV class="t">
<TABLE cellSpacing="0" cellPadding="0" align="center">
<TR><TD class="h" colSpan="3"><B>发表主题</B></TD></TR>
 <TR class="tr3">
<TH width="20%"><B>标题</B></TH>
```

```
<TH><INPUT class="input" style="PADDING-LEFT: 2px; FONT: 14px Tahoma" tabIndex="1" size="60"
name="title"></TH></TR>
<TR class="tr3">
<TH vAlign=top>
 <DIV><B>内容</B></DIV>
</TH>
<TH colSpan=2><DIV>
<span><textarea style="WIDTH: 500px;" name="content" rows="20" cols="90" tabIndex="2" >
</textarea></span>                                              【3】
        </DIV>(不能大于:<FONT color="blue">500</FONT>字)</TH></TR></TABLE> </DIV>
<DIV style="MARGIN: 15px 0px; TEXT-ALIGN: center">
<INPUT class="btn" tabIndex="3" type="submit" value="提 交">
<INPUT class="btn" tabIndex="4" type="reset"  value="重 置">
</DIV></FORM>
```

代码详解

【1】添加一个命名为channelId的隐藏表单域，且赋值value="<%=channelId%>"，设置type的值为“hidden”，用来传递频道ID。

【2】添加一个命名为topicId的隐藏表单域，且赋值value="<%= topicId%>"，设置type的值为“hidden”，用来传递主题ID。

【3】设置发帖或回帖内容的文本框，设置style="WIDTH: 500px;"，表示宽度为500像素，如图7-5所示。

【4】设置<form>的action属性为formAction，即根据判断选择提交路径。如果是发新帖就被提交到doAddTopic.jsp，从而实现回话跟踪，把该主题发到相应的频道内。产生的效果如图7-6所示。

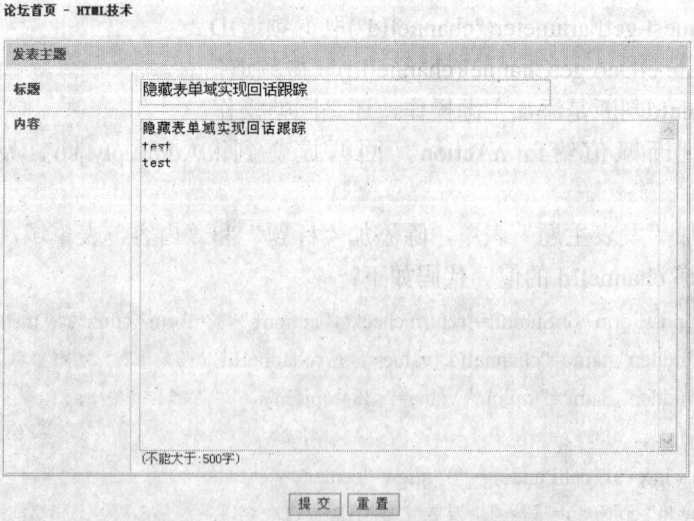

图7-5 “发帖”到频道“HTML技术”

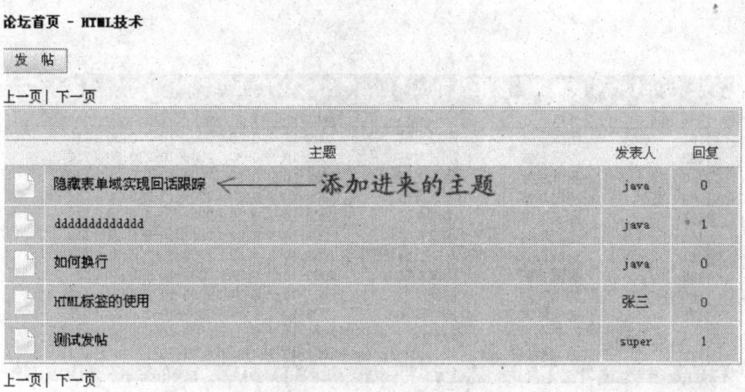

论坛首页 - HTML技术

发 帖

上一页| 下一页

	主题	发表人	回复
	隐藏表单域实现回话跟踪 ←——添加进来的主题	java	0
	dddddddddddd	java	1
	如何换行	java	0
	HTML标签的使用	张三	0
	测试发帖	super	1

上一页| 下一页

图 7-6 主题成功添加到“HTML 技术”频道

步骤 4 编辑 doAddTopic.jsp，取出隐藏表单域的 channelId 的值，添加到数据库中，完成“发帖”操作，如图 7-7 所示。代码如下：

```
<%
request.setCharacterEncoding("GBK");
String title = request.getParameter("title");                          【1】
String content = request.getParameter("content");                      【2】
TopicDAO topicDao   = new TopicDAO();                                  【3】
User user = (User)session.getAttribute("loginUser");                   【4】
int   channelId = Integer.parseInt( request.getParameter("channelId") );    【5】
if( user!=null ) {                                                     【6】
    Topic topic = new Topic();
    topic.setTitle(title);
    topic.setContent(content);
    topic.setChannelId(channelId);
    topic.setUserId(user.getUserId());
    topicDao.addTopic(topic);                                          【7】
    response.sendRedirect("topicList.jsp?page=1&channelId="+channelId);    【8】
    return;
}
%>
```

代码详解

【1】通过request.getParameter("title")取得帖子标题。

【2】通过request.getParameter("content")取得帖子内容。

【3】通过new TopicDAO()得到主题Dao的实例。

【4】通过(User)session.getAttribute("loginUser")从session中取得登录用户。

【5】通过request.getParameter("channelId")取得频道ID。

【6】使用if(user!=null)语句判断用户是否已经登录。

【7】通过topicDao.addTopic(topic)保存主题帖子到数据库，如图7-7所示。

【8】通过response.sendRedirect("topicList.jsp?page=1&channelId="+channelId)实现URL重

写后跳转。

表“topic”中的数据，位置是“bbs”中、“(LOCAL)”上

topicId	title	content	publishTime	modifyTime	userId
161	测试发帖	测试发帖	2009-10-2 0:30::	2009-10-2 0:30::	112
162	测试发帖	测试发帖	2009-10-2 0:30:·	2009-10-2 0:30:·	112
163	测试发帖	测试发帖	2009-10-2 0:30:·	2009-10-2 0:30:·	112
164	测试发帖	测试发帖	2009-10-2 0:30:!	2009-10-2 0:30:!	112
165	测试发帖	测试发帖	2009-10-2 0:30:!	2009-10-2 0:30:!	112
166	测试发帖	测试发帖	2009-10-2 0:31:I	2009-10-2 0:31:I	112
167	MyEclipse好用吗	MyEclipse好用吗	2009-10-2 0:33:·	2009-10-2 0:33:·	111
168	测试发帖	测试发帖	2009-10-2 0:34:	2009-10-2 0:34:	111
169	如何换行	如何换行	2009-10-2 0:34::	2009-10-2 0:34::	111
170	如何转发	如何转发	2009-10-2 0:34:!	2009-10-2 0:34:!	111
171	update	update	2009-10-2 0:37:	2009-10-2 0:37:	113
172	ddddddddddddd	ddddddddddddd	2009-10-12 16:2'	2009-10-12 16:2'	111
173	隐藏表单域实现E	隐藏表单域实现E	2009-10-28 11:0I	2009-10-28 11:0I	111

图 7-7　添加到数据表 topic 里的记录

知识点详解

隐藏表单域是标准的 HTML 标记，用来在表单中存储用户不可见的信息。当用于支持会话跟踪时，隐藏表单域可用于存放用户的会话 ID，以便在每次请求中传送给服务器。与获取普通的表单项一样，服务器取得该 ID，从而知道该请求属于哪一个会话。组件可能在 HTML 表单里包含一个不显示在表单上的域，叫做隐藏域。类似于表单上的其他域，在表单上隐藏域可以拥有一个值。然而，这个值是由组件赋给隐藏域，而不是由用户分配的。

当用户选择 Submit 按钮时，隐藏域与表单上的其他域被同等对待。也就是说，隐藏域的域名和域值从表单上与其他域一同被浏览器提取，并作为一个参数传递给组件。这意味着会话状态可以被保持，会话状态作为一个值赋给会话期间使用的所有表单上的一个或者多个隐藏域。

隐藏的表单域既有名称也有值，其编码在 HTML 中。站点访问者既看不见也无法修改这些域；它们都由网页设计者来控制。隐藏的域一般包含应用程序数据，如常量或参数，这些数据控制服务器端程序的运行。这种方式准许通过改变 HTML 语言来改变服务器端程序的运行，这比通过修改原程序本身的方式要容易。

另外，隐藏域只包含字符串值，不包含数字、日期以及其他数据类型。这意味着每次页面传送到组件时，组件也许需要把字符串转变为更适合的值类型。另外，在传输过程中，会话状态是暴露的，这意味着包含敏感信息，如信用卡号码的会话状态必须被加密，以保证传输过程中的信息安全。

任务二　会话跟踪技术综合应用

通过对任务一的学习，掌握了会话跟踪技术常用的两种技术，即 URL 重写技术和隐藏表单域技术，本任务通过对这两种技术的综合应用，来高效、灵活地实现会话跟踪。

子任务 1　显示主题详细信息和所有回帖

案例

显示主题详细信息和所有回帖。通过URL重写技术，把频道ID和主题ID值写到URL中，

在显示页面取出频道ID和主题ID，进行该主题及其回帖的显示。

步骤

步骤 1　打开编辑 topicList.jsp，为主题添加如下链接：

```
<A href="replyList.jsp?page=1&channelId=<%=channelId %>&topicId= <%=topic.getTopicId() %>">
<%=topic.getTitle() %>
</A>
```

这里使用了 URL 重写技术，为 URL 添加了 channelId 和 topicId 参数，跟踪用户点击的的主题所属的频道和主题 ID。

步骤 2　创建 replyList.jsp，取出 URL 传递过来的参数，代码如下：

```
<%
    request.setCharacterEncoding("GBK");
    TopicDAO topicDao   = new TopicDAO();                                        【1】
    ReplyDAO replyDao   = new ReplyDAO();                                        【2】
    ChannelDAO channelDao   = new ChannelDAO();                                  【3】
    UserDAO   userDao    = new UserDAO();                                        【4】
    int channelId = Integer.parseInt( request.getParameter("channelId") );       【5】
    int topicId = Integer.parseInt( request.getParameter("topicId") );           【6】
    int p = Integer.parseInt(request.getParameter("page"));
    Channel channel = channelDao.getChannel( channelId );                        【7】
    Topic topic = topicDao.findTopic( topicId );                                 【8】
    User topicUser = userDao.findUser( topic.getUserId() );                      【9】
    List listReply = replyDao.findListReply( p,topicId );                        【10】
    int prep = p;                                                                【11】
    int nextp = p;                                                               【12】
    if(listReply.size()==10) {    nextp = p+1;}
    if( p>1 ){     prep = p-1;}                                                  【13】
%>
```

代码详解

【1】通过new TopicDAO() 声明主题Dao的实例。
【2】通过new ReplyDAO() 得到回复Dao的实例。
【3】通过new ChannelDAO() 得到频道Dao的实例。
【4】通过new UserDAO() 得到用户Dao的实例。
【5】通过Request内置对象取出URL传递过来的参数channelId。
【6】通过Request内置对象取出URL传递过来的参数topicId。
【7】通过getChannel(channelId)取得频道信息。
【8】通过topicDao.findTopic(topicId)取得主题信息。
【9】通过userDao.findUser(topic.getUserId())取得主题作者。

【10】通过replyDao.findListReply(p,topicId)取得该主题的回复列表。

【11】定义上一页变量。

【12】定义下一页变量。

【13】分页设置，每 10 个主题分为一页，如图 7-8 所示。

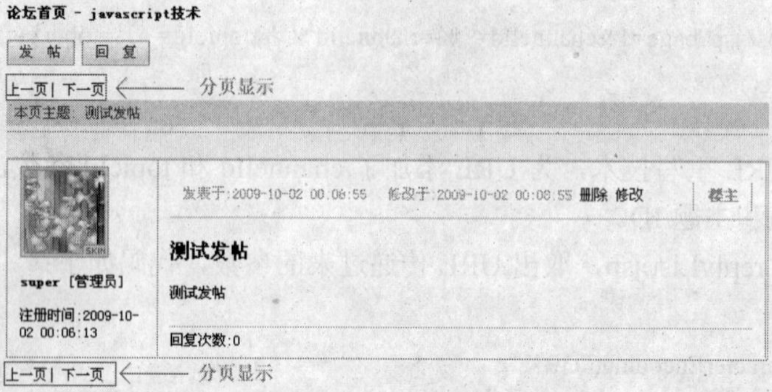

图 7-8 分页显示

步骤 3 显示该主题详细信息。代码如下：

```
……
<DIV class="t">
<TABLE style="BORDER-TOP-WIDTH: 0px; TABLE-LAYOUT: fixed" cellSpacing="0" cellPadding="0" width="100%">
<TR class="tr1">
<TH style="WIDTH: 20%">
<img src="image/head/<%=topicUser.getHead()%>"/><BR/><br>
<B><%=topicUser.getUserName() %></B>                                    【1】
[<%=topicUser.getRole()==3?"普通用户":topicUser.getRole()==2?"版主":"管理员" %>]<br><br>注册时间:<%=topicUser.getRegisterTime().substring(0,19) %>      【2】
……
发表于:<%=topic.getPublishTime().substring(0,19) %>  
修改于:<%=topic.getModifyTime().substring(0,19) %>
<A href="javascript:confirmDelete()">删除</A>
<A href="updateTopic.jsp?channelId=<%=channelId%>&topicId=<%=topicId%>">修改</A>      【3】
……
<H4><%=topic.getTitle() %></H4>
<DIV><pre><%=topic.getContent() %></pre></DIV>
<div class="tipad2">回复次数:<%=replyDao.findCountReply(topic.getTopicId())%> </div>
……
```

代码详解

【1】显示作者用户名，如图7-9所示。

【2】根据topicUser.getRole()判断发帖者是普通用户还是版主，并显示注册时间。

【3】如果是版主，提供删除和修改功能。

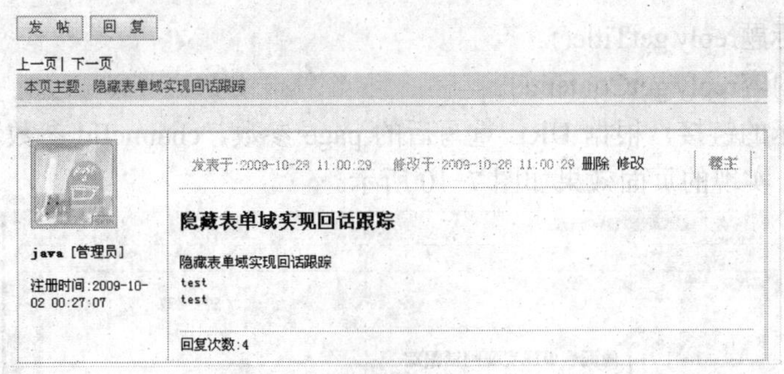

图 7-9 显示该主题详细信息

步骤 4 显示该主题下的所有回帖。代码如下：

```
<%
for( int i=0; i<listReply.size(); i++ ) {                                        【1】
Reply reply = (Reply)listReply.get(i);                                           【2】
User  replyUser = (User)userDao.findUser( reply.getUserId() );                   【3】
%>
……
        <B><%=replyUser.getUserName() %></B>
        [<%=replyUser.getRole()==3?"普通用户":replyUser.getRole()==2?"版主":"管理员" %>]<br><br>
注册时间:<%=topicUser.getRegisterTime().substring(0,19) %>
……
<th>回复于:<%=reply.getPublishTime().substring(0,19) %>  修改于:<%=reply.getModifyTime().
substring(0,19) %>
<A href="doDeleteReply.jsp?channelId=<%=channelId%>&replyId=<% =reply.getReplyId() %>&topicId=
<%=topicId%>">删除</A>
<A href="updateReply.jsp?channelId=<%=channelId%>&replyId=<%=reply.getReplyId() %>&topicId=<%=
topicId%>">修改</A>
……
<H4><%=reply.getTitle() %></H4>                                                  【4】
<DIV><pre><%=reply.getContent() %></pre></DIV>                                   【5】
……
<a href="replyList.jsp?page=<%=prep%>&channelId=<%=channelId %>&topicId= <%=topicId %>">上一
页</a>                                                                            【6】
<a href="replyList.jsp?page=<%=nextp%>&channelId=<%=channelId %>&topicId= <%=topicId %>">下一
页</a>
</DIV>
```

代码详解

【1】根据listReply.size()获得回帖数，循环取出所有回复信息。

【2】通过listReply.get(i)依次读出每条回复信息。

【3】通过userDao.findUser(reply.getUserId())取得回帖者的用户名。

【4】回帖的标题reply.getTitle()。

【5】回帖的内容reply.getContent()。

【6】分页显示的链接，根据 URL 重写后的 page 参数、channelId 参数和 topicId 参数来跳到相应的页面。实现的页面效果如图 7-10 所示。

图 7-10 主题详细信息及该主题所有回帖页面

注意

对于 URL 重写技术，URL 字符串的长度不得超过 256 个字符，且参数名不能重复。对于隐藏表单域，只能用于特定操作中。仅当每个页面都由表单提交而动态生成的时候，才可以使用隐藏表单域，用来存储相关会话信息。因此，在页面的设计实现中，通常需要对会话跟踪技术综合应用来实现需求。

子任务 2 发布回帖

案例

通过URL重写技术从replyList.jsp中得到频道ID和主题ID值，并把这两个值写到隐藏表单域中，提交给doAddReply.jsp。doAddReply.jsp获取隐藏表单域中频道ID值和主题ID值，完成回帖操作。

步骤

步骤 1 打开编辑 replyList.jsp，添加“回复”按钮，并为该按钮添加链接。

```
<input type="button" class="btn" value="回  复" onClick="window. location.href='tip.jsp?post=newreply&topicId=<%=topicId %>&channelId=<%=channelId %>'">
```

链接目标为 tip.jsp，利用 URL 重写技术，添加附加参数 post、topicId 和 channelId。Post

参数用来判断执行“发帖”还是“回帖”。

步骤 2 打开 tip.jsp，取出附加参数的值，代码如下：

```
<%
if(session.getAttribute("loginUser")==null){
 request.getRequestDispatcher("error.jsp?msg=您尚未登录").forward(request,response);
 return;
}                                                                          【1】
request.setCharacterEncoding("GBK");
ChannelDAO channelDao = new ChannelDAO();                                  【2】
int channelId = Integer.parseInt( request.getParameter("channelId") );     【3】
Channel channel = channelDao.getChannel( channelId );
String topicId = request.getParameter("topicId")==null ? "": request.getParameter ("topicId");
String formAction=request.getParameter("post").equals("newreply")? "doAddReply.jsp":"doAddTopic.jsp";
                                                                           【4】
%>
```

代码详解

【1】判断session，确定是否已登录，只有登录用户才能回帖。

【2】通过new ChannelDAO() 得到频道Dao的实例。

【3】通过request.getParameter("channelId"))取得频道ID。

【4】根据判断赋值给formAction，回帖提交到doAddReply.jsp，发布新帖提交到doAddTopic.jsp。

步骤 3 把 topicId 和 channelId 的值通过隐藏表单域进行传递。代码如下：

```
<DIV>
<FORM name="postForm" onSubmit="return check()" action="<%=formAction%>" method="POST">
<INPUT type="hidden" name="channelId" value="<%=channelId%>"/>
<INPUT type="hidden" name="topicId" value="<%=topicId%>"/>
<DIV class="t">
<TABLE cellSpacing="0" cellPadding="0" align="center">
<TR><TD class="h" colSpan="3"><B>发表主题</B></TD></TR>
<TR class="tr3">
<TH width="20%"><B>标题</B></TH>
<TH><INPUT class="input" style="PADDING-LEFT: 2px; FONT: 14px Tahoma" tabIndex="1" size="60" name="title"></TH></TR>
<TR class="tr3"><TH vAlign=top>
<DIV><B>内容</B></DIV></TH>
<TH colSpan=2><DIV>
<span><textarea style="WIDTH: 500px;" name="content" rows="20" cols="90" tabIndex="2" ></textarea></span></DIV>    (不能大于:<FONT color="blue">500</FONT>字)</TH></TR>
</TABLE>
</DIV>
```

```
<DIV style="MARGIN: 15px 0px; TEXT-ALIGN: center">
<INPUT class="btn" tabIndex="3" type="submit" value="提 交">
<INPUT class="btn" tabIndex="4" type="reset"   value="重 置">
</DIV>
</FORM>
</DIV>
```

表单页面效果如图 7-11 所示。

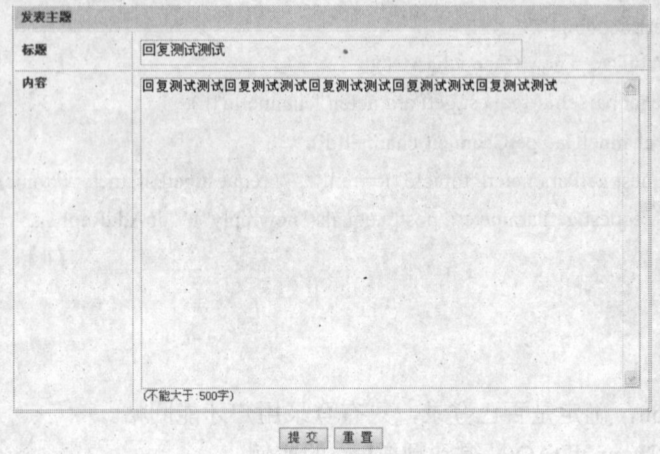

图 7-11 “回复”页面

步骤 4 编辑 doAddreply.jsp，取出隐藏表单域的 channelId 和 topicId 的值，添加到数据库中，完成“回帖”操作。代码如下：

```
<%
    request.setCharacterEncoding("GBK");
    String title = request.getParameter("title");                          【1】
    String content = request.getParameter("content");                      【2】
    ReplyDAO replyDao   = new ReplyDAO();
    User   user = (User)session.getAttribute("loginUser");                 【3】
    int channelId = Integer.parseInt( request.getParameter("channelId") );
    int topicId = Integer.parseInt( request.getParameter("topicId") );
    if( user!=null ) {
      Reply reply = new Reply();
      reply.setTitle(title);
      reply.setContent(content);
      reply.setTopicId(topicId);
      reply.setUserId(user.getUserId());
      replyDao.addReply(reply);                                            【4】
      response.sendRedirect("replyList.jsp?page=1&channelId="+channelId+"&topicId="+topicId);
      return;
    }
    request.getRequestDispatcher("/error.jsp?msg=您未登录").forward(request,response);
%>
```

代码详解

【1】通过request.getParameter("title")取得帖子标题。

【2】通过request.getParameter("content")取得帖子内容。

【3】通过session.getAttribute("loginUser")从session中取得登录用户。

【4】通过replyDao.addReply(reply)保存主题帖子。

"回帖"成功的效果如图7-12所示。

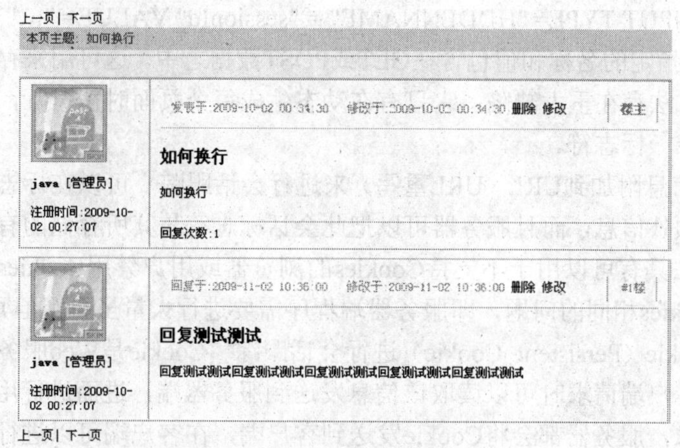

图 7-12 回帖成功

知识点详解

HTTP 是一种无状态的协议：它没有向服务器提供内置方法来对一系列由相同用户发起的请求进行识别。私密性的提倡者们可能认为这是一个很好的特性，但是大多数的程序员却认为这是一个令人头疼的地方，因为 Web 应用程序不是无状态的。一个功能强大的 Web 应用程序需要不停地与用户交流，获得用户信息。购物车应用程序就是一个很好的例子。一个客户端将一些项目记在其虚拟购物车上，然后服务器必须把这些信息记住，因为使用者可能会在浏览过几个网页之后，甚至是几天后才结账。

可以通过设想这样的情况来理解 HTTP 的状态问题：如果在一个网络论坛上做客，可以看到许多浏览者的头像，大家都一起交谈。他们会问一些问题，也会回答你的问题，就像回到了高中的课堂上。但现在想象一下，如果所有的人都和你说话，但是不知道这些都是谁说的。看到的只是一大堆的问题和掺杂其中的话语。在这样的论坛里，就只能做一对一的谈话了，也许是直接回答问题。如果还想做进一步的事，如回问某人一个问题，不必知道答案何时会返回，这就是一个 HTTP 的状态问题。HTTP 只看到一些请求，它还需要知道是谁作出的请求。

因为 Web 服务器在请求之间不会记住客户端，因此保持一个会话的唯一方式是客户端跟踪会话。实现此功能有两种基本方式：一种是客户端记住所有会话的相关数据，并在必要时将之发回到服务器；另一种是服务器保持所有数据，对其设置一个标志，让客户端记住该标志。

第一种方案实现比较简单，不需要服务器部分加入特殊功能。此方案需要来回传送大量的数据，可能会降低性能。另一个问题是服务器端对象，如数据库和网络连接对每一请求必须被重新初始化。为此，此方案最适合于小批量数据的长期持久性发送，如用户优先权和账号。

第二种方案功能更多，一旦服务器初始化了一个会话且客户端接受了它，服务器就可以构建复杂的、有效的对象并保存大量的数据，只需要一个关键字就可以区分会话。

会话跟踪常用到的 4 种方法：

（1）使用HTML表单传送隐藏字段里的状态信息来进行会话跟踪　HTML表单拥有一个看起来类似于<INPUT TYPE= "HDDENNAME" = "sessionId" VALUE= "…" >的入口。这表明，提交表单时，指定的名称和值包含在GET或POST数据之中。这可用来存储有关会话的信息。但是，这种方法存在重大缺陷：它只有在动态生成每个页面时才可行，因为其基本要点是每个会话具有唯一标志符。

（2）把状态信息附加到URL（URL重写）来进行会话跟踪　可以在标志会话的每个URL的末尾附加一些额外信息，而且服务器可以把此会话标志符与其所存储的有关此会话的数据联系起来。该方法具有可以用于不支持Cookies的浏览器或用户禁用Cookies之处的优点。但是，它拥有与Cookies相同的问题，即服务器端程序需要进行大量虽直观但冗长的处理工作

（3）使用Cookie（Persistent Cookie）进行会话跟踪　Cookie是Web服务器发送给客户端的一小段信息，客户端请求时可以读取该信息发送到服务器端，进而进行用户的识别。对于客户端的每次请求，服务器都会将Cookie发送到客户端，在客户端可以进行保存，以便下次使用。客户端可以采用两种方式来保存这个Cookie对象：一种方式是保存在客户端内存中，称为临时Cookie，浏览器关闭后这个Cookie对象将消失；另外一种方式是保存在客户机的磁盘上，称为永久Cookie。以后客户端只要访问该网站，就会将这个Cookie再次发送到服务器上，前提是这个Cookie在有效期内。这样就实现了对客户的跟踪。Cookie是可以被禁止的。

（4）利用session进行会话跟踪　每一个用户都有一个不同的session，各个用户之间是不能共享的，在session中可以存放信息。在服务器端会创建一个session对象，产生一个sessionID来标志这个session对象，然后将这个sessionID放入到Cookie中发送到客户端，下一次访问时，sessionID会发送到服务器，在服务器端进行识别不同的用户。session是依赖Cookie的，如果Cookie被禁用，那么session也将失效。

学材小结

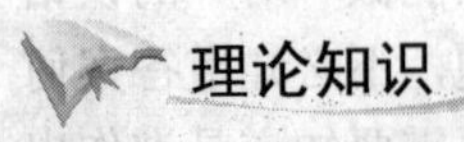

理论知识

一、选择题

1．下面正确的 URL 是（　　）。

A．index.jsp　　B．myweb/add.js

C．http://www.edu.cn/index.jsp　　D．www.edu.cn

2．在 URL 重写技术中，正确的是（　　）。

A．tip.jsp:id=1 B．tjp.jsp,id=1 C．tjp.jsp id=1 D．tjp.jsp?id=1

3．隐藏表单域<input>的 type 值是（ ）。

A．hidden B．submit C．reset D．radio

4．提取隐藏表单域的值使用的内置对象是（ ）。

A．response B．session C．application D．request

5．回话跟踪技术有（ ）。（多选）

A．URL 重写 B．隐藏表单域 C．session D．Cookies

二、填空题

1．URL 是由_________、_________、_________和<文件名>构成的。

2．URL 字符串的长度不得超过_________个字符。

3．在 JSP 中，可以通过 4 种方法来完成会话跟踪：使用_________ session、_________、_________和_________。

4．站点访问者既看不见也无法修改的表单域，称为_________。

5．隐藏域只包含_________值，不包含数字、日期以及其他数据类型。

实训任务

实训 修改主题页面“updateTopic.jsp”和提交修改页面“doUpdateTopic.jsp”。

【实训目的】掌握利用URL重写技术和隐藏表单域来实现会话跟踪。

【实训内容】假设修改项的其他字段都已完成，利用填空的方式来完成会话跟踪。

【实训步骤】

步骤 1 打开“replyList.jsp”文件，为主题的“修改”添加如下链接，如图 7-13 所示。

```
<A href="updateTopic.jsp?channelId=<%=channelId%>&topicId=<%=topicId%>">修改</A>
```

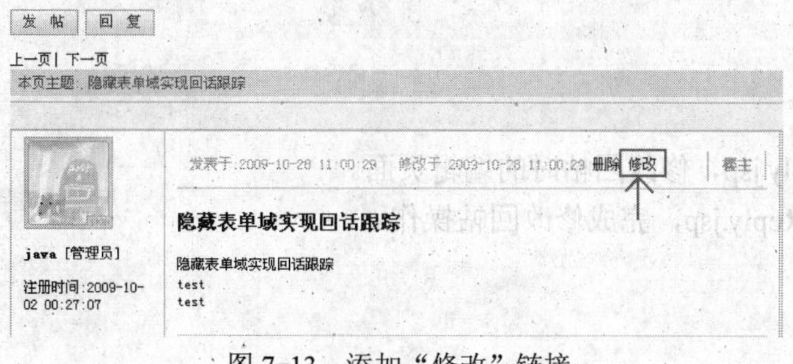

图 7-13 添加“修改”链接

步骤 2 打开“updataTopic.jsp”文件，获取频道 ID 和主题 ID。

```
int    channelId   = Integer.parseInt(______________);     // 取得频道 ID
int     topicId    = Integer.parseInt( ______________); // 取得主题 ID
```

步骤 3 添加隐藏域表单，表单设计如图 7-14 所示。

```
<INPUT   type=________  name="channelId" value="<%=channelId%>"/>
<INPUT   type=_______  name="topicId" value="<%=topicId%>"/>
```

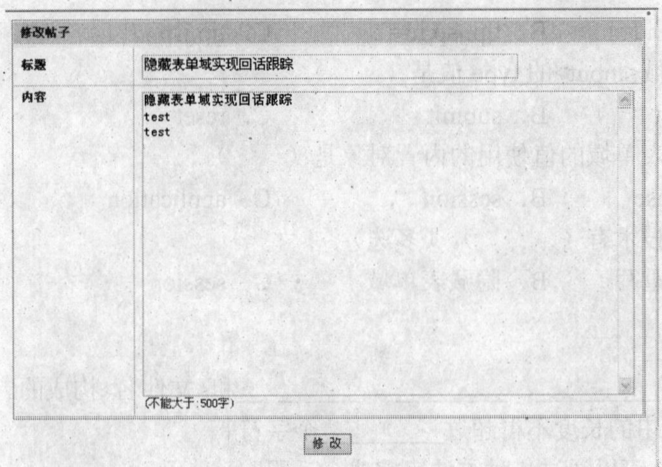

图 7-14 修改主题表单

步骤 4 打开“doUpdateTopic.jsp”，取出隐藏表单域传递过来的频道 ID 和主题 ID，提交到数据库，页面自动跳转到主题显示页面，如图 7-15 所示。

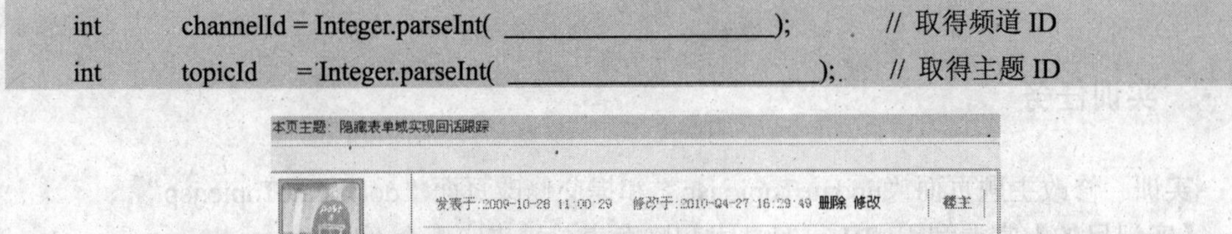

```
int    channelId = Integer.parseInt( ____________________ );    // 取得频道 ID
int    topicId   = Integer.parseInt( ____________________ );    // 取得主题 ID
```

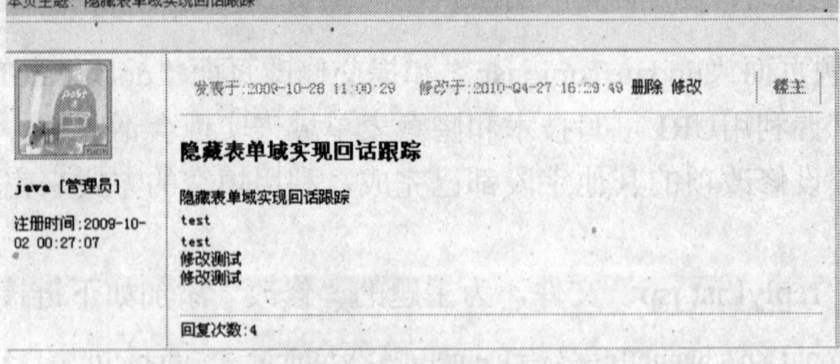

图 7-15 修改主题成功页面

拓展练习

1. updateReply.jsp，修改回帖时的编辑页面。
2. doUpdateReply.jsp，完成修改回帖操作。

模块八

Servlet 技术

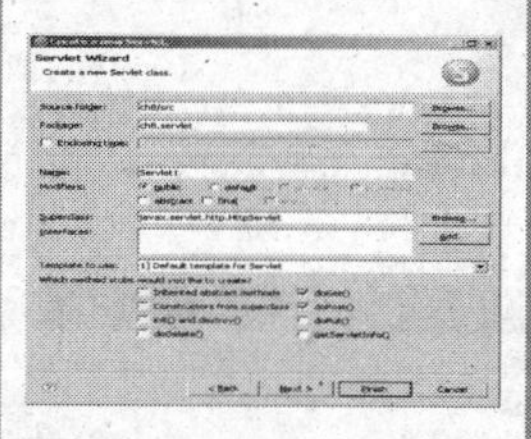
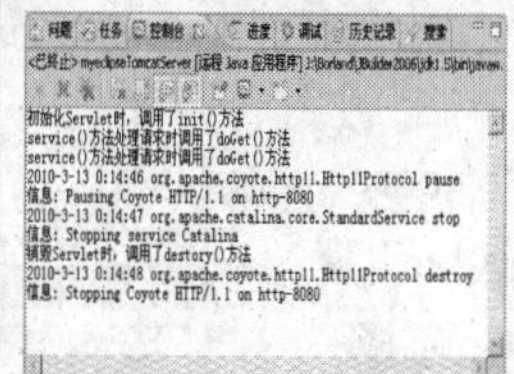
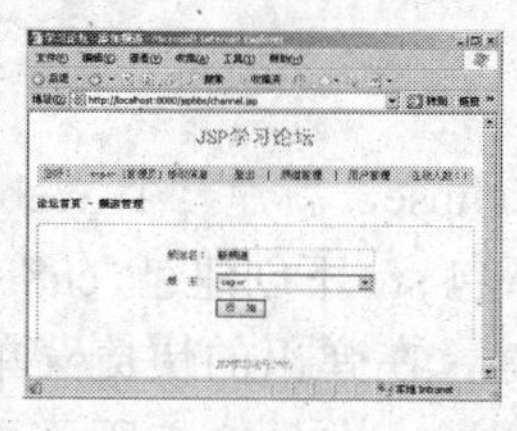
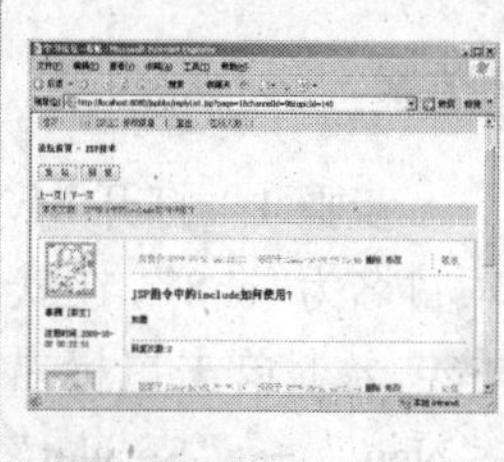

本模块导读

JSP 是由 Sun 公司在 Java 语言的基础上开发出来的一种动态网页制作技术，它将 Java 代码以脚本的形式嵌入到 HTML 页面中。当服务器运行 JSP 页面时，执行 Java 代码，动态获取响应数据，并生成动态的 HTML 页面，最后显示在客户端浏览器上。但是在 JSP 技术问世之前，Sun 公司在 1997 年首先推出了 Servlet 技术，用 Servlet 生成动态的 Web 页面。

在 Servlet 问世之前，CGI（Common Gateway interface，通用网关接口）是主要的动态网页制作技术。但是 CGI 存在很多缺陷，对于客户端发出的每个请求，服务器必须创建 CGI 程序的一个新的进程来处理。由于一个进程只处理一个请求，因此在大量请求进行访问时，会占用大量内存，执行效率不高。为了解决这个问题，Sun 公司引入了 Servlet 技术。

Servlet 是一个运行在服务器端的 Java 程序，用以处理用户请求和生成响应数据。对于所有的客户端请求，服务器只创建一个 Servlet 的进程（实例），用该进程去处理所有的请求，因此节省了大量内存。Servlet 在初始化之后，会驻留在内存中，当有请求到达时，Servlet 为每一个请求分配一个线程进行请求处理，因此提高了执行效率。其实 JSP 是基于 Servlet 实现的，JSP 页面执行之前首先转译成 Servlet，然后才能执行。

本模块主要介绍 Servlet 的创建和配置、Servlet 的生命周期以及使用 Servlet 处理客户端请求和页面转向等技术知识。

通过本模块的学习和实战，学生应该掌握使用 Servlet 开发 Web 应用程序的步骤和方法。

本模块要点

- 如何创建和配置 Servlet
- 掌握 Servlet 的生命周期
- 掌握 Servlet 处理客户端请求和页面转向的技术

任务一 使用 Servlet

本任务将通过创建 Servlet、配置 Servlet 和演示 Servlet 的生命周期来介绍 Servlet 的使用方法，包括：使用 javax.servlet.http 包中的 HttpServlet 类来创建 Servlet；使用<servlet>和<servlet-mapping>元素来配置 Servlet；使用 init()、service()、destroy()方法来演示 Servlet 的生命周期。

子任务 1 创建和配置 Servlet

步骤

步骤 1 打开 MyEclipse，新建一个 Web Project，项目名为“ch8”，在默认包 src 下创建包“ch8.servlet”。在包名上单击鼠标右键，在弹出的快捷菜单中选择“New”→“Servlet”命令，如图 8-1 所示。

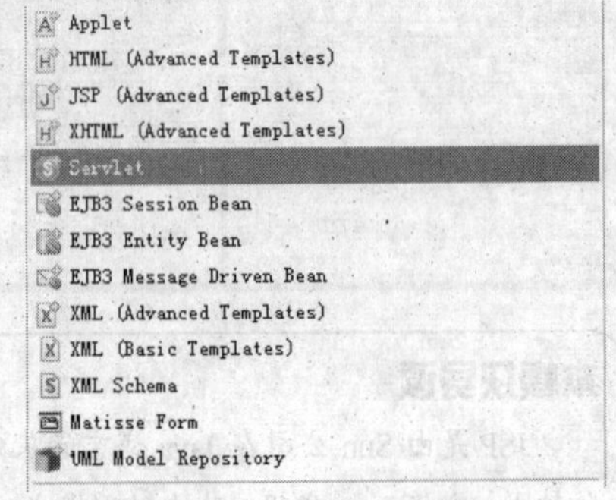

图 8-1 创建 Servlet

步骤 2 在打开如图 8-2 所示的窗口中，输入新建的 Servlet 的名称为“Servlet1”，选择“Superclass”（超类）为“javax.servlet.http.HttpServlet”，并选中“doGet()”和“doPost()”两个复选框。

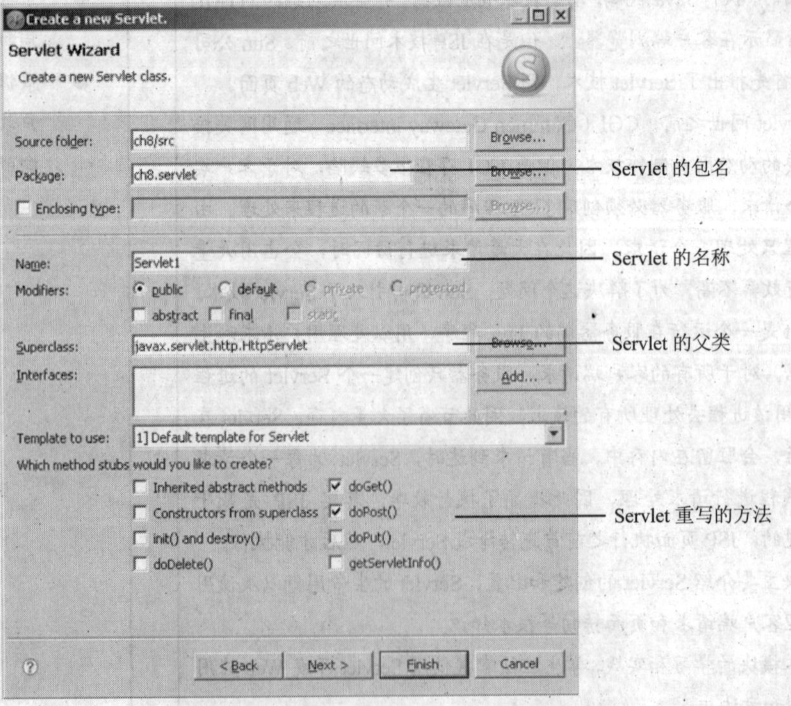

图 8-2 输入 Servlet 名称、选择重写的方法

步骤 3 单击“Next”按钮，打开如图 8-3 所示的窗口。在该窗口中可以看到要创建的 Servlet 的详细配置信息，如 Servlet 的名称、完整类名和访问地址等内容。

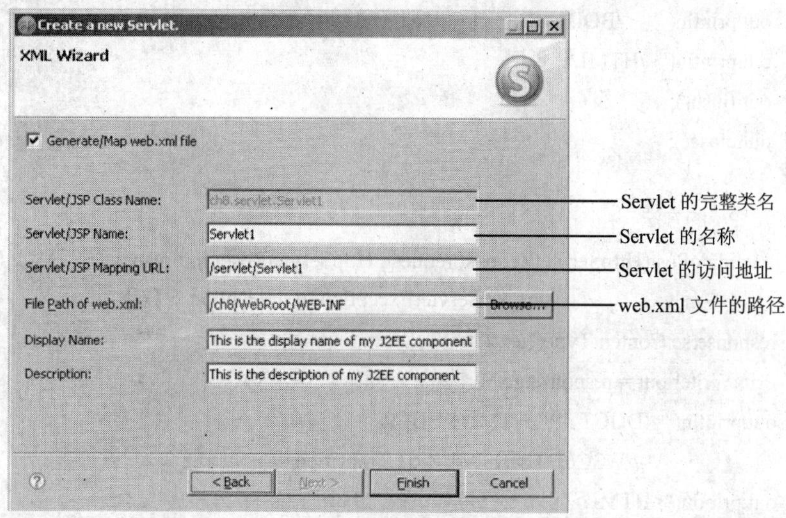

图 8-3 Servlet 的配置

步骤 4 单击“Finish”按钮，Servlet 创建成功。打开 ch8.servlet 包下的 Servlet1.java 文件，代码如下所示：

```
package ch8.servlet;
//创建Servlet需要导入的包
import java.io.IOException;
import java.io.PrintWriter;
import javax.servlet.ServletException;
import javax.servlet.http.HttpServlet;
import javax.servlet.http.HttpServletRequest;
import javax.servlet.http.HttpServletResponse;
//Servlet扩展HttpServlet类
public class Servlet1 extends HttpServlet {                              【1】
    //重写doGet()方法
    public void doGet(HttpServletRequest request,HttpServletResponse response)
                        throws ServletException, IOException {       【2】
        response.setContentType("text/html");                          【3】
        PrintWriter out = response.getWriter();                        【4】
        out.println("<!DOCTYPE HTML PUBLIC
            \"-//W3C//DTD HTML 4.01 Transitional//EN\">");
        out.println("<HTML>");
        out.println("  <HEAD><TITLE>A Servlet</TITLE></HEAD>");
        out.println("  <BODY>");
        out.print("    This is ");
```

```
            out.print(this.getClass());                              【5】
            out.println(", using the GET method");
            out.println("    </BODY>");
            out.println("</HTML>");
            out.flush();
            out.close();
        }
        //重写doPost()方法
        public void doPost(HttpServletRequest request, HttpServletResponse response)
                                    throws ServletException, IOException { 【6】
            response.setContentType("text/html");
            PrintWriter out = response.getWriter();
            out.println("<!DOCTYPE HTML PUBLIC
                        \"-//W3C//DTD HTML 4.01 Transitional//EN\">");
            out.println("<HTML>");
            out.println("    <HEAD><TITLE>A Servlet</TITLE></HEAD>");
            out.println("    <BODY>");
            out.print("        This is ");
            out.print(this.getClass());
            out.println(", using the POST method");
            out.println("    </BODY>");
            out.println("</HTML>");
            out.flush();
            out.close();
        }
}
```

代码详解

【1】创建继承自HttpServlet的子类Servlet1。

【2】重写doGet()方法，处理客户端发出的GET请求。

【3】设置发送到客户端响应的内容类型，"text/html"用于设置输出内容为HTML。还可以写成response.setContentType("text/html;charset=GBK")，在设置输出内容为HTML的同时，设置响应页面的字符集为GBK，即在该Servlet里可以显示中文字符。

【4】获得一个可以向客户端发送字符文本的PrintWriter对象。该对象的print()和println()方法用于向客户端发送字符数据；flush()方法用于将缓冲区里的数据强制写入到输出流，并清空缓冲区；close()方法用于关闭输出流。

【5】getClass()方法返回对象的运行时类。

【6】重写doPost()方法，处理客户端发出的POST请求。

步骤 5 在 MyEclipse 中部署该 Web 项目，启动 Tomcat，运行服务。打开浏览器，在地址栏中输入“http://localhost:8080/ch8/servlet/Servlet1”，运行效果如图 8-4 所示。从图 8-4 可以看出，此时运行的是 doGet()方法。当通过浏览器或 HTML、JSP 页面直接访问（超链接）Servlet 时，会调用 Servlet 的 doGet()方法。

图 8-4 Servlet1 的运行效果

步骤 6 在浏览器中选择“查看”→“源文件”，系统会打开如图 8-5 所示的记事本窗口，在该窗口中可以看到 Servlet1 动态生成的 HTML 代码。

```
<!DOCTYPE HTML PUBLIC "-//W3C//DTD HTML 4.01 Transitional//EN">
<HTML>
  <HEAD><TITLE>A Servlet</TITLE></HEAD>
  <BODY>
    This is class ch8.servlet.Servlet1, using the GET method
  </BODY>
</HTML>
```

图 8-5 Servlet1 的源代码

步骤 7 关闭记事本窗口，返回 MyEclipse，修改 Servlet1 的 doGet()方法和 doPost()方法，代码如下所示：

```
public void doGet(HttpServletRequest request,HttpServletResponse response)
                    throws ServletException, IOException {
    response.setContentType("text/html;charset=GBK ");                    【1】
    PrintWriter out = response.getWriter();
    out.println("<!DOCTYPE HTML PUBLIC
                \"-//W3C//DTD HTML 4.01 Transitional//EN\">");
    out.println("<HTML>");
    out.println("  <HEAD><TITLE>第一个Servlet</TITLE></HEAD>");【2】
    out.println("  <BODY>");
    out.print("第一个Servlet");                                           【3】
    out.println("  </BODY>");
    out.println("</HTML>");
    out.flush();
    out.close();
}
public void doPost(HttpServletRequest request, HttpServletResponse response)
                    throws ServletException, IOException {
    doGet(request, response);                                             【4】
}
```

代码详解

【1】设置response的字符集为GBK。

【2】设置页面标题。

【3】向客户端发送字符数据。

【4】调用doGet()方法。这样客户端的POST请求和GET请求都会调用相同的代码。

步骤 8 重新启动 Tomcat，刷新浏览器，运行效果如图 8-6 所示。一般情况下，把请求处理和响应代码只写在 doGet()（或 doPost()）方法中，在 doPost()（或 doGet()）方法中直接调用 doGet()（或 doPost()）方法，这样无论客户端使用什么方式提交请求，都获得相同的响应，如本例所示。

图 8-6 Servlet1 修改后的运行效果

步骤 9 使用 Eclipse（MyEclipse）的向导创建 Web 项目时，Eclipse 会在应用程序的 WEB-INF 文件夹下自动创建一个 web.xml 文件（xml 是指扩展标记语言），该文件称为部署描述符文件，是 Web 应用程序的主要配置文件。打开 web.xml 文件，会看到 Servlet1 的配置信息，这些配置信息是在创建 Servlet1 时（步骤 3）设定的。web.xml 文件的内容如下所示：

```
<?xml version="1.0" encoding="UTF-8"?>                                                  【1】
<web-app version="2.5" xmlns="http://java.sun.com/xml/ns/javaee"
    xmlns:xsi="http://www.w3.org/2001/XMLSchema-instance"
    xsi:schemaLocation="http://java.sun.com/xml/ns/javaee
    http://java.sun.com/xml/ns/javaee/web-app_2_5.xsd">
  <servlet>                                                                             【2】
      <description>This is the description of my J2EE component</description>          【3】
      <display-name>This is the display name of my J2EE component</display-name>        【4】
      <servlet-name>Servlet1</servlet-name>                          实例名和            【5】
      <servlet-class>ch8.servlet.Servlet1</servlet-class>            类名绑定            【6】
  </servlet>
  <servlet-mapping>                                                                     【7】
      <servlet-name>Servlet1</servlet-name>                          实例名和            【8】
      <url-pattern>/servlet/Servlet1</url-pattern>                   URL 绑定            【9】
  </servlet-mapping>
  <welcome-file-list>                                                                   【10】
      <welcome-file>index.jsp</welcome-file>                                            【11】
  </welcome-file-list>
</web-app>
```

代码详解

【1】XML声明，表示该文档遵循的是XML 1.0 版本的规范，而且所使用的语言编码为UTF-8。

【2】使用<servlet>元素配置Servlet，包括<description>、<display-name>、<servlet-name>、<servlet-class>等子元素。

【3】为Servlet指定一个文本描述。

【4】为Servlet指定一个简短显示名。

【5】设定Servlet的实例名。

【6】设定Servlet的类名。

【7】使用<servlet-mapping>元素配置Servlet的映射，包括<servlet-name>、<url-pattern>等子元素。

【8】引用前面设定的Servle实例名。

【9】设定访问Servlet的URL。

【10】使用<welcome-file-list>元素设定Web应用的欢迎文件列表，包括<welcome-file>子元素。

【11】设定一个欢迎文件。

步骤 10 修改 web.xml 文件中 Servlet1 的配置信息，如下所示：

```
<servlet>
    <description>This is the description of my J2EE component</description>
    <display-name>This is the display name of my J2EE component</display-name>
<servlet-name>s1</servlet-name>                                    【1】
    <servlet-class>ch8.servlet.Servlet1</servlet-class>            【2】
</servlet>
<servlet-mapping>
    <servlet-name>s1</servlet-name>                                【3】
    <url-pattern>/servlet1</url-pattern>                           【4】
</servlet-mapping>
```

代码详解

【1】修改Servlet的实例名。

【2】Servlet的类名保持不变。

【3】该值要与<servlet>元素的<servlet-name>子元素一致。

【4】修改访问Servlet的URL。

步骤 11 保存修改后的 web.xml 文件并重新启动 Tomcat，刷新浏览器，此时出现了请求的资源（/ch8/servlet/Servlet1）不可用的错误（代码为 404），运行效果如图 8-7 所示。这是因为刚才修改了 Servlet1 的 URL 为/servlet1，原来的 URL 已经失效了。输入正确的 URL（http://localhost:8080/ch8/servlet1）后运行正常，效果如图 8-8 所示。

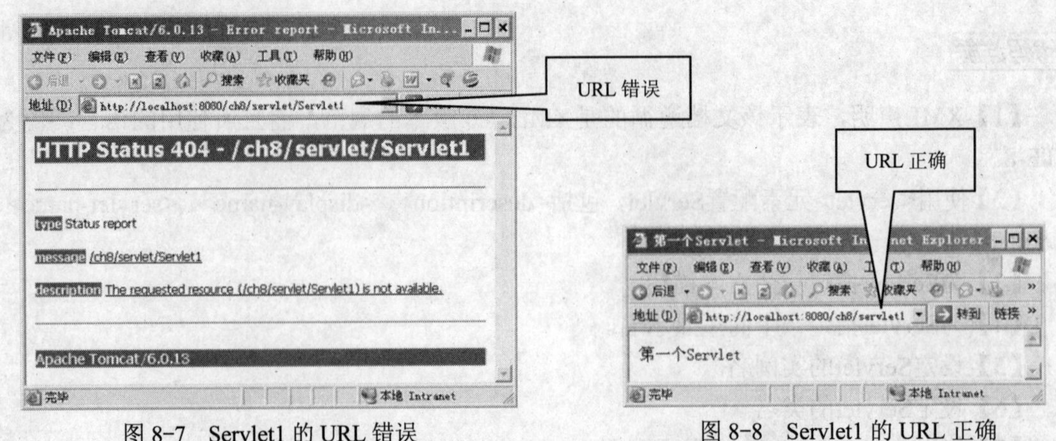

图 8-7 Servlet1 的 URL 错误　　　图 8-8 Servlet1 的 URL 正确

子任务 2 演示 Servlet 的生命周期

通过子任务 1 的实例可以发现，Servlet 不是独立的应用程序，它没有 main()方法，也不用通过 new 语句创建 Servlet 的实例。在子任务 1 的 web.xml 文件中，<servlet>元素的<servlet-name>子元素设置了 Servlet1 的实例名为 s1，s1 就是 ch8.servlet.Servlet1 类的实例（对象），那么 s1 是由什么创建和销毁的呢？是由 Servlet 容器（Tomcat）创建和销毁的。

Servlet 的生命周期是指 Servlet 从创建到销毁的全过程，Servlet 运行在 Servlet 容器中，其生命周期是由容器来管理的。

本子任务通过一个实例来演示 Servlet 的生命周期。

步骤

步骤 1 打开子任务 1 创建的项目“ch8”，在包“ch8.servlet”里再创建一个 Servlet，命名为“Servlet2”，并在“Which method stubs would you like to create？”（你想创建哪些方法的存根？）中选中“init() and destroy ()”、“doGet()”和“doPost()”3 个方法，如图 8-2 所示。

步骤 2 打开 Servlet2，输入以下代码：

```
package ch8.servlet;
import java.io.*;
import javax.servlet.*;
import javax.servlet.http.*;
public class Servlet2 extends HttpServlet {
    private String inf;                                              【1】
    public void init(ServletConfig config) throws ServletException { 【2】
        System.out.println("初始化Servlet时，调用了init()方法");
        inf = config.getInitParameter("inf");                        【3】
    }
    public void doGet(HttpServletRequest request, HttpServletResponse response)
                    throws ServletException, IOException {
```

```
        System.out.println("service()方法处理请求时调用了doGet()方法"); 【4】
        response.setContentType("text/html;charset=GBK");
        PrintWriter out = response.getWriter();
        out.println("<!DOCTYPE HTML PUBLIC \"-//W3C//DTD HTML 4.01 Transitional//EN\">");
        out.println("<HTML>");
        out.println("  <HEAD><TITLE>A Servlet</TITLE></HEAD>");
        out.println("  <BODY>");
        out.println("Servlet初始化参数inf的值为：" + inf);                    【5】
        out.println("  </BODY>");
        out.println("</HTML>");
        out.flush();
        out.close();
    }
    public void doPost(HttpServletRequest request, HttpServletResponse response)
                            throws ServletException, IOException {
        System.out.println("service()方法处理请求时调用了doPost()方法");
        response.setContentType("text/html;charset=GBK");
        ……//余下代码与doGet()方法一样
    }
    public void destroy() {                                                   【6】
        super.destroy();                                                      【7】
        System.out.println("销毁Servlet时，调用了destory()方法");
    }
}
```

代码详解

【1】定义一个私有属性inf，用于获取初始化参数inf的值。

【2】使用init()方法初始化Servlet。该方法有一个参数config，用于向Servlet传送初始化参数。

【3】获取初始化参数inf的值，并赋给属性inf。

【4】Servlet容器调用Servlet接口的service()方法提供服务，会根据客户端的请求方式，调用相应的doGet()和doPost()方法。

【5】输出属性inf的值。

【6】使用destory()方法销毁Servlet，并释放资源。

【7】调用父类的destory()方法。

步骤 3 保存 Servlet2 并打开 web.xml 文件，配置初始化参数。Servlet2 配置如下：

```
<servlet>
    <description>This is the description of my J2EE component</description>
    <display-name>This is the display name of my J2EE component</display-name>
```

```
        <servlet-name>Servlet2</servlet-name>
        <servlet-class>ch8.servlet.Servlet2</servlet-class>
        <init-param>                                        【1】
            <param-name>inf</param-name>                    【2】
            <param-value>欢迎使用Servlet</param-value>      【3】
        </init-param>
    </servlet>
    <servlet-mapping>
        <servlet-name>Servlet2</servlet-name>
        <url-pattern>/servlet/Servlet2</url-pattern>
    </servlet-mapping>
```

代码详解

【1】使用<servlet>的<init-param>子元素来设置Servlet的初始化参数，包括<param-name>和<param-value>子元素。

【2】<param-name>元素用于设置参数名。

【3】<param-value>元素用于设置参数值。

步骤 4 保存 web.xml 文件，启动 Tomcat，运行服务。在浏览器的地址栏中输入"http://localhost:8080/ch8/servlet/Servlet2"，运行效果如图 8-9 所示。此时，在控制台（Console）输出的信息如图 8-10 所示。

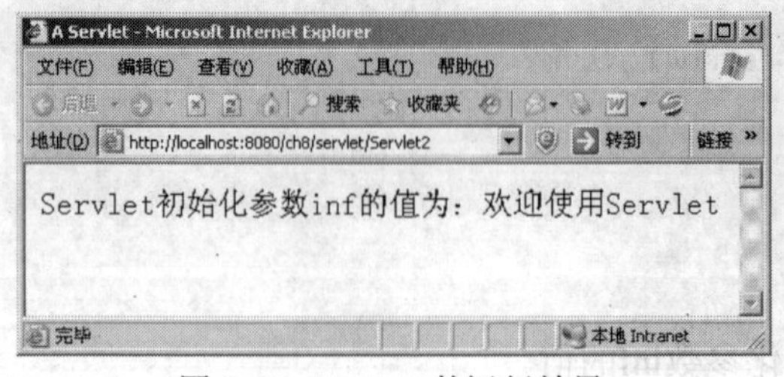

图 8-9 Servlet2 的运行效果

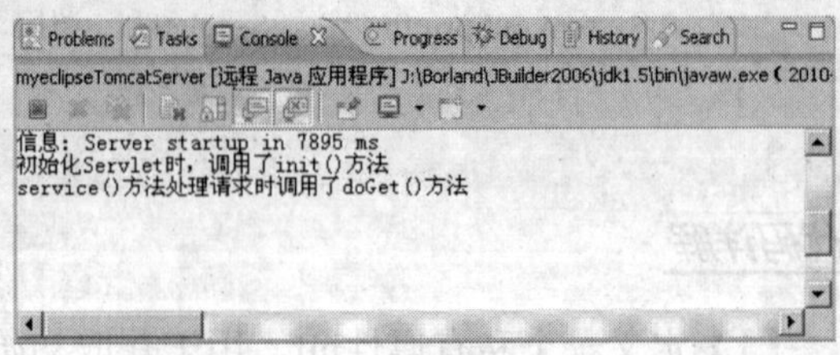

图 8-10 Servlet2 运行后控制台输出的信息

步骤 5 刷新 Servlet2，即再提交一次请求，此时浏览器中的页面没有任何变化，仍然如图 8-9 所示。但是在控制台的输出信息多了一行内容，如图 8-11 所示。这说明当刷新 Servlet2 时又运行了一次 doGet()方法，而没有再运行 init()方法，即初始化 Servlet 的 init()方法只运行一次。

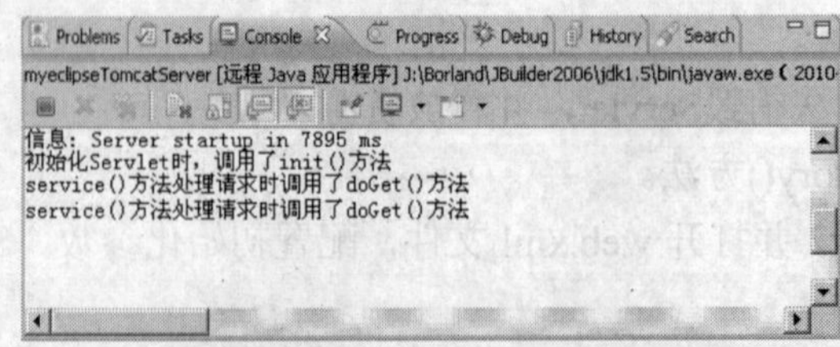

图 8-11 Servlet2 页面刷新后控制台输出的信息

步骤 6 单击 MyEclipse 窗口工具栏的 Tomcat 控制选项按钮，停止 Tomcat 服务，也就是关闭 Servlet 容器，此时控制台输出的信息如图 8-12 所示。这说明在服务器停止的时候，Servlet 容器会调用 destory()方法释放 Servlet 使用的资源，之后销毁 Servlet。

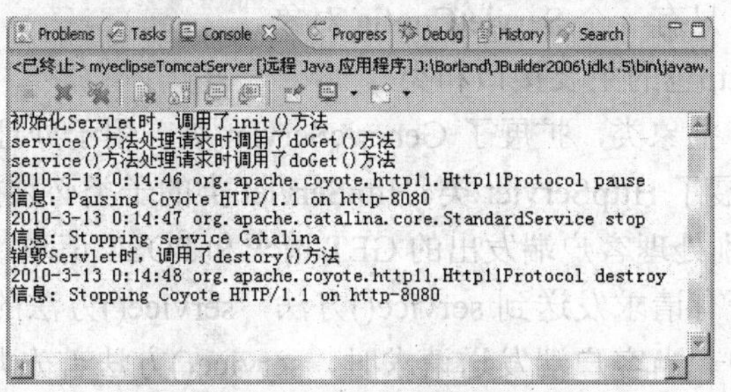

图 8-12　Tomcat 服务停止时控制台输出的信息

上面的步骤演示的是一个 Servlet 被容器创建到销毁的全过程，即 Servlet 的生命周期。

知识点详解

Servlet 是一个运行在 Web 服务器内部的 Java 应用程序，具有独立于平台和协议的特性，可以生成动态的 Web 页面。与传统的从命令行启动的 Java 应用程序不同，Servlet 由 Web 服务器进行加载，接收客户端请求，对请求的数据进行处理，并对客户端作出响应。Servlet 所运行的 Web 服务器称为 Servlet 容器。

HttpServlet 使用 HTTP 请求和 HTTP 响应标题与客户端进行交互，因此 Servlet 容器支持请求和响应所使用的 HTTP。Servlet 应用程序的体系结构如图 8-13 所示。

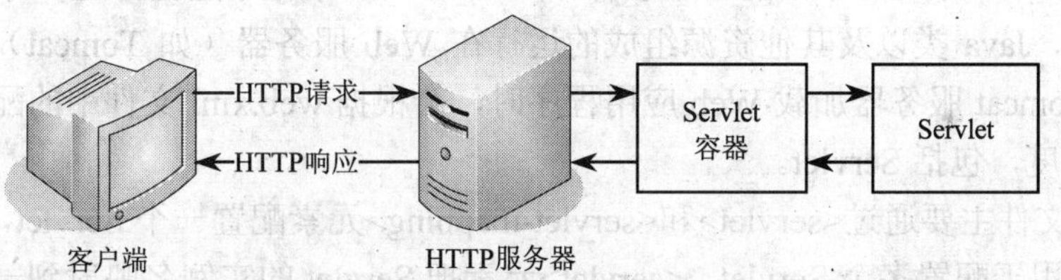

图 8-13　Servlet 应用程序体系结构

Servlet 使用 Servlet API 所定义的接口和类实现，包含 javax.servlet 和 javax.servlet.http 两个包，所有的 Servlet 都必须实现 javax.servlet.Servlet 接口，大多数 Servlet 通过扩展 GenericServlet 类或 HttpServlet 类实现。

1．Servlet API 介绍

（1）javax.servlet包的主要接口和类

1）Servlet 接口。这是所有 Servlet 必须实现的接口。该接口定义了生命周期的方法，如 init()方法用于初始化 Servlet；service()方法用于处理客户端请求；destory()方法用于销毁 Servlet。

2）GenericServlet 类。抽象类，定义了一个通用的、与协议无关的 Servlet，实现了 Servlet 接口。

3）ServletRequest 接口。为 Servlet 提供客户端请求信息。

4）ServletResponse 接口。帮助 Servlet 向客户端发送响应信息。

5）ServletContext 接口。Servlet 上下文，提供对应用程序中所有 Servlet 所共有的各种资源和功能的访问，Servlet 使用该接口的方法与 Servlet 容器进行通信。

6）ServletConfig 接口。Servlet 容器使用该接口的对象在 Servlet 初始化时向 Servlet 传递配置信息，一个 Servlet 只有一个 ServletConfig 对象。

（2）javax.servlet.http包的主要接口和类

1）HttpServlet 类。抽象类，扩展了 GenericServlet 类。用于处理 HTTP 请求和响应，所以本例中的 Servlet1 扩展了 HttpServlet 类。HttpServlet 类的子类必须重写以下方法中的一个：doGet()和 doPost()，分别处理客户端发出的 GET 请求和 POST 请求。

Servlet 容器会把所有请求发送到 service()方法，service()方法的默认行为是转发 HTTP 请求到 doXXX()方法中。当客户端发送请求时，service()方法首先判断该请求是 GET 方式还是 POST 方式，如果是 GET 方式就调用 doGet()方法，如果是 POST 方式就调用 doPost()方法。

2）HttpServletRequest 接口。扩展了 ServletRequest 接口，为 HttpServlet 提供 HTTP 请求信息。Servlet 容器会创建一个该接口的对象，将其作为参数传递给 service()方法。

3）HttpServletResponse 接口。扩展了 ServletResponse 接口，为 HttpServlet 提供发送响应的功能。Servlet 容器会创建一个该接口的对象，将其作为参数传递给 service()方法。

4）HttpSession 接口。用于创建客户端与服务器之间的会话。

5）Cookie 类。用于存储 Servlet 发送给客户端的信息。

2．Servlet 的配置

Servlet 是 Web 应用程序中的一个组件，一个 Web 应用程序是由一组 Servlet、HTML 页面、JSP 页面、Java 类以及其他资源组成的运行在 Web 服务器（如 Tomcat）上的完整的应用程序。当 Tomcat 服务器加载 Web 应用程序时，会根据 web.xml 文件中的配置内容进行相应的加载和调度，包括 Servlet。

web.xml 文件主要通过<servlet>和<servlet-mapping>元素配置一个 Servlet，这两个元素可以出现多次，用于配置多个 Servlet。<servlet>元素把 Servlet 的实例名映射到一个 Sevlet 的类名，<servlet-mapping>元素把一个 Servlet 的实例名映射到一个 URL，对同一个 Servlet 而言它们的<servlet-name>元素的值必须相同。

<description>元素为 Servlet 指定一个文本描述，<display-name>元素为 Servlet 指定一个简短显示名。

在同一个 Web 应用程序中，每一个 Servlet 的实例名都必须是唯一的。当容器接收到一个请求时，会根据 URL 在多个<servlet-mapping>元素中查找与请求 URL 匹配的<url-pattern>子元素，再根据相应的<servlet-name>元素的值在多个<servlet>元素中查找与<servlet-name>对应的<servlet-class>元素，然后去执行该类的 doGet()或 doPost()方法。

3．Servlet 的生命周期

Servlet 的生命周期包括加载和实例化、初始化、提供服务和销毁 4 个阶段，通过 javax.servlet.Servlet 接口中的 init()、service()和 destroy()方法来表示。

（1）加载和实例化　Servlet容器负责加载和实例化Servlet。Servlet容器首先加载Servlet的实现类（如ch8.servlet.Servlet1），当客户端发送一个请求时，Servlet容器会在内存中查找是否存在Servlet类的实例（如s1），如果不存在就创建一个新的Servlet实例；如果存在，就直接从内存中取出该实例来处理请求，所以在内存中同一个Servlet类的实例只有一个。

（2）初始化　Servlet被实例化之后，容器将调用Servlet的init()方法初始化Servlet对象。初始化Servlet时可以完成一些Servlet提供服务以前的准备工作，如建立数据库链接、获取配置信息等。对于每一个Servlet实例，init()方法只被调用一次。

init()方法可以有一个参数，类型为ServletConfig，Servlet容器通过该参数向Servlet传送配置信息。init()方法的语法如下：

```
public void init(ServletConfig config) throws ServletException
```

在初始化期间，Servlet 实例可以使用 ServletConfig 对象的 getInitParameter()方法从web.xml 中获取初始化的配置信息。getInitParameter()方法的语法如下：

```
public String getInitParameter(String name)
```

该方法返回名字为 name 的初始化参数的值，如果指定的参数不存在，则返回 null。

（3）提供服务　Servlet初始化后可以对用户请求进行处理和响应，Servlet容器调用Servlet接口的service()方法对请求进行处理。在service()方法中，Servlet实例通过ServletRequest对象得到客户端的相关信息和请求信息，处理完请求后，调用ServletResponse对象的方法设置响应信息。当客户端有一个请求时，Servlet容器将ServletRequest和ServletResponse对象作为参数传给service()方法，service()方法再根据客户端的请求方式，调用相应的doGet()和doPost()方法。对客户端的每一个请求，Servlet容器都调用一次service()方法来提供服务。

（4）销毁　当容器检测到一个Servlet实例应当被释放时（如容器关闭），就会调用Servlet实例的destroy()方法，释放它使用的所有资源。在destroy()方法调用之后，容器会释放这个Servlet实例。

在整个 Servlet 的生命周期中，Servlet 的实例化、初始化和销毁都只进行一次，当初始化完成后，Servlet 容器会将该实例保存在内存中，通过调用它的 service()方法，为接收到的请求提供服务。

4．Servlet 与 JSP 之间的关系

Servlet 和 JSP 都是由 Sun 公司推出的基于 Java 语言实现的动态网页制作技术，而且 JSP 是基于 Servlet 技术实现的，JSP 的很多内置对象是 Servlet API 接口的对象，所以它们的使用方法完全相同。它们之间的关系见表 8-1。

表 8-1　Servlet 与 JSP 之间的关系

JSP 内置对象	Servlet API 接口	作　用　域
request	javax.servlet.http.HttpServletRequest	request
response	javax.servlet.http.HttpServletResponse	page
session	javax.servlet.http.HttpSession	session
application	javax.servlet.ServletContext	application
config	javax.servlet.ServletConfig	page

Servlet 的功能虽然强大，但是它输出 HTML 代码时，必须使用 PrintWriter 对象的 print( ) 或 println( )方法一句一句地输出，所以编写和修改 HTML 页面时非常不方便。

JSP 技术在 Servlet 的基础上实现了 HTML 代码与动态内容的分离，使用 JSP 编写 HTML 代码比 Servlet 方便很多。

任务二 使用 Servlet 处理客户请求和页面转向

在模块七中，通过会话跟踪技术实现了“JSP 学习论坛”的发布和修改主题、发布和修改回帖等功能。在本模块中，通过 Servlet 技术继续实现本案例的添加频道、删除主题、删除回帖等功能。在本任务中通过两个子任务实现添加频道功能。

子任务 1 使用 Servlet 获取表单数据

案例

完成“JSP 学习论坛”添加频道的部分功能。

步骤

步骤 1 打开“jspbbs”项目，在“WebRoot”中新建一个名为“channel.jsp”的 JSP 页面，该页面主要用来输入新添加频道的名称以及为该频道选择版主。首先要判断登录用户的角色 role（1：管理员；2：版主；3：普通用户），如果用户没有登录或者不是管理员角色就跳转到主页，代码如下：

```
User loginUser = (User) session.getAttribute("loginUser");        【1】
if (loginUser == null || loginUser.getRole() > 1) {               【2】
    response.sendRedirect("index.jsp");
    return;                                                       【3】
}
```

代码详解

【1】获取登录用户。

【2】判断用户是否登录和角色是否为管理员。如果没有登录（loginUser == null）或者不是管理员（loginUser.getRole() > 1），则跳转到主页。

【3】返回。

步骤 2 如果是管理员登录，就创建一个表单用于输入频道名称和选择版主。选择版主时，首先找出所有角色为版主和管理员的所有用户，可以通过 UserDAO 类的 findMaster()方法实现，并把这些用户通过下拉列表显示出来，其中把当前登录的管理员用户选为新频道的默认版主，代码如下：

```
<FORM name="form1" method="post" action="">
<table width="80%" cellpadding="3px" align="center" cellspacing="3px">
  <tr class="tr4">
     <td width="40%" align="right">频道名：</td>
     <td align="left"><INPUT class="input" type="text" name="channelName"></td>
  </tr>
  <tr class="tr4">
     <td align="right">版  主：</td>
     <td align="left">
        <select name="userId">  <!-- 下拉列表框选择版主 -->
           <%
              UserDAO userDao = new UserDAO();                    【1】
              List userList = userDao.findMaster();               【2】
              for (int i = 0; i < userList.size(); i++) {         【3】
                 User user = (User) userList.get(i);              【4】
                 if (loginUser.getUserId() != user.getUserId()) { 【5】
           %>
             <option value="<%=user.getUserId()%>"><%=user.getUserName()%>
           <% } else {%>
            <!-- 下拉列表框默认选择当前登录的管理员用户 -->
             <option value="<%=user.getUserId()%>" selected="selected"><%=user.getUserName()%>
           <%}}%>
        </select>
     </td>
  </tr>
  <tr class="tr4">
     <td> </td>
     <td align="left"> <INPUT class="btn" type="submit" value="添  加"></td>
  </tr>
</table>
</FORM>
```

代码详解

【1】获取用户Dao的实例。

【2】使用UserDAO的findMaster()方法获取所有版主和管理员。

【3】循环遍历所有版主和管理员。

【4】获取每个版主和管理员。

【5】判断是否为登录用户，如果是登录用户，就设置列表框默认值为当前登录用户。

步骤3 在项目的默认包src下创建包“com.bbs.servlet”（以后所有的Servlet都建立在该包中），在该包中新建一个Servlet，名为“AddChannelServlet”，用于处理添加频道的请求。代码如下：

```
package com.bbs.servlet;
import java.io.*;
import javax.servlet.*;
import javax.servlet.http.*;
import com.bbs.entity.*;
import com.bbs.dao.*;
public class AddChannelServlet extends HttpServlet {
    public void doGet(HttpServletRequest request, HttpServletResponse response)
                                        throws ServletException, IOException {
        response.setContentType("text/html;charset=GBK");
        PrintWriter out = response.getWriter();
        request.setCharacterEncoding("GBK");                              【1】
        String channelName = request.getParameter("channelName");        【2】
        int userId = Integer.parseInt(request.getParameter("userId"));   【3】
        out.println("频道名称:"+channelName+"<br>");                       【4】
        out.println("版主userId:"+userId+"<br>");
        ChannelDAO channelDao = new ChannelDAO();                         【5】
        Channel channel = new Channel();                                  【6】
        channel.setChannelName(channelName);                              【7】
        channel.setUserId(userId);
        channelDao.addChannel(channel);                                   【8】
        out.flush();
        out.close();
    }
    public void doPost(HttpServletRequest request, HttpServletResponse response)
                                        throws ServletException, IOException {
        doGet(request,response);
    }
}
```

代码详解

【1】设置请求的字符集为GBK。

【2】使用getParameter()方法获取用户输入的频道名称。

【3】使用getParameter()方法获取用户选择的版主userId。

【4】输出频道名称和userId。

【5】取得频道Dao。

【6】新建一个Channel对象。

【7】设置频道名称和版主。

【8】使用addChannel()方法添加频道。

在模块四"JSP内置对象"中已经介绍，通过JSP的内置对象request的getParameter()和getParameterValues()方法，可以获取用户提交的表单元素的数据。Servlet获取表单数据的方法与JSP一样，在doGet()和doPost()方法中，通过HttpServletRequest接口的getParameter()和getParameterValues()方法获取表单数据。JSP的内置对象request就是HttpServletRequest接口的对象。

步骤4 保存AddChannelServlet并打开web.xml文件，AddChannelServlet的配置信息如下：

```
<servlet>
   <servlet-name>AddChannelServlet</servlet-name>
   <servlet-class>com.bbs.servlet.AddChannelServlet</servlet-class>
</servlet>
<servlet-mapping>
   <servlet-name>AddChannelServlet</servlet-name>
   <url-pattern>/servlet/AddChannelServlet</url-pattern>
</servlet-mapping>
```

步骤5 重新打开channel.jsp，修改表单的action属性，让表单提交到AddChannelServlet，代码如下：

```
<FORM name="form1" method="post" action="servlet/AddChannelServlet ">
```

步骤6 启动Tomcat服务，在浏览器中打开主页index.jsp，然后单击"登录"链接打开登录页面login.jsp，输入一个管理员的用户名和密码，并单击"登录"按钮，如图8-14所示。

步骤7 管理员成功登录后，又跳转到主页，如图8-15所示。管理员登录后的主页和普通用户以及版主登录后的主页有所不同，因为管理员需要管理频道和用户，所以在主页的上方会多出两个超链接"频道管理"和"用户管理"，该功能已在模块四中实现。

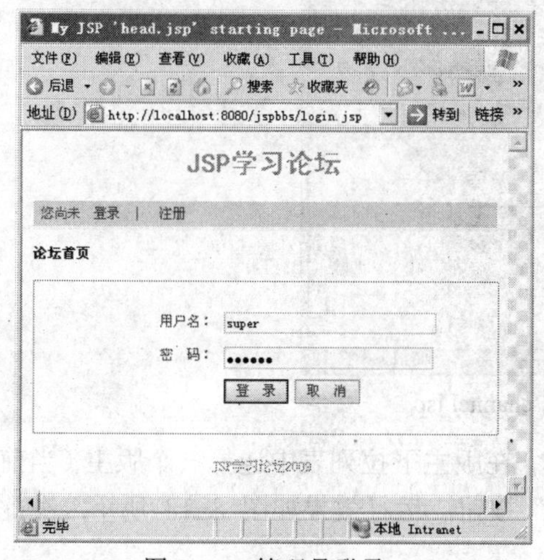

图8-14 管理员登录

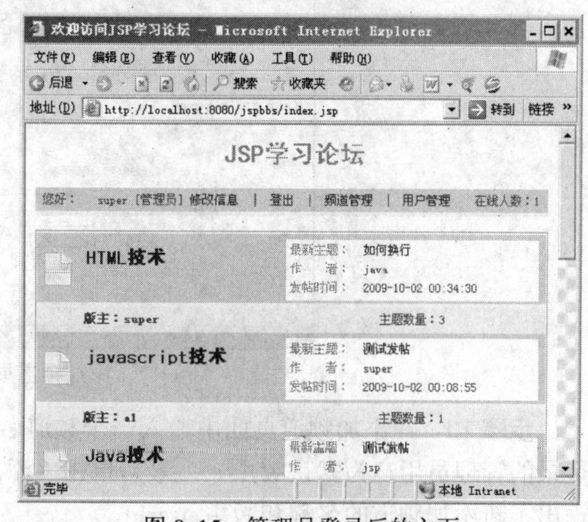

图8-15 管理员登录后的主页

步骤8 单击"频道管理"超链接，打开频道管理页面channelList.jsp，该页面已在模块六的"学材小结"中实现，如图8-16所示。

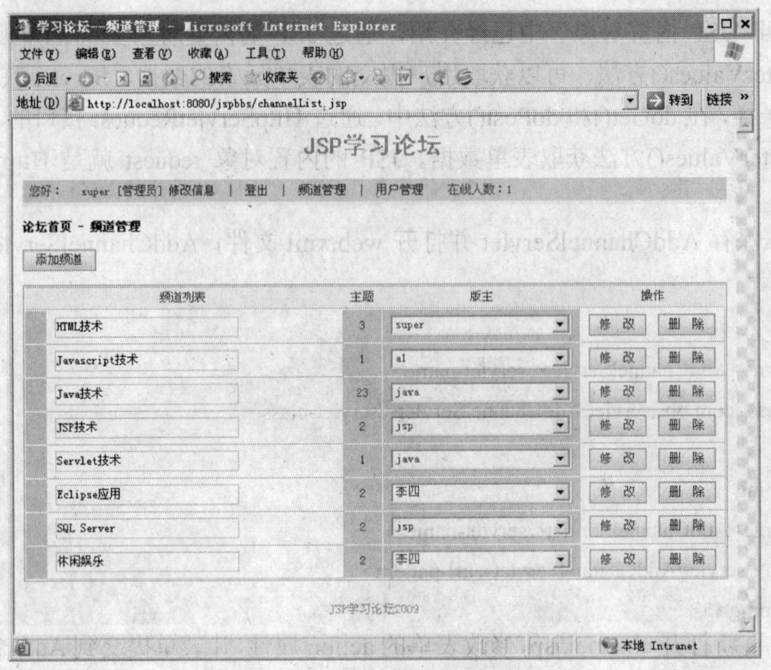

图 8-16 频道管理页面

管理员在该页面中浏览所有频道的同时，还可以编辑频道名称、修改版主和删除频道。在该页面的上方还有一个“添加频道”按钮，用于打开 channel.jsp，HTML 代码如下：

```
<input type="button" class="btn" value="添加频道" onclick="window.location.href ='channel.jsp' ">
```

步骤 9 单击“添加频道”按钮，打开添加频道页面 channel.jsp，效果如图 8-17 所示。

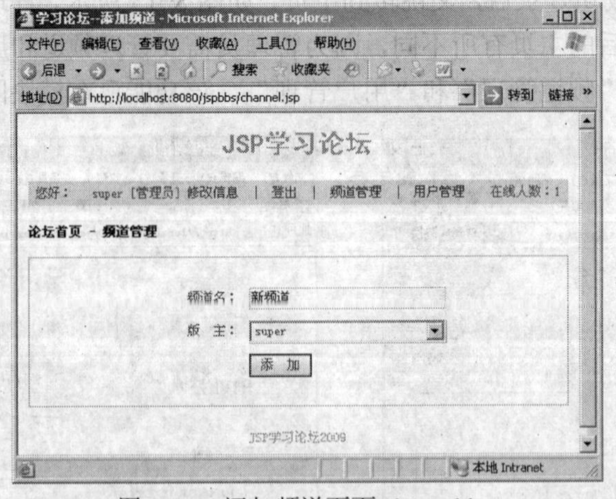

图 8-17 添加频道页面 channel.jsp

步骤 10 在添加频道页面中输入一个频道名称，在版主下拉列表中选择一个版主（当前登录的管理员用户为默认版主），最后单击“添加”按钮，运行效果如图 8-18 所示。在此输出了新添加频道的名称和版主 userId。

步骤 11 返回到频道管理页面并刷新，会发现新添加的频道已经出现在频道列表中，效果如图 8-19 所示。

图 8-18 AddChannelServlet 的运行效果

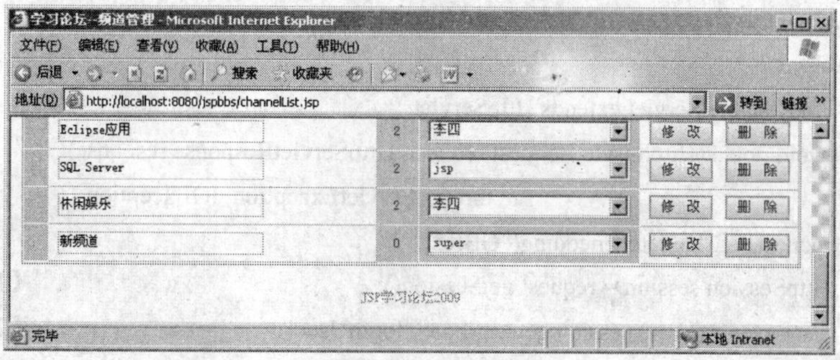

图 8-19 添加频道成功

子任务 2 使用 Servlet 请求转发和页面重定向

案例

补充完成“JSP 学习论坛”添加频道的全部功能。

在子任务 1 中虽然成功添加了频道，但是最后查看效果时，还必须返回到频道管理页面刷新后才能看到新添加的频道。在数据库操作完成后，可不可以直接回到频道管理页面呢？

如果用户没有登录直接访问 AddChannelServlet，就会出现如图 8-20 所示的错误信息，这是因为频道名称和版主 UserId 两个值是空值 null，不能转换成整数。如何避免这样的错误出现呢？

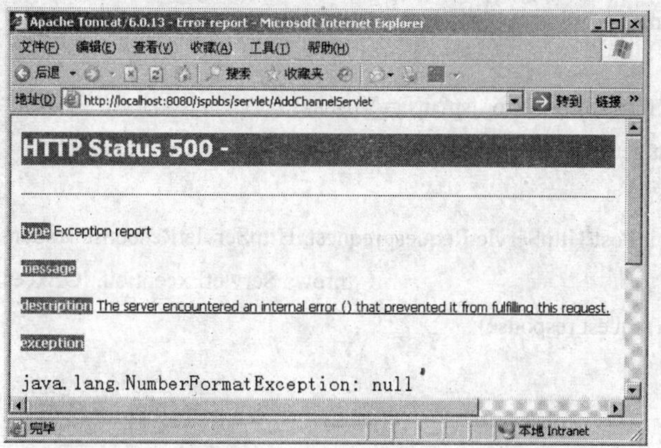

图 8-20 直接访问 AddChannelServlet 时出现的错误

在本子任务中通过修改 AddChannelServlet，使用请求转发和页面重定向技术解决以上提出的两个问题。

步骤

步骤 1　打开“jspbbs”项目，打开 AddChannelServlet，修改代码如下：

```
import java.io.*;
import javax.servlet.*;
import javax.servlet.http.*;
import com.bbs.entity.*;
import com.bbs.dao.*;
public class AddChannelServlet extends HttpServlet {
    public void doGet(HttpServletRequest request, HttpServletResponse response)
                                        throws ServletException, IOException {
        request.setCharacterEncoding("GBK");
        HttpSession session = request.getSession();                          【1】
        User user = (User) session.getAttribute("loginUser");                【2】
        String msg = "";
        ChannelDAO channelDao = new ChannelDAO();
        if (user != null && user.getRole() == 1) {                          【3】
            String channelName = request.getParameter("channelName");
            int userId = Integer.parseInt(request.getParameter("userId"));
            Channel channel = new Channel();
            channel.setChannelName(channelName);
            channel.setUserId(userId);
            channelDao.addChannel(channel);
            response.sendRedirect("/jspbbs/channelList.jsp");               【4】
            return;                                                          【5】
        } else {                                                             【6】
            msg = "您无此权限";
        }
        String forward = "/error.jsp?msg=" + msg;                            【7】
        request.getRequestDispatcher(forward).forward(request, response);    【8】
    }
    public void doPost(HttpServletRequest request, HttpServletResponse response)
                                        throws ServletException, IOException {
        doGet(request,response);
    }
}
```

代码详解

【1】使用request对象的getSession()方法获取会话对象（HttpSession）。

【2】从session中取得登录用户。

【3】判断用户是否登录以及用户的角色，“1”为管理员。如果用户登录而且是管理员，就获取用户输入的值（channelNam和userId），完成数据库操作后跳转到频道管理页面。

【4】使用response对象的sendRedirect()方法重定向（跳转）到频道管理页面。

【5】返回，后面的代码将不会执行。

【6】如果用户没有登录或者不是管理员，请求转发到错误页面。

【7】设置请求转发页面（error.jsp）并设置错误信息（msg）。

【8】request对象的getRequestDispatcher()方法用于获取RequestDispatcher接口的对象，使用该对象的forward()方法将请求转发到错误页面。

使用 Servlet 重定向时，可以使用 response 对象的 sendRedirect()方法实现。

使用 Servlet 转发请求时，必须首先得到 RequestDispatcher 接口的对象，可以通过 request 对象的 getRequestDispatcher()方法获得，然后使用该对象的 forward()方法把请求转发到其他页面。

步骤2 保存AddChannelServlet，启动Tomcat服务。在浏览器中直接访问AddChannelServlet，效果如图8-21所示。

如果用户没有登录，那么在 session 里就不存在“loginUser”属性，user 等于 null，会执行 request.getRequestDispatcher(forward).forward(request, response)语句，请求将转发到error.jsp页面并显示错误信息。此时浏览器的地址栏内容还是AddChannelServlet的地址，而不是error.jsp的地址。

步骤 3 单击“登录”链接，打开登录页面，输入一个管理员的用户名和密码，以管理员角色登录论坛。打开添加频道页面，输入一个频道名称和选择一个版主，如图 8-22 所示。

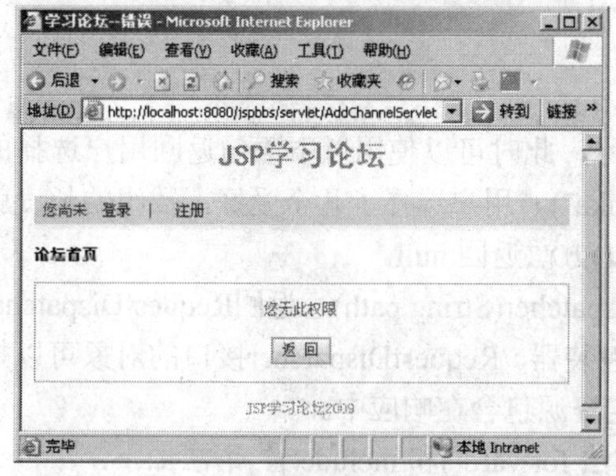

图 8-21 没有登录时显示错误页面

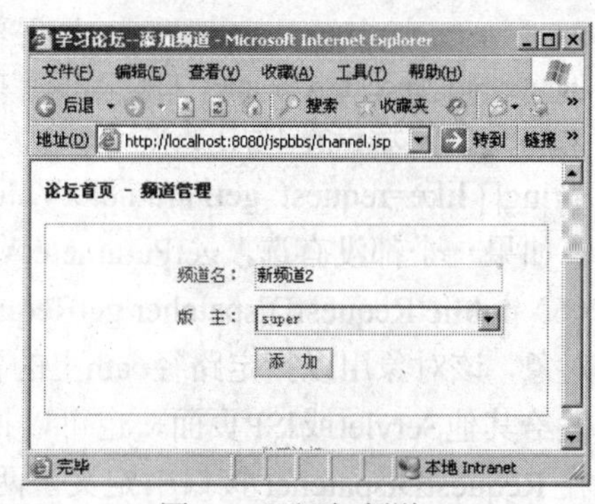

图 8-22 添加频道

步骤 4 单击“添加”按钮，此时页面会跳转（重定向）到频道管理页面，可发现已经成功添加新频道，而且不用刷新，效果如图 8-23 所示。

图 8-23 跳转到频道管理页面

由于在数据库中添加频道后，会执行 response.sendRedirect("/jspbbs/channelList.jsp")语句，页面重定向到频道管理页面。此时浏览器的地址栏内容已经发生了变化，变成了 channelList.jsp 的地址。

至此“JSP 学习论坛”的添加频道功能已全部实现。

知识点详解

HttpServletRequest、HttpServletResponse、HttpSession 和 ServletContext 接口的主要方法

1．HttpServletRequest 接口的主要方法

（1）public void setAttribute(String name,Object object)　在请求中设置名为name的属性值。

（2）public Object getAttribute(String name)　从请求中返回名为name的属性值，如果不存在，则返回null。

（3）public void removeAttribute(String name)　从请求中移除名为name的属性。

（4）public String getParameter(String name)　获取客户端请求数据，name为请求参数（表单元素）名称。如果请求中没有该参数，返回null。

（5）public String[] getParameterValues(String name)　返回名为name的请求参数的所有值，返回一个String对象数组。在Web页面中，有时多个表单元素会使用相同的一个名称，如选择喜好的多个复选框，示例代码如下：

```
<input type="checkbox" name="like" value="足球">足球
<input type="checkbox" name="like" value="篮球">篮球
<input type="checkbox" name="like" value="排球">排球
```

上面三个复选框都使用了“like”一个名称，此时可以使用以下语句返回用户选择的喜好：String[] like=request. getParameterValues("like")。用户选择了几个爱好，数组的长度就是几个。如果一个都没有选，getParameterValues()方法返回 null。

（6）public RequestDispatcher getRequestDispatcher(String path)　返回RequestDispatcher接口的对象，该对象用以指定路径path上的资源包装器。RequestDispatcher接口的对象可以把请求转发给其他Servlet或JSP页面，也可以把指定资源包含在响应中。

在 RequestDispatcher 接口中定义了两个方法 forward()和 include()，语法如下：

1）public void forward(ServletRequest request, ServletResponse response) throws ServletException, java.io.IOException。

该方法用于将请求从一个 Servlet 发送到服务器上的其他 Servlet、JSP 或 HTML 页面。

2）public void include(ServletRequest request, ServletResponse response) throws ServletException, java.io.IOException。

该方法用于在响应中包含其他资源（Servlet、JSP 或 HTML 页面）的内容。

转发和包含都是在服务器端起作用的，使用 forward()方法时，Servlet 容器传递 HTTP 请求，从当前的 Servlet 或 JSP 到指定的 Servlet 或 JSP，此过程仍然在一个 request 作用范围内，所以无论转发多少次，request 始终是同一个对象，不会生成新的请求对象。互相转发的多个 Servlet 或 JSP 之间共享一个 request 对象。转发后被调用的 Servlet 或 JSP 负责对请求作出响应，而原先 Servlet 的响应则被终止。转发后浏览器的地址栏内容保持不变，还是原来的 URL。

使用 include()方法时，将请求转发给其他的 Servlet，被调用的 Servlet 对该请求作出的响应将包含在原先的响应对象中，原先 Servlet 的响应将继续进行。但是，它们处理的还是同一个请求，仍然在一个 request 作用范围内，地址栏内容仍然保持不变。

（7）public void setCharacterEncoding(String encoding)　设置请求的字符编码方式。

（8）public Cookie[] getCookies()　返回客户端发送的所有Cookie对象数组。

（9）public HttpSession getSession()　返回与请求关联的当前HttpSession对象。

当客户端浏览器第一次访问服务器时，服务器会为每个浏览器创建不同的 HttpSession 会话对象，getSession()方法用于返回该会话对象。如果在当前请求中没有与之关联的会话，则创建一个新的会话对象，并返回该会话。

（10）public HttpSession getSession(boolean value)　参数为true时，与getSession()方法相同；参数为false时，如果存在与当前请求关联的会话，就返回该会话，否则返回null，不再创建会话。

2．HttpServletResponse 接口的主要方法

（1）public PrintWriter getWriter()　返回将字符文本发送到客户端的PrintWriter类的对象。

（2）public void setContentType(String type)　设置要发送到客户端的响应的内容类型，内容类型可以包括字符编码。

（3）public void setCharacterEncoding(String encoding)　设置发送到客户端的响应的字符编码。

（4）public void setBufferSize(int size)　设置将发送到客户端的数据的缓冲区大小。

（5）public void addCookie(Cookie cookie)　为响应添加指定的Cookie对象。

（6）public void sendRedirect(String url)　向客户端发送一个指定位置URL的重定向响应，指示客户端应请求另一个URL。

重定向是在用户的浏览器中完成的，Servlet 对浏览器作出响应后，浏览器会再次发送个新请求，此过程不在一个 request 作用范围内，从前的 request 对象将失效，会生成一个新的 request 对象。重定向后浏览器的地址栏内容将变成新的 URL。

3．HttpSession 接口的主要方法

（1）public void setAttribute(String name,Object object)　在会话中设置名为name的属性值。

（2）public String getAttribute(String name)　从会话中返回名为name的属性值，如果不存在返回null。

（3）public void removeAttribute(String name)　从会话中移除名为name的属性。

4．ServletContext 接口的主要方法

（1）public void setAttribute(String name,Object object)　在Servlet上下文中设置名为name的属性值。

（2）public String getAttribute(String name)　从Servlet上下文中返回名为name的属性值，如果不存在返回null。

（3）public void removeAttribute(String name)　从Servlet上下文中移除名为name的属性。

学材小结

理论知识

一、选择题

1．GenericServlet 类实现了（　　）接口。

A．ServletRequest　B．ServletResponse　C．Context　D．Servlet

2．HttpServlet 类继承了（　　）类。

A．Servlet　B．GenericServlet　C．ServletRequest　D. ServletResponse

3．web.xml 文件主要通过（　　）元素配置 Servlet。

A．<servlet>和<servlet-name>　B．<servlet-name>和<servlet-mapping>

C．<servlet>和<servlet-mapping>　D．<servlet>和<servlet-class>

4．Servlet 被实例化之后，容器将调用 Servlet 的（　　）方法初始化 Servlet 对象。

A．init()　B．service()

C．destroy()　D．doGet()和 doPost()

5．在 service()方法中，Servlet 实例通过（　　）对象得到客户端的相关信息和请求信息，处理完请求后，调用（ ）对象的方法设置响应信息。

A．ServletContext　B．ServletConfig　C．ServletRequest　D. ServletResponse

6．RequestDispatcher 接口中定义了（　　）方法。

A．include()和 sendRedirect()　B．forward()和 include()

C．forward()和 sendRedirect()　D．sendRedirect()和 getAttribute()

7．转发请求时应使用（　　）接口的（　　）方法，重定向时应使用（　　）接口的（　　）方法。

A．HttpServletRequest　B．HttpServletResponse

C．RequestDispatcher　D．include()

E．forward()　F．sendRedirect()

二、填空题

1．Servlet 都必须实现__________接口。

2．Servlet 使用__________接口的方法与 Servlet 容器进行通信。

3．Servlet 容器使用__________接口的对象在 Servlet 初始化时向 Servlet 传递配置信息。

4．Servlet 容器会把所有请求发送到 Servlet 接口的__________方法。

5．Servlet 的生命周期包括__________、__________、__________和__________4个阶段。

6．HttpServletRequest 接口的 getParameter()方法，用于获取客户端__________。

7．HttpServletRequest、HttpSession、ServletContext 接口都有以下三个方法__________、__________和__________。

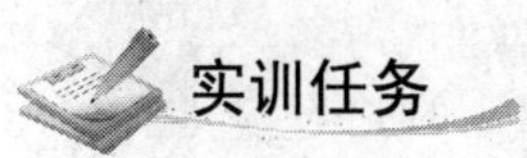

实训任务

实训 用Servlet实现删除主题功能。

【实训目的】 掌握使用Servlet处理用户请求、转发请求和页面重定向。

【实训内容】 假设管理员或版主登录论坛，单击一个频道进入主题列表页面（topicList.jsp），再单击一个主题进入看帖页面（replyList.jsp），此时可以看到该主题的内容以及它的所有回帖，如图8-24所示。

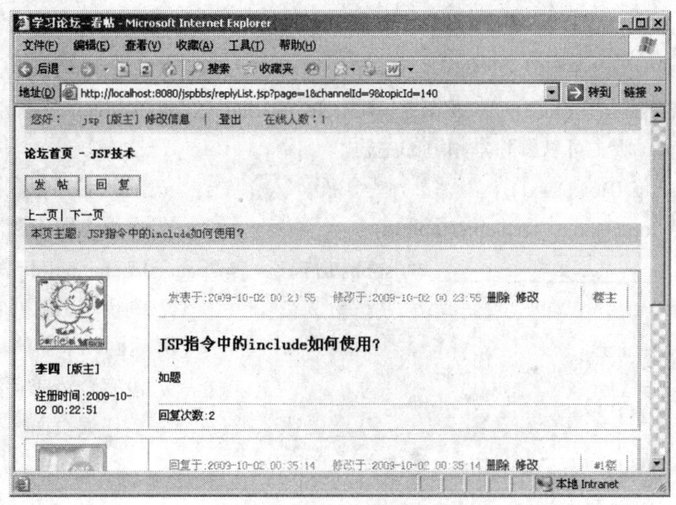

图8-24 看帖页面

该页面显示主题内容的同时，还提供了“删除”和“修改”两个链接，用于实现删除主题和修改主题（修改主题功能已在模块七中实现）的功能，现在利用Servlet技术实现删除主题功能。

注意

管理员可以删除任何频道的任何主题，版主只可以删除本频道的主题。

【实训步骤】

步骤1 打开“jspbbs”项目，在“com.bbs.servlet”包中新建一个Servlet，名为“DeleteTopicServlet”，用于处理删除主题的请求。代码如下：

```
package com.bbs.servlet;
import java.io.*;
import javax.servlet.*;
import javax.servlet.http.*;
import com.bbs.entity.*;
import com.bbs.dao.*;
public class DeleteTopicServlet extends HttpServlet {
    public void doGet(HttpServletRequest request, HttpServletResponse response)
                                        throws ServletException, IOException {
        ____________________;                    // 设置请求的字符集为GBK
```

```
            ________________________;                          // 取得会话对象
            TopicDAO topicDao = new TopicDAO();                // 得到主题Dao的实例
            ChannelDAO channelDao = new ChannelDAO();          // 得到频道Dao的实例
            int channelId = Integer.parseInt(______________);  // 取得频道id
            int topicId = Integer.parseInt(______________);    // 取得主题ID
            Channel channel = channelDao.getChannel(channelId); // 取得当前频道
            Topic topic = topicDao.findTopic(topicId);         // 取得当前主题
            User user = (User)session.getAttribute("loginUser"); // 从session中取得登录用户
            String msg = "";
            if( user!=null && topic!=null                      // 判断用户权限
             &&(user.getRole()==2 && user.getUserId()==channel.getUserId()
                 // 版主可以删除本频道的主题
             || user.getRole()==1)){                           // 管理员可以删除任何主题
                 topicDao.deleteTopic(topicId);                // 根据主题ID删除主题
                 ____________________ ("/jspbbs/topicList.jsp?page=1&channelId="+channelId);
                                                               // 跳转到主题列表页面
                 return;                                       // 返回,下面的代码将不执行
            } else {                                           // 没有登录或者没有权限,请求转发
                                                                  到错误页面
                 msg = "您无此权限";
            }
            String forward = "/error.jsp?msg=" + msg;
                 // 设置请求转发页面(error.jsp)并设置错误信息(msg)
            __________________________.forward(request, response);
                 // 请求转发到错误页面
        }
        public void doPost(HttpServletRequest request, HttpServletResponse response)
                                              throws ServletException, IOException {
            doGet(request, response);
        }
    }
```

步骤2 保存DeleteTopicServlet并打开web.xml文件,DeleteTopicServlet的配置信息如下:

```
<servlet>
    <servlet-name>DeleteTopicServlet</servlet-name>
    <servlet-class>com.bbs.servlet. DeleteTopicServlet</servlet-class>
</servlet>
<servlet-mapping>
    <servlet-name>DeleteTopicServlet</servlet-name>
    <url-pattern>/servlet/DeleteTopicServlet</url-pattern>
</servlet-mapping>
```

步骤 3　打开看帖页面 replyList.jsp，修改“删除”超级链接的 href 属性，使该链接调用一个 JavaScript 函数 confirmDelete()，代码如下：

```
<A href="javascript:confirmDelete()">删除</A>
```

步骤 4　在看帖页面 replyList.jsp 的<head>标记和</head>标记之间，添加 JavaScript 函数 confirmDelete()。该函数首先确认用户的删除操作，用户确认删除后通过修改 location 对象的 href 属性，将页面重定向到 DeleteTopicServlet。重定向时，通过使用 URL 重写技术将当前频道 ID 和当前主题 ID 传递给 DeleteTopicServlet。代码如下：

```
<script language="javascript">
function confirmDelete() {
   if(window.confirm("删除主题时将删除该主题的所有回复，\n确认要删除该主题吗？"))
        window.location.href=________________________________________;
   }
</script>
```

步骤 5　保存 replyList.jsp，启动 Tomcat 服务。在登录页面中输入一个版主的用户名和密码，以版主角色登录论坛。然后单击该版主所管理的某个频道，进入主题列表页面（topicList.jsp），再单击某个主题进入看帖页面（replyList.jsp），如图 8-24 所示。

步骤 6　单击“删除”链接，会出现如图 8-25 所示的删除确认对话框。

步骤 7　单击“确定”按钮，将删除该主题和它的所有回帖，然后页面会跳转到主题列表页面，会发现刚才删除的主题已经消失，说明删除成功，如图 8-26 所示。

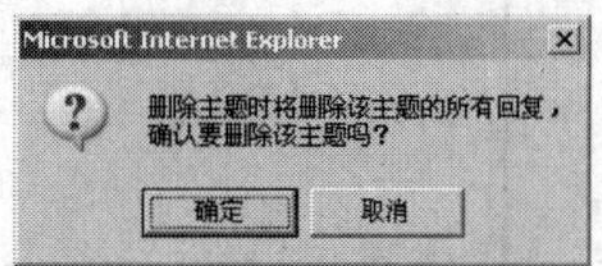

图 8-25　删除确认对话框

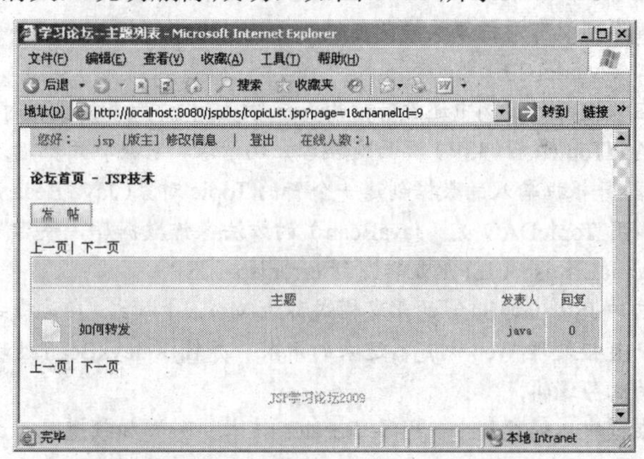

图 8-26　跳转到主题列表页面

至此“JSP 学习论坛”的删除主题功能已全部实现。

拓展练习

使用 Servlet 技术实现删除回帖功能。

注意

管理员可以删除任何频道的任何回帖，版主只可以删除本频道的回帖。

模块九

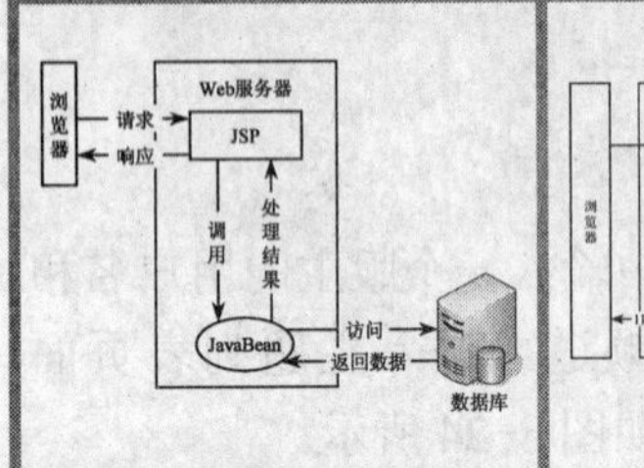

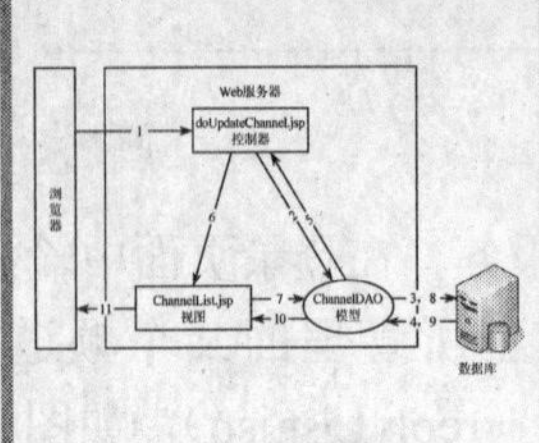

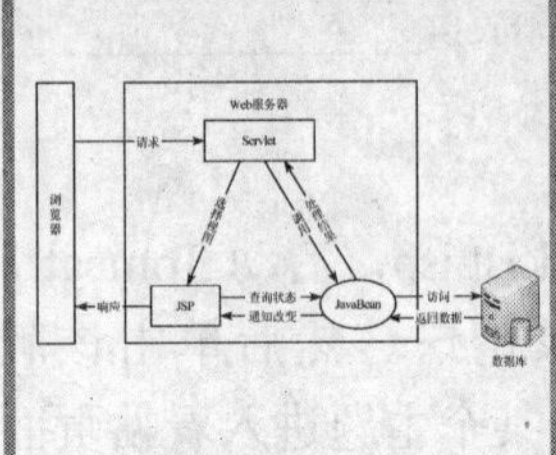

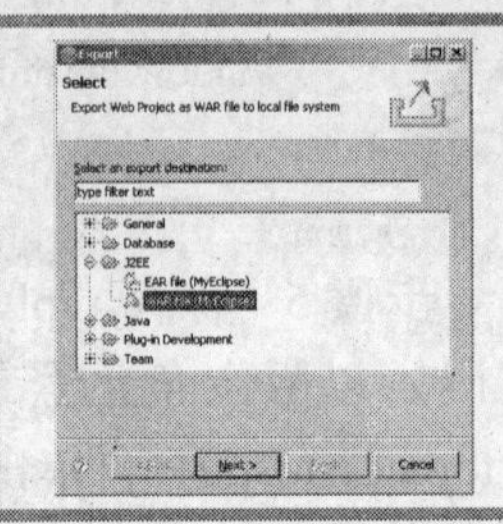

本模块导读

随着JSP与Servlet技术的不断发展，使用Java技术开发Web应用程序可以有两种架构模型可供选择，即模式一（Model 1）和模式二（Model 2）。

在模块七的案例中还没有使用Servlet技术，如添加主题时，由doAddTopic.jsp（JSP）页面处理客户端请求，它接收用户输入的数据，并根据输入的数据创建一个新的Topic对象（Java Bean），然后调用TopicDAO类（JavaBean）的方法操作数据库，最后跳转到topicList.jsp（JSP）或转发到error.jsp（JSP）。

这种JSP+JavaBean的开发模式称为Model 1模式，在该模式中JSP直接处理Web浏览器送来的请求，并辅以JavaBean处理相关的业务逻辑。

在模块八的案例中使用了Servlet技术，如添加频道时，由AddChannelServlet（Servlet）处理客户端请求，它接收用户输入的数据，并根据输入数据创建一个新的Channel对象（JavaBean），然后调用ChannelDAO（JavaBean）类的方法操作数据库，最后跳转到channelList.jsp（JSP）或转发到error.jsp（JSP）。

这种JSP+Servlet+JavaBean的开发模式称为Model 2模式，在该模式中不是由JSP处理Web浏览器送来的请求，而是由Servlet来处理请求，这是Model 1和Model 2的主要区别。

本模块主要介绍Model 1和Model 2两种设计模式，并介绍如何打包和部署Web项目。

通过本模块的学习和实训，学生应该熟练掌握使用Model 1和Model 2开发Web应用程序的方法，并学会打包和部署Web项目。

本模块要点

- 掌握Model 1模式
- 掌握Model 2模式
- 掌握在MyEclipse环境中打包Web项目
- 掌握在Tomcat中部署Web项目

任务一　开 发 模 式

在模块八中，通过 Servlet 技术实现了“JSP 学习论坛”的添加频道、删除主题、删除回帖等功能。在本模块中继续实现该案例的修改频道的名称和版主、删除频道、修改用户角色和删除用户等功能，这样就可以完成该案例的所有功能。

本任务中的两个子任务将分别使用 Model 1 和 Model 2 模式实现修改频道的名称和版主以及删除频道功能。

子任务 1　Model 1 模式

案例

使用 Model 1 模式完成“JSP 学习论坛”修改频道的名称和版主功能。

步骤

步骤 1　打开“jspbbs”项目，打开频道管理页面 channelList.jsp，设置 form 的 action 属性为“doUpdateChannel.jsp”，代码如下：

```
<form name="form1" method="post" action="doUpdateChannel.jsp">
    <input type="hidden" name="channelId" value="<%=channelId%>">
    ......
    <input type="text" name="channelName" value="<%=channel.getChannelName()%>" >
    ......
    <select name="userId">
    ......
    </select>
    ......
    <input type="submit" value="修改">
    <input type="button" value="删除">
    ......
</form>
```

步骤 2　在“WebRoot”中新建一个名为“doUpdateChannel.jsp”的 JSP 页面，该页面用于处理修改频道的名称和版主请求，代码如下：

```
<%@ page language="java" pageEncoding="GBK" import="com.bbs.entity.*,com.bbs.dao.*"%>
<%
    request.setCharacterEncoding("GBK");
    ChannelDAO channelDao = new ChannelDAO();
    int channelId = Integer.parseInt( request.getParameter("channelId") ); 【1】
    int userId = Integer.parseInt( request.getParameter("userId") );       【2】
    String channelName = request.getParameter("channelName");              【3】
```

```
    User user = (User)session.getAttribute("loginUser");                    【4】
    String msg = "";
    if(user!=null && user.getRole()==1){                                    【5】
        Channel channel = new Channel();                                    【6】
        channel.setChannelId(channelId);
        channel.setChannelName(channelName);
        channel.setUserId(userId);
        channelDao.updateChannel(channel);                                  【7】
        response.sendRedirect("channelList.jsp");                           【8】
        return;
    } else {
        msg = "您无此权限";
    }
    String forward = "/error.jsp?msg="+msg;
    request.getRequestDispatcher(forward).forward(request,response);       【9】
%>
```

代码详解

【1】获取要修改频道的channelId，修改频道时根据channelId进行修改。

【2】获取要修改频道的新版主的userId。

【3】获取要修改频道的新名称。

【4】从session中取得登录用户。

【5】判断登录用户的角色，只有管理员才有权限修改频道。

【6】新建一个Channel对象并设置属性。

【7】使用ChannelDAO类的updateChannel ()方法修改频道。

【8】修改完成后跳转到频道管理页面channelList.jsp。

【9】如果没有权限修改，请求转发到错误页面error.jsp。

步骤 3 保存 doUpdateChannel.jsp，启动 Tomcat 服务。以管理员角色登录论坛，进入频道管理页面 channelList.jsp，修改一个频道的名称和版主，如图 9-1 所示。

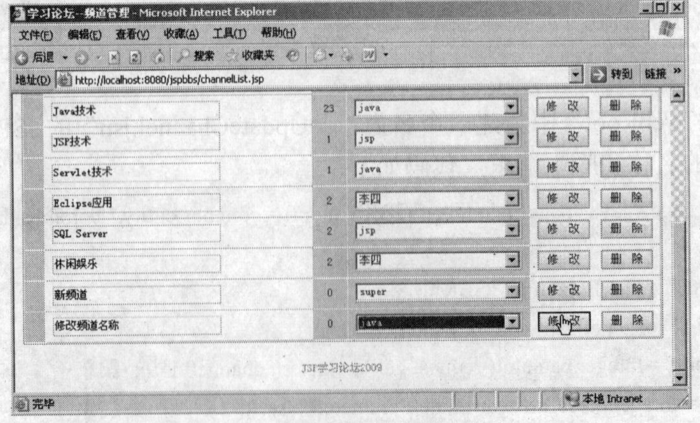

图 9-1 修改频道的名称和版主

步骤 4 单击“修改”按钮，提交请求到 doUpdateChannel.jsp，修改完成后页面又返回到频道管理页面，会发现频道的名称和版主都已经改变了，如图 9-2 所示。

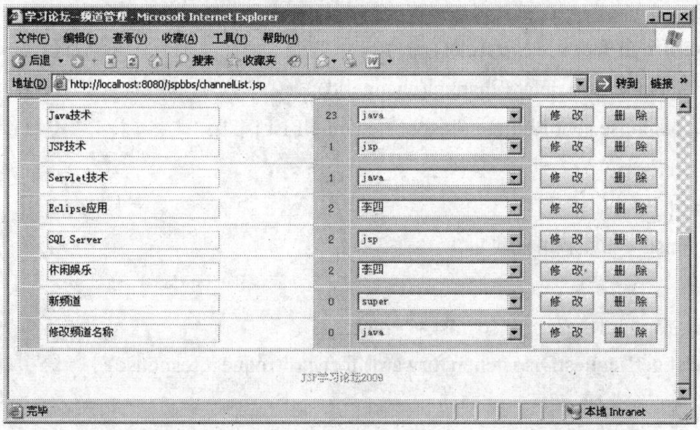

图 9-2 修改频道后返回频道管理页面

子任务 2 Model 2 模式

案例

用 Model 2 模式完成“JSP 学习论坛”删除频道功能。

步骤

步骤 1 打开“jspbbs”项目，打开频道管理页面 channelList.jsp。为“删除”按钮添加 onclick 属性，当单击该按钮时会打开 DeleteChannelServlet，并把当前频道的 channelId 通过 URL 重写技术传递到 DeleteChannelServlet，该 Servlet 会根据 channelId 删除频道，代码如下：

```
<input type="button" value="删除" onclick="window.location.href=
                'servlet/DeleteChannelServlet?channelId=<%=channelId%>'">
```

步骤 2 在“com.bbs.servlet”包中新建一个 Servlet，名为“DeleteChannelServlet”，用于处理删除频道的请求，代码如下：

```
import java.io.*;
import javax.servlet.*;
import javax.servlet.http.*;
import com.bbs.entity.*;
import com.bbs.dao.*;
public class DeleteChannelServlet extends HttpServlet {
    public void doGet(HttpServletRequest request, HttpServletResponse response)
                                    throws ServletException, IOException {
        request.setCharacterEncoding("GBK");
        HttpSession session = request.getSession();
        ChannelDAO channelDao = new ChannelDAO();
```

```
        int channelId = Integer.parseInt(request.getParameter("channelId"));   【1】
        User user = (User)session.getAttribute("loginUser");
        String msg = "";
        if(user!=null && user.getRole()==1) {                                  【2】
            channelDao.deleteChannel(channelId);                               【3】
            response.sendRedirect("/jspbbs/channelList.jsp");                  【4】
            return;
        } else {
            msg = "您无此权限";
        }
        String forward = "/error.jsp?msg="+msg;
        request.getRequestDispatcher(forward).forward(request,response);       【5】
    }
    public void doPost(HttpServletRequest request, HttpServletResponse response)
                                    throws ServletException, IOException {
        doGet(request,response);
    }
}
```

代码详解

【1】获取要删除频道的channelID。

【2】判断登录用户的角色，只有管理员才有权限删除频道。

【3】使用ChannelDAO类的deleteChannel ()方法删除频道。

【4】使用response对象的sendRedirect ()方法重定向（跳转）到频道管理页面channelList.jsp。

【5】如果没有权限修改，请求转发到错误页面error.jsp。

步骤 3 保存 DeleteChannelServlet，启动 Tomcat 服务。以管理员角色登录论坛，进入如图 9-1 所示频道管理页面 channelList.jsp。

步骤 4 在一个频道后面单击“删除”按钮，提交请求到 DeleteChannelServlet，删除完成后页面又返回到频道管理页面，发现删除的频道已经不存在了，如图 9-3 所示。

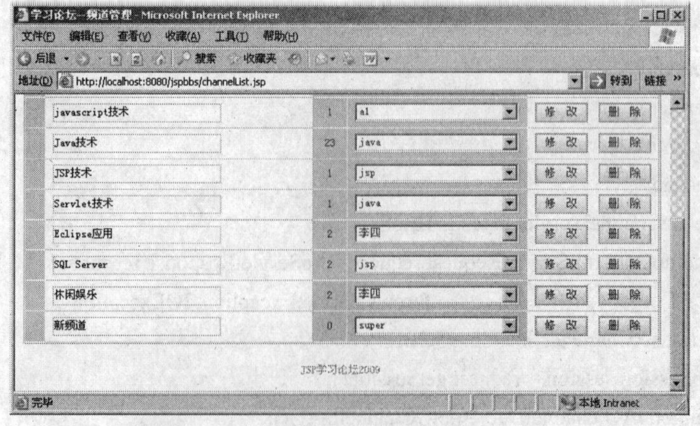

图 9-3 删除频道后返回频道管理页面

知识点详解

1．MVC 模式

模式是解决某一类问题的方法论。

MVC 是一种设计模式，它的英文全称是 Model-View-Control，即“模型-视图-控制”。MVC 模式的结构由模型（Model）、视图（View）和控制（Control）三个部分组成，即把一个应用程序的输入、处理、输出流程按照模型、视图和控制的方式进行分离，它们各司其职又相互协作。MVC 模式的结构如图 9-4 所示。

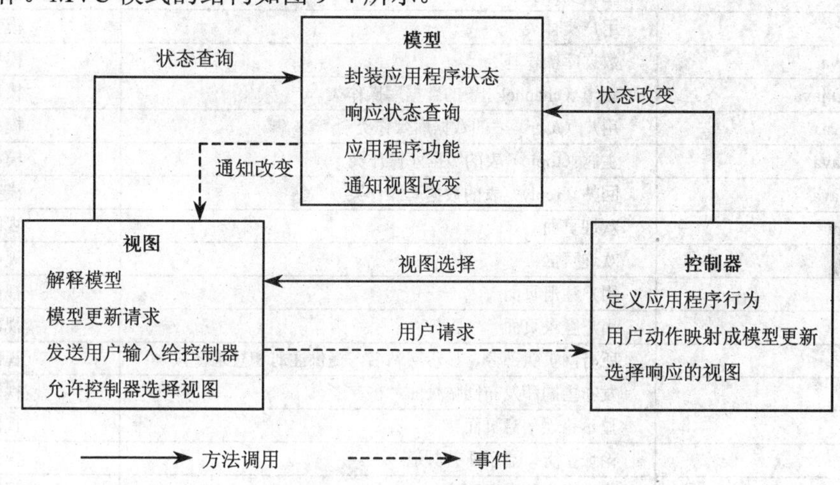

图 9-4　MVC 模式结构

（1）模型　封装了应用程序的数据存储和业务逻辑，独立于具体的界面和输入输出操作。当模型改变时它会通知视图，并为视图提供查询模型相关状态的能力。

模型层通常由 JavaBean 来实现，其中一些 JavaBean 严格遵循 JavaBean 规范，具有 getter()和 setter()方法，这种 JavaBean 通常用来封装数据，称为值 JavaBean；还有一些 JavaBean 封装了业务处理代码，用来执行某种操作，如链接数据库、验证数据等，称为工具 JavaBean。

模型层接收视图层请求的数据，并返回最终的处理结果。

由于模型中的代码只需写一次就可以被多个视图重用，所以增加了代码的可重用性。

（2）视图　把模型的数据逻辑关系和状态信息以特定的形式展示给用户。它从模型获得数据并指定这些数据如何显示，当模型发生变化时，视图负责维护数据表现的一致性。视图同时将用户请求通知控制器。

视图代表用户交互界面，通常使用 HTML、XHTML、XML、JSP 等页面来实现。MVC 模式的视图处理只包括视图上数据的采集和处理，以及用户的请求，不包括业务处理。业务处理由模型层处理。

（3）控制　接收来自视图的用户请求，将请求输入反馈给模型，实现对模型的计算控制。它会根据用户请求和模型的结果，选择一个视图作为用户请求的响应。

控制层就像一个分发器，选择特定的模型和视图，解决特定的用户请求，不做业务处理。用户在提交一个表单或者单击一个链接后，控制层接收请求，根据用户的请求类型，把用户的信息传递给相应的模型，告诉模型做什么，等模型处理完成后，再把模型处理后的数据选择符合要求的视图返回给用户。所以，一个模型可能对应多个视图，一个视图也可能对应多个模型。

控制层通常由Servlet和JSP来实现。

“JSP学习论坛”案例是按照MVC模式设计和实现的，其中操作数据库的各种DAO类为模型层（数据模型），接收用户请求并进行请求转发和重定向操作的doXXX.jsp和Servlet为控制层，从模型获取数据展示给用户的其他JSP页面为视图层，见表9-1。

表 9-1 “JSP 学习论坛”案例的三层模型

文件名	功能	层
Channel.java	频道实体类	模型
Topic.java	主题实体类	模型
Reply.java	回帖实体类	模型
User.java	用户实体类	模型
BaseDAO.java	数据库操作基类	模型
ChannelDAO.java	频道（channel）表的数据库操作类	模型
UserDAO.java	用户（user）表的数据库操作类	模型
TopicDAO.java	主题（topic）表的数据库操作类	模型
ReplyDAO.java	回帖（reply）表的数据库操作类	模型
welcome.html	欢迎页面	视图
welcome.jsp	欢迎页面	视图
register.jsp	用户注册页面	视图
login.jsp	用户登录页面	视图
head.jsp	所有网页头部分，显示网站名，提供注册和登录链接	视图
tip.jsp	发布主题和发布回帖页面	视图
error.jsp	显示错误信息页面	视图
index.jsp	论坛主页，显示所有频道	视图
updateUser.jsp	修改用户信息页面	视图
topicList.jsp	主题列表页面	视图
replyList.jsp	回帖列表页面	视图
updateTopic.jsp	修改主题页面	视图
updateReply.jsp	修改回帖页面	视图
channelList.jsp	频道管理页面	视图
userList.jsp	用户管理页面	视图
channel.jsp	添加频道页面	视图
doRegister.jsp	处理用户注册	控制
doLogin.jsp	处理用户登录	控制
doLogout.jsp	处理用户登出	控制
doUpdateUser.jsp	处理用户修改信息	控制
doAddTopic.jsp	处理用户发布主题	控制
doAddReply.jsp	处理用户发布回帖	控制
doUpdateTopic.jsp	处理用户修改主题	控制
doUpdateReply.jsp	处理用户修改回帖	控制
DeleteTopicServlet.java	处理用户删除主题	控制
DeleteReplyServlet.java	处理用户删除回帖	控制
AddChannelServlet.java	处理管理员添加频道	控制
doUpdateChannel.jsp	处理管理员修改频道	控制
DeleteChannelServlet.java	处理管理员删除频道	控制
doUpdateUserRole.jsp	处理管理员修改用户角色	控制
DeleteUserServlet.java	处理管理员删除用户	控制

2．Model 1 模式

即 JSP+JavaBean 模式。JSP 页面负责用户的请求，并根据用户输入调用相应的 JavaBean 来进行业务逻辑的处理，在获取处理的结果后，将请求转发到相应的页面进行显示。JSP 页面可以使用 Bean 动作设置和调用 JavaBean。

JSP 页面还负责把 JavaBean 返回的数据以特定的形式展示给用户。

所以，在 Model 1 模式中 JavaBean 充当模型的角色，JSP 页面充当控制和视图的角色，该模式是一个以 JSP 为中心的开发模型。Model 1 模式的结构如图 9-5 所示。

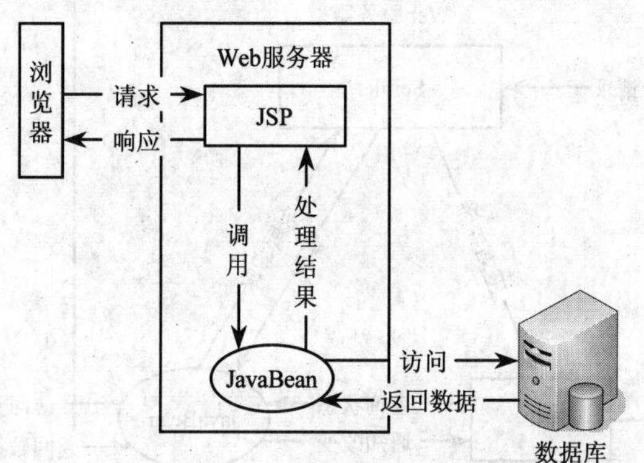

图 9-5　Model 1 结构图

以子任务 1（修改频道的名称和版主）为例，由 doUpdateChannel.jsp（控制器）接收用户请求，调用 ChannelDAO（模型）类的 updateChannel ()方法操作数据库，修改成功后跳转到 channelList.jsp（视图）；channelList.jsp（视图）也会调用 channelDao（模型）类的 getChannelList ()方法获取所有频道，并把它们显示出来。子任务 1 的运行流程如图 9-6 所示。

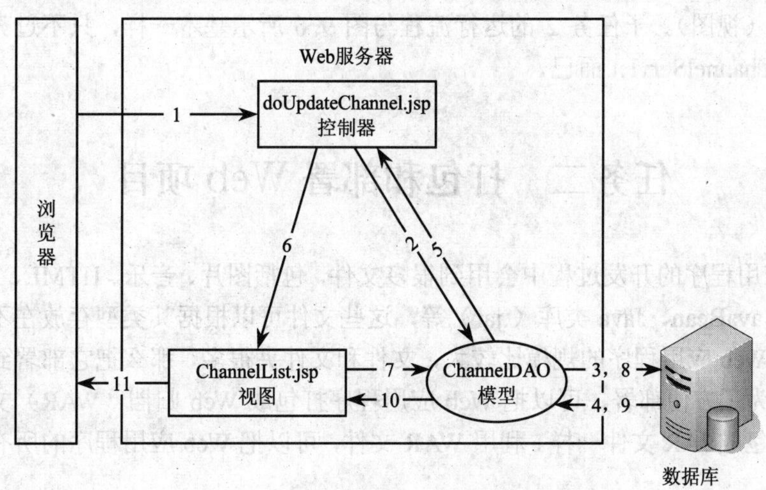

图 9-6　子任务 1 的运行流程

3．Model 2 模式

即 JSP+Servlet+JavaBean 模式。该模式充分体现了 JSP 和 Servlet 的自身的优缺点，JSP 作为视图，用来显示数据；Servlet 作为控制器，控制程序的流程并调用模型进行业务处理；JavaBean 作为模型，封装了业务逻辑。

Model 2 与 Model 1 最大的区别是 Model 2 由 Servlet 来接收用户请求，并实例化 JavaBean 对象进行业务逻辑处理，最后根据处理结果决定返回哪个 JSP 页面来响应用户请求。在 Model 2 中，JSP 页面不再充当控制的角色，只负责显示，如图 9-7 所示。

该模式遵循了 MVC 设计模式，具有清晰的层次结构。Servlet 接收用户的请求并控制整个应用程序的流程，避免了在 JSP 页面中编写大量 Java 代码来实现流程控制，使得 JSP 只用来进行外观显示。

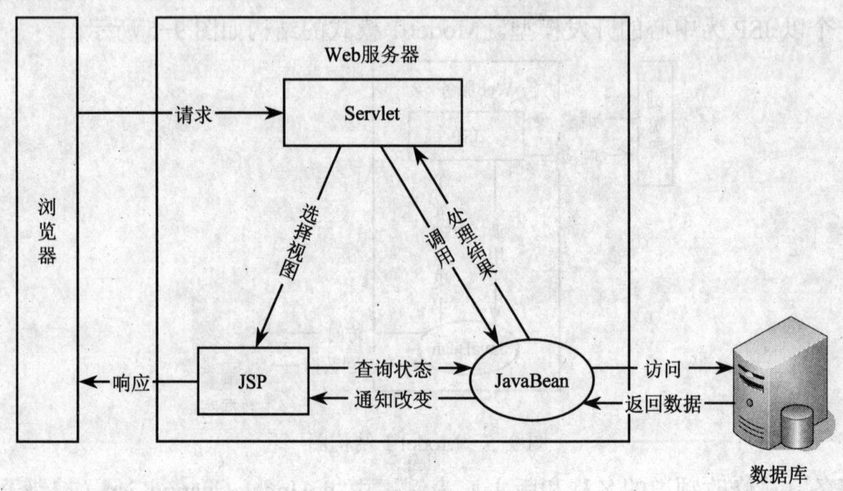

图 9-7　Model 2 结构图

以子任务 2（删除频道）为例，由 DeleteChannelServlet（控制器）来接收用户请求，调用 ChannelDAO（模型）类的 deleteChannel ()方法操作数据库，删除成功后跳转到 channelList.jsp（视图）。子任务 2 的运行流程与图 9-6 所示基本一样，只不过充当控制器角色的是 DeleteChannelServlet 而已。

任务二　打包和部署 Web 项目

在 Web 应用程序的开发过程中会用到很多文件，包括图片、音乐、HTML、JSP、Servlet、CSS、XML、JavaBean、Java 类库（.jar）等，这些文件可以根据其类型存放在不同的文件夹下。如果一个 Web 应用程序的规模比较大，文件和文件夹很多，那么把它部署到其他服务器就很不方便。为了方便部署，可以把 Web 应用程序打包成 Web 归档（WAR）文件，就像把 Java 类文件打包成 JAR 文件一样。利用 WAR 文件，可以把 Web 应用程序的所有文件集中在一起进行发布。

本任务将把“JSP 学习论坛”项目打包成 WAR 文件，并把它部署到 Tomcat 服务器中。

步骤

步骤 1　打开“jspbbs”项目，在项目名上单击鼠标右键，在弹出的快捷菜单中选择“Export”命令，如图 9-8 所示。

步骤2 在"Export"对话框中选择"J2EE"→"WAR file（MyEclipse）"命令，单击"Next"按钮，如图9-9所示。

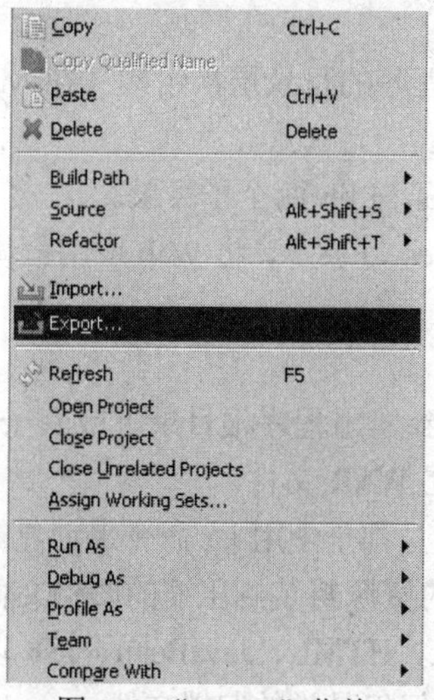

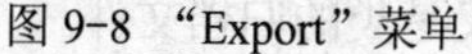

图9-8 "Export"菜单

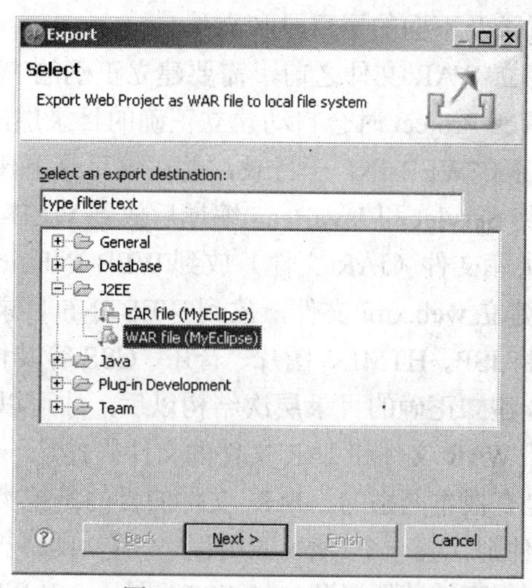

图9-9 "Export"对话框

步骤3 在"WAR Export"对话框中选择项目"jspbbs"，单击"Browse"按钮选择WAR文件的保存文件夹，单击"Finish"按钮，如图9-10所示。这样就把"jspbbs"项目打包成WAR文件了。

步骤4 把导出的WAR文件复制到Tomcat 6.0的webapps文件夹下，webapps文件夹存放Tomcat的一些示例文件和用户的应用程序。运行bin文件夹下的startup.bat，启动Tomcat。打开浏览器，在地址栏中输入"http://localhost:8080/jspbbs"，打开"JSP学习论坛"网站，效果如图9-11所示。这样"jspbbs"项目就在Tomcat中部署成功了。

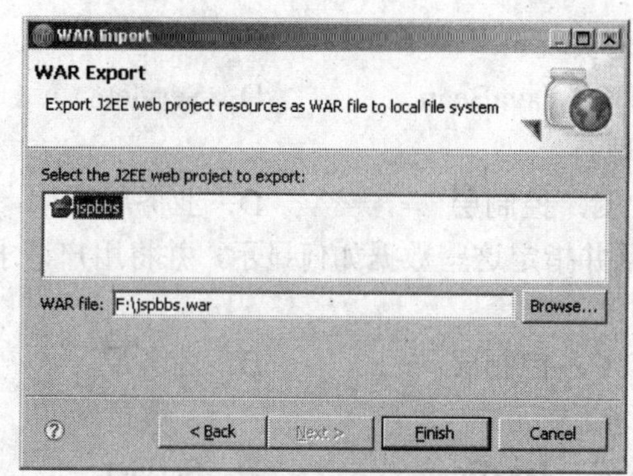

图9-10 "WAR Export"对话框

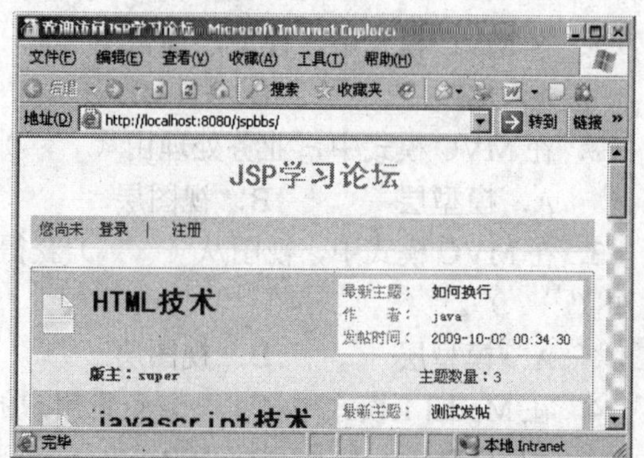

图9-11 "JSP学习论坛"主页

知识点详解

WAR文件和JAR文件

一个WAR文件就是一个Web应用程序，它压缩了整个Web应用程序。创建WAR文件的命令与创建JAR文件的命令一样，都使用jar命令（任务二直接使用了MyEclipse的菜单命令）来创建。

将打包好的 WAR 文件放到 Tomcat 的%CATALINA_HOME%\webapps 目录下，在 Tomcat 启动时，会自动解压这个 WAR 文件，按照打包前的目录层次结构生成与 WAR 文件的文件名同名的目录及下面的子目录和文件。

在建立 WAR 文件之前，需要建立正确的 Web 应用程序的目录层次结构（在 MyEclipse 中创建 Web Project 时会自动建立正确的目录层次结构）。

1）建立 WEB-INF 子目录，并在该目录下建立 classes 与 lib 两个子目录。

2）将 Servlet 和 JavaBean 编译后放到 WEB-INF\classes 目录下，将 Web 应用程序所使用的 Java 类库文件（JAR 文件）放到 WEB-INF\lib 目录下。

3）建立 web.xml 文件，放到 WEB-INF 目录下。

4）将 JSP、HTML、图片、音乐、CSS 等其他文件放到应用程序根目录下或其子目录下。

这样建立正确的目录层次结构以后，才可以开始建立 WAR 文件。

虽然 WAR 文件和 JAR 文件的文件格式是一样的，并且都是使用 jar 命令来创建的，但是二者还是有根本区别的。JAR 文件的目的是把类和相关的资源封装到压缩的归档文件中，而 WAR 文件则代表一个 Web 应用程序，它可以包含 Servlet、HTML、JavaBean、JSP 以及组成 Web 应用程序的其他资源，如 CSS、图片、音乐等，而不仅仅是类的归档文件。

学 材 小 结

理论知识

一、选择题

1．在 MVC 模式中，模型层通常由（　　）来实现。

A．JSP　　B．HTML　　C．JavaBean　　D．Servlet

2．在 MVC 模式中，业务处理由（　　）处理。

A．模型层　　B．视图层　　C．控制层　　D．业务层

3．在 MVC 模式中，视图从（　　）获得数据并指定这些数据如何显示，并将用户请求通知（　　）。

A．模型层　　B．视图层　　C．控制层　　D．业务层

4．在 Model 1 模式中（　　）负责用户的请求。

A．HTML　　B．JSP　　C．JavaBean　　D．Servlet

5．在 Model 2 模式中，JSP 作为（　　），用来显示数据；Servlet 作为（　　），控制程序的流程并调用模型进行业务处理；JavaBean 作为（　　），封装了业务逻辑。

A．模型　　B．视图　　C．控制器　　D．业务

二、填空题

1．MVC 模式的结构由________、________和________三个部分组成。

2．模型封装了应用程序的________和________。

3．值 JavaBean 严格遵循 JavaBean 规范，具有________和________方法，通常用来封装数据。

4．控制器接收来自________的用户请求，通常由________和________来实现。

5．Model 1 模式也称为________模式，Model 2 模式也称为________模式。

6．Model 2 与 Model 1 最大的区别是由________来接收用户请求。

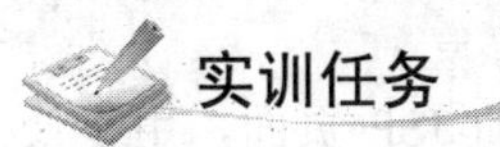

实训任务

实训　用 Model 1 模式实现修改用户角色功能。

【实训目的】掌握使用Model 1模式编写Web应用程序的方法和技术。

【实训内容】假设管理员登录论坛，进入用户管理页面userlList.jsp，该页面除了显示所有用户，还可以修改用户角色和删除用户，如图9-12所示。

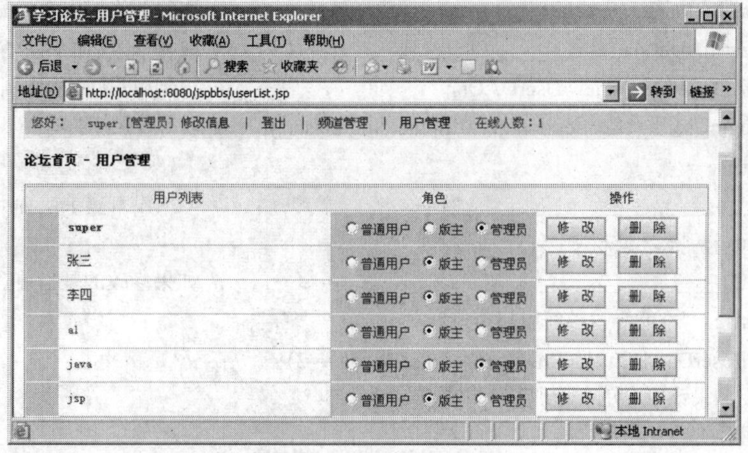

图 9-12　用户管理页面

单击“修改”按钮可以修改用户角色，单击“删除”按钮可以删除用户。本实训实现修改用户角色功能，删除用户功能由后面的“拓展练习”来实现。

注意

只有管理员才可以修改用户角色，但不能修改当前用户的角色，也不能把管理频道的用户（版主或管理员）的角色修改为普通用户。如果版主和管理员不管理任何频道，就可以把他们的角色修改为普通用户。

【实训步骤】

步骤 1　打开“jspbbs”项目，打开用户管理页面 userlList.jsp，修改表单的 action 属性，让表单提交到 doUpdateUserRole.jsp，代码如下：

```
<form namc="form1" method="post" action="doUpdateUserRole.jsp">
    <input type="hidden" name="userId" value="<%=user.getUserId()%>">
    ......
    <input type="radio" name="role" value="3">普通用户
    ......
```

```
        <input type="radio" name="role" value="2">版主
        ……
        <input type="radio" name="role" value="1">管理员
        ……
        <input type="submit" value="修改">
        ……
</form>
```

步骤 2 在“WebRoot”中新建一个名为“doUpdateUserRole.jsp”的 JSP 页面，用于处理修改用户角色的请求，代码如下：

```
<%@ page language="java" pageEncoding="GBK" import="com.bbs.entity.*,com.bbs.dao.*"%>
<%
    request.setCharacterEncoding("GBK");
    int userId = Integer.parseInt(______________);              // 取得要修改用户的userId
    int role = Integer.parseInt(______________);                // 取得修改后的用户角色role
    UserDAO userDao = new UserDAO();                             // 得到用户Dao的实例
    User loginUser = (User)session.getAttribute("loginUser");   // 取得登录用户
    String msg = "";
    if(______________________________) {                         // 如果没有登录或者不是管理员
        msg = "您无此权限!";
    }else if(____________________){                              // 如果修改的是当前登录用户
        msg = "不能修改当前用户角色!";
    }else if(userDao.isChannelMaster(userId) && role==3){
        // 如果该用户正在管理某个频道(版主),
    // 而且要把他的角色修改成普通用户
    msg = "该用户现在是某个频道的版主，不能把角色修改成普通用户!";
    }else {
    User user = new User();                                      // 创建一个新的User对象
    user.setUserId(userId);                                      // 设置用户userId
    user.setRole(role);                                          // 设置用户的新角色
        int num = userDao.updateUserRole(user);
            // 调用updateUserRole()方法修改用户角色
        if(num==1){                                              // 修改成功
            ___________________________;                         // 跳转到用户管理页面
            return;                                              // 返回
        }else if(num==0){                                        // 修改失败
            msg = "数据库出错！";                                 // 设置错误信息
        }
    }
    String forward = "/error.jsp?msg="+msg;
    _________________________.forward(request,response);        // 请求转发到错误页面
%>
```

步骤 3 保存 doUpdateUserRole.jsp，启动 Tomcat 服务。以管理员角色登录论坛，进入用户管理页面 userlList.jsp，如图 9-12 所示。在这里修改一个用户的角色后，单击“修改”按钮提交请求。

步骤 4 请求会提交到 doUpdateUserRole.jsp，修改完成后页面又返回到用户管理页面，此时用户的角色已经修改成功了。

拓展练习

用 Model 2 模式实现删除用户功能。

注意

只有管理员才可以删除用户，但不能删除管理员和版主，只能删除普通用户。如果某个用户的角色是版主或管理员，删除该用户时必须首先把该用户的角色修改成普通用户，然后才可以删除。

参 考 文 献

[1] 孙鑫．Servlet/JSP 深入详解——基于 Tomcat 的 Web 开发[M]．北京：电子工业出版社，2008.

[2] 孔鹏．即用即查 JSP 函数与对象参考手册[M]．北京：人民邮电出版社，2007.

[3] 刘志成．JSP 程序设计实例教程[M]．北京：人民邮电出版社，2009.

[4] 余芳．JSP 动态网站开发案例指导[M]．北京：电子工业出版社，2009.

[5] 蒙祖强．JSP 程序员成长攻略[M]．北京：中国水利水电出版社，2008.